PREFACE 머리말

네일아트는 단순한 기술을 넘어, 손끝에서 완성되는 예술이며 전문 직업인의 책임이 담긴 분야입니다. 현장에서 요구되는 섬세함, 시험장에서의 정확성, 고객 앞에서의 자신감은 결코 하루아침에 완성되지 않습니다.

본 기출문제집은 그동안의 출제 경향을 체계적으로 분석하고, 실제 시험과 동일한 흐름 속에서 학습할 수 있도록 구성하였습니다. 단순히 문제 풀이에 그치는 교재가 아니라, 개념을 이해하고 응용하여 실력으로 연결될 수 있도록 돕는 훈련서가 되고자 하였습니다.

시험은 합격을 위한 과정이지만, 그 준비의 시간은 여러분을 '전문가'로 성장시키는 소중한 발판이 됩니다.

이 교재는 다음과 같은 방향을 목표로 합니다.

✔ 출제 의도를 정확히 파악하는 **분석력 향상**
✔ 필기와 실기를 연계한 **실전 대응력 강화**
✔ 반복 학습을 통한 **시간 관리 능력 완성**
✔ 기본기에 충실한 **테크닉 정립**

네일 산업은 빠르게 변화하고 있습니다. 트렌드는 끊임없이 달라지지만, 기본은 변하지 않습니다. 정확한 이해와 탄탄한 기초 위에 창의성이 더해질 때, 비로소 진정한 네일 전문가로 성장할 수 있습니다.

이 책이 수험생 여러분에게는 든든한 길잡이가 되고, 교육자에게는 체계적인 지도 자료가 되며, 현장 전문가에게는 기본을 다시 점검하는 기준서가 되기를 바랍니다.
끝까지 포기하지 않는 여러분의 도전을 진심으로 응원합니다.
이 교재가 그 여정에 작은 힘이 되기를 바랍니다.

편저자 김혜영

GUIDE 네일미용사 시험정보

✅ 기본정보

개요	네일미용에 관한 숙련기능을 가지고 현장업무를 수행할 수 있는 능력을 가진 전문기능 인력을 양성하고자 자격제도를 제정
수행직무	손톱·발톱을 건강하고 아름답게 하기 위하여 적절한 관리법과 기기 및 제품을 사용하여 네일 미용 업무 수행
실시기관 홈페이지	http://www.q-net.or.kr
실시기관명	한국산업인력공단
진로	네일미용사, 미용강사, 화장품 관련 연구기관, 네일 미용업 창업, 유학 등

✅ 응시접수

응시자격	제한 없음
원서접수	• 접수방법: 큐넷 홈페이지에서 접수 • 접수시간: 원서접수 첫날 10:00부터 마지막 날 18:00까지
시행방법	• 기간: 상시검정(공고 기간 내 접수) • 방법: CBT 방식 • 장소: 전국 시험장
수수료	• 필기: 14,500원 • 실기: 17,200원

✅ 시험방식

구분	시험과목	문항수	검정방식	시간	합격기준
필기	네일화장품 적용 및 네일미용관리 (공중위생관리학, 피부의 이해, 화장품 분류 포함) 등에 관한 사항	60문항	객관식 4지 택일형	60분	100점 만점으로 하여 60점 이상
실기	네일미용실무	4과제	작업형	2시간 30분 정도	

✅ 출제기준

필기 과목명	주요항목	세부항목
네일화장물 적용 및 네일미용관리	네일미용 위생서비스	네일미용의 이해, 네일숍 청결 작업, 네일숍 안전 관리, 미용기구 소독, 개인위생 관리, 고객응대 서비스, 피부의 이해, 화장품 분류, 손발의 구조와 기능
	네일 화장물 제거	일반 네일 폴리시 제거, 젤 네일 폴리시 제거, 인조 네일 제거
	네일 기본관리	프리에지 모양만들기, 큐티클 부분 정리, 보습제 도포
	네일 화장물 적용 전 처리	일반 네일 폴리시 전 처리, 젤 네일 폴리시 전 처리, 인조 네일 전 처리
	자연 네일 보강	네일 랩 화장물 보강, 아크릴 화장물 보강, 젤 화장물 보강
	네일 컬러링	풀 코트 컬러 도포, 프렌치 컬러 도포, 딥 프렌치 컬러 도포, 그러데이션 컬러 도포
	네일 폴리시 아트	일반 네일 폴리시 아트, 젤 네일 폴리시 아트, 통 젤 네일 폴리시 아트
	팁 위드 파우더	네일 팁 선택, 풀 커버 팁 작업, 프렌치 팁 작업, 내추럴 팁 작업
	팁 위드 랩	팁 위드 랩 네일 팁 적용, 네일 랩 적용
	랩 네일	네일 랩 재단, 네일 랩 접착, 네일 랩 연장
	젤 네일	젤 화장물 활용, 젤 원톤 스컬프처, 젤 프렌치 스컬프처
	아크릴 네일	아크릴 화장물 활용, 아크릴 원톤 스컬프처, 아크릴 프렌치 스컬프처
	인조 네일 보수	팁 네일 보수, 랩 네일 보수, 아크릴 네일 보수, 젤 네일 보수
	네일 화장물 적용 마무리	일반 네일 폴리시 마무리, 젤 네일 폴리시 마무리, 인조 네일 마무리
	공중위생관리	공중보건, 소독, 공중위생관리법규(법, 시행령, 시행규칙)

GUIDE 구성과 특징

STEP ① 합격비법 손글씨 핵심요약

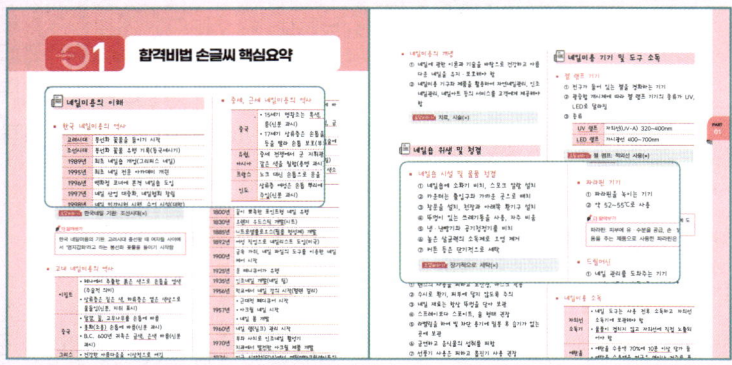

✅ **한눈에 정리하는 필수 핵심이론**
꼭 알아야 할 중요한 핵심이론만 눈이 편한 손글씨로 정리하였습니다.

✅ **이해를 넓히는 보충 설명 & 실전 Tip**
더 알아보기와 오답피하기를 통해 문제해결력을 높이고 학습효과를 극대화할 수 있습니다.

STEP ② 3개년 공개기출문제

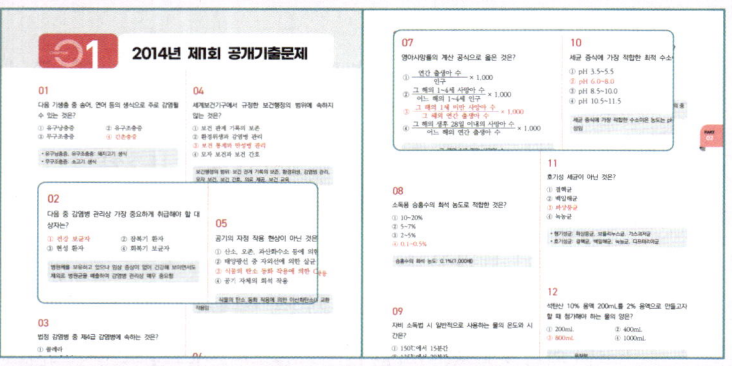

✅ **최근 3개년 공개기출 완벽 반영**
최근 3개년 공개기출문제를 체계적으로 수록하여 실제 시험과 동일한 흐름으로 학습할 수 있습니다.

✅ **핵심만 짚어주는 명확한 해설**
정답의 근거를 정확하게 제시하고 오답까지 정리하여 개념 이해와 응용력을 동시에 강화할 수 있습니다.

STEP ③ 최신 8개년 CBT 기출복원문제

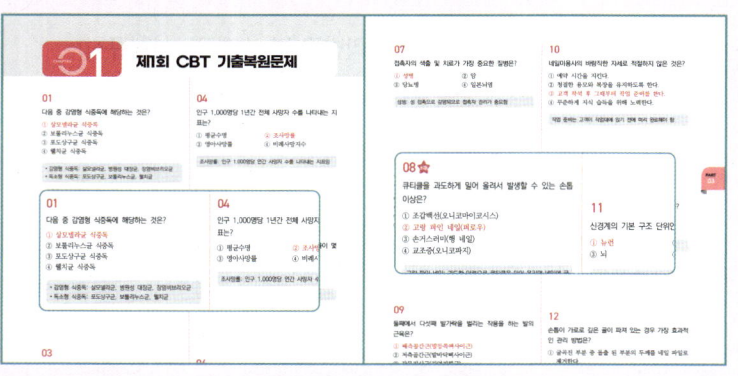

✅ **출제 경향을 읽는 최신 CBT 기출 분석**
2018년~2025년까지 총 8개년 CBT 기출복원문제를 통해 기출 유형 및 출제 경향을 정확하게 파악할 수 있습니다.

✅ **빈출중요도 표시로 효율적인 학습**
문항별 빈출중요도 표시와 명확한 해설로 능률적인 학습이 가능합니다.

STEP ④ 파이널 CBT 실전모의고사

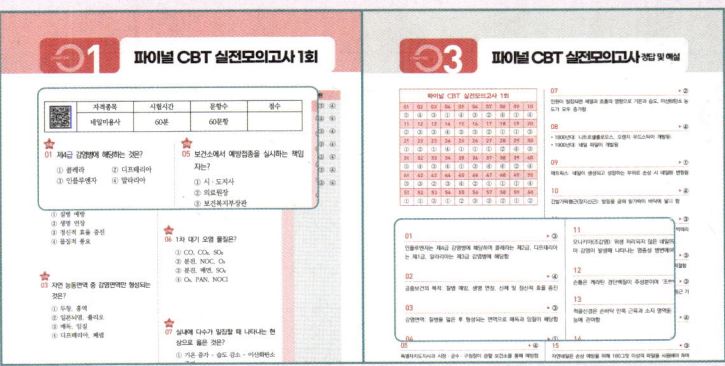

✅ **실전과 동일한 CBT 모의고사 구성**
실제 시험과 동일한 유형의 실전모의고사로 실전 감각을 완성할 수 있습니다.

✅ **핵심을 짚는 문제해결 중심 해설**
핵심만 정확히 짚어주는 해설로 문제해결 스킬을 향상시킬 수 있습니다.

STEP ⑤ 최빈출 실전 60제

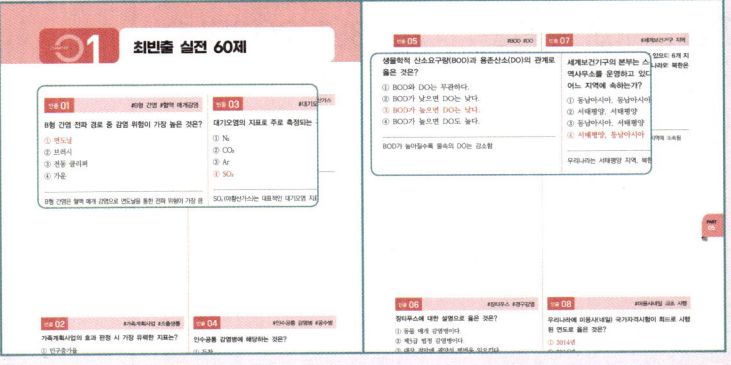

✅ **합격을 좌우하는 최빈출 문제 압축 정리**
출제 빈도가 높은 최빈출 60문제로 합격을 위한 핵심 정리를 완성할 수 있습니다.

✅ **시험 직전 빠른 최종 점검 시스템**
간단한 해설과 한눈에 보이는 정답으로 시험 직전 빠른 최종 점검이 가능합니다.

CONTENTS 목차

FAQ

Q 네일미용사 자격증은 필기와 실기를 모두 합격해야 하나요?

A 네, 필기시험과 실기시험을 각각 합격해야 최종 자격증이 발급됩니다. 필기 합격 후 실기시험에 응시할 수 있으며, 필기 합격 유효기간 내에 실기에 합격해야 합니다.

Q 필기시험은 어떤 방식으로 출제되나요?

A 객관식 4지선다형으로 출제되며, 문제은행 방식입니다. 이론 암기뿐 아니라 개념 이해가 중요하므로 반복 학습이 필요합니다.

Q 필기시험 합격 기준은 어떻게 되나요?

A 100점 만점 기준 60점 이상이면 합격입니다. 과목별 과락은 없으나, 전체 평균 점수를 기준으로 합니다.

Q 독학으로 합격이 가능한가요?

A 가능합니다. 다만 실기는 실제 작업 훈련이 중요하므로 충분한 반복 연습과 피드백이 필요합니다.

Q 자격증 취득 후 진로는 어떻게 되나요?

A 네일샵 취업, 창업, 프리랜서 활동 등 다양한 분야로 진출할 수 있으며, 경력과 추가 자격 취득에 따라 활동 범위를 더욱 확장할 수 있습니다.

네일미용사 필기 CBT 기출 프리패스 + 무료특강

PART

01

합격비법
손글씨 핵심요약

합격비법 손글씨 핵심요약

📋 네일미용의 이해

■ 한국 네일미용의 역사

고려시대	봉선화 꽃물을 들이기 시작
조선시대	봉선화 꽃물 유행 기록(동국세시기)
1989년	최초 네일숍 개업(그리피스 네일)
1995년	최초 네일 전문 아카데미 개원
1996년	백화점 코너에 본격 네일숍 도입
1997년	네일 산업 대중화, 네일협회 창립
1998년	네일 민간시험 시행, 수업 신설(대학)
2014년	미용사(네일) 국가자격시험 시행

오답피하기 한국네일 기원: 조선시대(×)

🖊 **더 알아보기**

한국 네일미용의 기원: 고려시대 충선왕 때 여자들 사이에서 '염지갑화'라고 하는 봉선화 꽃물을 들이기 시작함

■ 고대 네일미용의 역사

이집트	• 헤나에서 추출한 붉은 색으로 손톱을 염색 (주술적 의미) • 상류층은 짙은 색, 하류층은 옅은 색상으로 물들임(신분, 지위 표시)
중국	• 달걀, 꿀, 고무나무를 손톱에 바름 • 홍화(조홍) 손톱에 바름(신분 과시) • B.C. 600년 귀족은 금색, 은색 바름(신분 과시)
그리스 로마	• 건강한 아름다움을 이상적으로 여김 • 마누스, 큐라(매니큐어 어원) 생김

🖊 **더 알아보기**

외국 네일미용의 기원: B.C. 3000년경 이집트와 중국에서 시작됨

■ 중세, 근세 네일미용의 역사

중국	• 15세기 명왕조는 흑색, 적색을 손톱에 바름(신분 과시) • 17세기 상류층은 손톱을 기르고 보석, 금 등을 발라 손톱 보호(부의 상징)
유럽, 아시아	중세 전쟁에서 군 지휘관은 손톱과 입술에 같은 색을 칠함(용맹 과시)
프랑스	노크 대신 손톱으로 문을 긁음(방문 알림)
인도	상류층 여성은 손톱 뿌리에 문신 바늘로 색소 주입(신분 과시)

■ 19~20세기 네일미용의 역사

1800년	끝이 뾰족한 포인트형 네일 유행
1830년	오렌지 우드스틱 개발(시트)
1885년	니트로셀룰로오스(필름 형성제) 개발
1892년	여성 직업으로 네일리스트 도입(미국)
1900년	금속 가위, 네일 파일의 도구를 이용한 네일 케어 시작
1925년	문 매니큐어가 유행
1935년	인조네일 개발(네일 팁)
1956년	학교에서 네일 강의 시작(헬렌 걸리)
1957년	• 근대적 페디큐어 시작 • 아크릴 네일 시작 • 네일 폼 개발
1960년	네일 랩(실크) 관리 시작
1970년	부와 사치로 인조네일 활성기 치과에서 발전한 아크릴 제품 개발
1974~ 1975년	미국 식약청(FDA)에서 메틸메타크릴레이트의 아크릴 제품 사용 금지
1976년	스퀘어손톱 유행, 파이버 랩 등장
1994년	라이트 큐어드 젤 네일 시작(독일), 네일 테크니션 면허 도입(미국)

■ 네일미용의 개념

① 네일에 관한 이론과 기술을 바탕으로 건강하고 아름 다운 네일을 유지·보호해야 함

② 네일미용 기구와 제품을 활용하여 자연네일관리, 인조 네일관리, 네일아트 등의 서비스를 고객에게 제공해야 함

> **오답피하기** 치료, 시술(×)

네일숍 위생 및 청결

■ 네일숍 시설 및 물품 청결

① 네일숍에 소화기 비치, 스모크 알람 설치

② 카운터는 출입구와 가까운 곳으로 배치

③ 창문을 설치, 천장과 아래쪽 환기구 설치

④ 뚜껑이 있는 쓰레기통을 사용, 자주 비움

⑤ 냉·난방기와 공기청정기를 비치

⑥ 높은 살균력의 소독제로 오염 제거

⑦ 커튼 등은 단기적으로 세탁

> **오답피하기** 장기적으로 세탁(×)

■ 네일숍 환경 위생 관리(화학물질)

① 렌즈의 사용을 피하고 보안경, 마스크 착용

② 수시로 환기, 피부에 닿지 않도록 주의

③ 네일 재료는 항상 뚜껑을 닫아 보관

④ 스프레이보다 스포이트, 솔 형태 권장

⑤ 라벨링을 하여 빛 차단 용기에 밀봉 후 습기가 없는 곳에 보관

⑥ 금연하고 음식물의 섭취를 피함

⑦ 선풍기 사용은 피하고 흡진기 사용 권장

⑧ 재료 받침대를 사용하여 작업대 오염을 방지해야 함

> **오답피하기** 선풍기 사용(×)

네일미용 기기 및 도구 소독

■ 젤 램프 기기

① 전구가 들어 있는 젤을 경화하는 기기

② 광중합 개시제에 따라 젤 램프 기기의 종류가 UV, LED로 달라짐

③ 종류

UV 램프	자외선(UV-A) 320~400nm
LED 램프	가시광선 400~700nm

> **오답피하기** 젤 램프: 적외선 사용(×)

■ 파라핀 기기

① 파-핀을 녹이는 기기

② 약 52~55℃로 사용

> 🖋 **더 알아보기**
>
> 파라핀: 피부에 유·수분을 공급, 손·발의 피로 회복에 도 움을 주는 제품으로 사용한 파라핀은 폐기

■ 드릴머신

① 네일 관리를 도와주는 기기

② 네일 비트는 소독 후 자외선 소독기에 보관

③ 작업 시 분진을 흡입하는 흡진기 사용 권장

■ 네일미용 소독

자외선 소독기	• 네일 도구는 사용 전후 소독하고 자외선 소독기에 보관해야 함 • 물품이 겹치지 않고 자외선에 직접 노출되어야 함
에탄올 소독	• 에탄올 수용액 70%에 10분 이상 담가 둠 • 에탄올 수용액을 머금은 면이나 거즈로 표면을 닦음

■ 네일미용 일회용 도구

페디 파일	• 발바닥 각질을 미는 도구 • 사용 후 폐기함
콘 커터 (크레도)	• 발바닥의 굳은살 제거 도구 • 사용한 면도날 폐기
토 세퍼레이터	• 컬러링 시 발가락 사이에 끼우는 물품, 사용 후 폐기함 • 페이퍼 타월, 솜 대체 가능
오렌지 우드스틱	• 큐티클을 밀어 올릴 때, 이물질 제거, 컬 러링 수정에 사용 • 사용 후 폐기함
네일 파일	• 네일의 길이 조절, 형태 조형 등에 사용 • 재질에 따라 폐기하거나 소독해서 재사 용 가능

📝 더 알아보기

페디 파일 및 콘 커터 사용법: 피부결(족문) 방향으로 안쪽에서 바깥쪽으로 사용

■ 네일미용 금속 도구

① 금속 도구는 오염 물질을 제거하고 에탄올로 소독한 후 자외선 소독기에 보관함
② 락스는 부식성으로 금속 도구 사용 금지
③ 금속 도구 종류

큐티클 니퍼	• 큐티클을 제거, 정리할 때 사용 • 출혈이 발생 시 감염 우려로 2개 이상 구비
큐티클 푸셔	• 큐티클을 밀어 올릴 때 사용 • 45° 로 부드럽게 밀어야 함
네일 클리퍼	• 손·발톱 길이를 줄일 때 사용 • 곡선을 따라 조금씩 재단, 깊은 재단 주의 • 미세한 길이 조절은 사용 지양

오답피하기 큐티클 각도: 55°(×)

■ 네일미용 플라스틱 도구

핑거볼	손을 담가 큐티클을 불리는 용기
디스펜서	아세톤 등의 용액을 담는 용기로 펌프식으로 편리하게 사용

■ 족욕기(족탕기)

① 발 세척, 큐티클, 각질을 불려주는 기기
② 세균을 살균하기 위해 항균비누를 넣음
③ 약 40~43℃로 사용
④ 입욕제는 일회용으로 한 고객에게만 사용
⑤ 물은 관리 시마다 교체하고 매번 소독

오답피하기 족욕기 물 교체: 오전에 한번(×)

■ 네일미용재료

네일 표백제	• 네일 블리치라고 함 • 네일에 착색, 변색을 제거 • 성분: 과산화수소, 레몬
큐티클 오일	• 큐티클을 부드럽게 하거나 보호함 • 성분: 글리세린, 라놀린
큐티클 리무버	큐티클을 부드럽게 연화
리지 필러	네일에 굴곡을 채우는 제품
네일 강화제	네일이 강화에 도움
지혈제	• 출혈이 멈추게 도와주는 제품 • 출혈 부위를 비벼서 문지르면 안 됨
네일 폴리시 시너	• 굳은 네일 폴리시를 묽게 해주는 제품 • 위아래로 섞으면 안 됨
네일 폴리시 퀵 드라이	네일 폴리시 건조 시간 단축을 위해 사용

오답피하기 큐티클 리무버: 컬러 제거(×)

📋 개인위생 관리

- **네일미용사 위생관리**
  ① 위생 가운, 보안경, 마스크를 착용해야 함
  ② 마스크는 1회 사용 후 폐기, 보안경은 사용 후 소독해야 함
  ③ 네일미용사는 관리 전 작업자의 손과 고객의 손·발 및 작업 부위를 소독해야 함

- **손·발 소독제품 종류**

항균비누	• 손을 세정하거나 페디큐어 시 발의 세균을 살균하는 제품 • 손을 세정하거나 족욕기에 넣어 사용 • 입욕제는 일회용임
안티셉틱	• 에탄올(알코올)을 포함하는 손·발을 소독 제품 • 탈지면에 적셔 손·발을 닦음
세니타이저	• 에탄올(알코올)이 주성분으로 손 청결 및 소독 제품 • 물로 손을 씻는 것을 대신하는 대용제를 총칭 • 적당량을 덜어 손을 소독함

> ✒️ **더 알아보기**
> 가장 위생적인 손 소독 방법: 비누로 손을 세척하고 에탄올 70% 소독제로 소독함

- **네일미용 고객 위생관리**
  ① 개인 사물함에 고객의 소지품을 관리함
  ② 네일 제품으로 과민 반응이나 알레르기 반응이 발생하면 전문의에게 의뢰해야 함
  ③ 문제성 피부는 주의해서 관리함
  ④ 습진 등 질환이 있는 고객은 관리할 수 없음

  오답피하기 어떤 고객이라도 관리(×)

📋 고객 응대 서비스

- **고객 응대 및 고객 상담**
  ① 고객 상담 시 고객 경제 상태 파악 금지
  ② 관리 중에도 고객과 대화를 나누어 고객의 요구를 듣고 요구사항을 반영
  ③ 고객이 이해하기 쉬운 단어로 설명
  ④ 고객의 건강 상태와 피부, 네일 상태, 등을 고려하여 가장 적합한 서비스를 제공
  ⑤ 고객 직무와 취향을 파악하여 관리법 제시
  ⑥ 고객의 질문에 경청하며 성의 있게 대답

  오답피하기 전문적인 용어만 사용(×)

- **고객 상담 효과**
  ① 고객이 원하는 네일 서비스 정보 파악 가능
  ② 사후 대처 방법과 사후 관리 조언 가능
  ③ 알맞은 서비스 관리가 가능

- **고객관리카드**
  ① 고객의 학력과 가족사항, 은행 계좌 정보, 월수입 등의 민감한 정보는 고객관리카드에 기재하지 말아야 함
  ② 작성된 고객 정보는 외부 유출을 금지함
  ③ 개인 정보 수집의 사전 동의를 얻어 고객관리카드를 작성함
  ④ 관리 후에 그날의 관리 내용과 추가사항을 기재하고 재방문 시에도 그날의 변경사항과 추가사항을 작성해야 함

- **전화 상담 효과**
  ① 고객과의 신뢰감 상승
  ② 서비스 만족감 상승
  ③ 전문성 상승

  오답피하기 고객과의 불신감 상승(×)

네일의 병변

■ 관리할 수 있는 네일

행 네일 (손거스러미)	피부 균열, 건조로 손에 거스러미 증상
테리지움 (조갑익상편, 표피조막)	네일 위로 큐티클이 과잉 성장한 증상, 핫 크림·오일 매니큐어로 관리
오니코렉시스 (조갑종렬증)	매트릭스 외상, 균열, 건조, 잦은 인조네일로 세로로 골여 파여 갈라짐
퍼로우 (고랑 파인 네일)	순환기 질병, 아연 부족, 루눌라 충격으로 네일에 고랑이 파임
에그셀 네일 (조갑연화증)	신경성, 다이어트 등으로 네일이 얇게 벗겨짐
오니코파지 (교조증)	물어뜯어 프리에지가 없어 인조네일로 관리
오니카트로피아 (조갑위축증)	질병, 매트릭스 손상, 보수시기를 놓쳐 위축된 네일
오니콕시스 (조갑비대증)	유전, 질병, 내부 감염으로 네일이 두꺼워짐
오니코크립토시스 (조갑감입증)	유전, 꽉 끼는 신발 착용, 발톱을 짧게 잘라 발생, 네일이 살 속으로 파고들어 아크릴 네일로 관리
코일로니키아 (스푼네일)	선천성 요인, 빈혈, 질병으로 발생, 네일이 숟가락모양으로 변형된 증상
디스컬러드 네일 (조갑변색증)	혈액 순환 장애, 착색으로 청색, 황색 등으로 변색
헤마토마 (조갑하혈종)	충격으로 네일에 혈액이 응고되어 멍이 듦
멜라노니키아 (흑조증)	멜라닌색소 증가, 색소 침착으로 네일이 흑색이 됨
루코니키아 (조백반증)	질병, 외상으로 네일에 흰색 반점이 나타나는 증상
오니코사이아노시스 (조갑청색증)	혈액 순환 저하로 네일이 푸르스름하게 변함

🖋 더 알아보기

• 큐티클 피부 이상: 행 네일, 테리지움
• 네일 표면 이상: 오니코렉시스, 퍼로우, 에그셀 네일
• 네일 자체 이상: 오니코파지, 오니카트로피아, 오니콕시스, 오니코크립토시스, 코일로니키아
• 색소 이상: 디스컬러드 네일, 헤마토마, 멜라노니키아, 루코니키아, 오니코사이아노시스

■ 관리할 수 없는 네일

사상균, 곰팡이균 (네일 몰드)	• 인조네일 관리 전 자연네일에 수분 (23~25%)이 남을 경우 곰팡이로 발생 • 네일이 녹색, 갈색, 검은색으로 변해 관리 불가
조갑진균증, 조갑백선	• 진균 감염으로 발생 • 네일이 누렇고 냄새나는 무좀으로 관리 불가
오니키아 (조갑염)	• 비위생적인 네일 도구 등 박테리아 감염으로 발생 • 네일 염증으로 관리 불가
파로니키아 (조갑주위염)	• 비위생적인 네일 도구 등 박테리아 감염으로 발생 • 네일 피부 염증으로 관리 불가
오니코리시스 (조갑박리증)	• 하이포니키움 손상으로 발생 • 네일이 분리되어 관리 불가
오니콥토시스 (조갑탈락증)	• 매트릭스 기능 정지로 발생 • 네일이 떨어져 관리 불가
오니코그리포시스 (조갑구만증)	• 치매, 정신분열로 발생 • 네일이 심하게 돌출·변형되어 관리 불가

🖋 더 알아보기

오니코시스: 네일과 관련된 질병을 총칭

뼈의 형태 및 발생

■ 뼈(골)의 특징

① 인체의 뼈는 206개임
② 체중의 약 20%를 차지

■ 뼈(골)의 발생

① 골화: 단단하게 뼈가 형성되는 과정

연골내골화	• 연골이 뼈로 변하는 뼈의 골화 초기 발생 과정 • 장골(긴 뼈) 골화 방식
막내골화	• 골막 또는 연골막에 직접 골조직이 형성되는 과정 • 편평골(납작뼈) 골화 방식

② 골단연골 : 뼈의 길이 성장이 일어남
③ 골단판: 성장기까지 뼈 길이 성장 주도
④ 골단: 완전한 뼈가 되는 장골의 양쪽 끝부분

🖍 더 알아보기

• 연골: 혈관과 신경세포가 없는 조직
• 관절: 뼈와 뼈가 연결되어 있는 곳

■ 뼈(골)의 구조

① 골막: 뼈 표면의 이중 막으로 뼈를 보호함
② 골조직: 치밀골(바깥쪽), 해면골(안쪽)
③ 골수강: 안쪽에는 골수가 있는 뼈 속 공간
④ 골수: 골수강을 채우는 조혈조직

오답피하기 뼈의 구조: 골질(×), 장골(×)

■ 뼈(골)의 기능

① 지지 기능: 인체 형태 유지, 체중 지지
② 보호 기능: 내부 장기를 외부로부터 보호
③ 저장 기능: 무기질 저장
④ 운동 기능: 근육으로 운동을 일으킴
⑤ 조혈 기능: 적골수에서 혈액을 생산

■ 뼈(골)의 형태

장골(긴 뼈)	상완골, 요골, 척골, 대퇴골
단골(짧은 뼈)	수근골, 수지골, 족지골 등
편평골(납작 뼈)	견갑골, 두개골, 늑골 등
불규칙골	척추, 관골 등
종자골(작은 뼈)	슬개골 등

📋 **손과 발의 뼈대(골격)**

■ 손의 뼈(27개)

① 수지골(손가락뼈): 손가락 구성(14개)

엄지손가락 뼈	기절골, 말절골 2개
둘째~다섯째 손가락 뼈	기절골, 중절골, 말절골로 3개씩 네 손가락, 12개

② 중수골(손허리뼈): 손등, 손바닥 구성(5개)
③ 수근골(손목뼈): 손목 구성(8개)

원위부	근위부
• 소능형골(작은마름뼈)	• 두상골(콩알뼈)
• 대능형골(큰마름뼈)	• 삼각골(세모뼈)
• 유두골(알머리뼈)	• 월상골(반달뼈)
• 유구골(갈고리뼈)	• 주상골(손배뼈)

오답피하기 손 뼈: 족지골(×), 중족골(×)

■ 발의 뼈(26개)

① 족지골(발가락뼈): 발가락 구성(14개)

엄지발가락 뼈	기절골, 말절골 2개
둘째~다섯째 발가락 뼈	기절골, 중절골, 말절골로 3개씩 네 발가락, 12개

② 중족골(발허리뼈): 발등, 발바닥 구성(5개)
③ 족근골(발목뼈): 발목 구성(7개)

원위부	근위부
• 내측설상골(안쪽쐐기뼈)	• 주상골(발배뼈)
• 중간설상골(중간쐐기뼈)	• 거골(목말뼈)
• 외측설상골(가쪽쐐기뼈)	• 종골(발꿈치뼈)
• 입방골(입방뼈)	

🖍 더 알아보기

손·발 뼈: 기절골 5개, 중절골 4개, 말절골 5개

📄 손과 발의 근육

■ 근육의 종류

골격근	횡문근, 골격에 부착되어 뼈의 움직임이나 힘을 만듦(수의근)
평활근	민무늬근, 내장의 벽을 구성, 자율신경이 분포(불수의근)
심근	횡문근, 심장벽을 구성, 근육 심장박동에 관여

✏️ 더 알아보기

근육: 수축과, 이완으로 인체를 움직임

■ 손 근육

무지구근	장무지신근, 장무지외전근, 장무지굴근, 단무지신근, 단무지외전근, 단무지굴근, 무지대립근, 무지내전근
소지구근	소지신근, 소지굴근, 소지외전근, 소지대립근
중간근	충양근, 배측골간근, 장측골간근, 지신근, 시지신근, 천지굴근, 심지굴근

✏️ 더 알아보기

- 무지구근: 엄지손가락의 근육
- 소지구근: 새끼손가락의 근육
- 중간근: 손허리뼈(중수골) 사이 근육

■ 발 근육

족배근	장무지신근, 단무지신근, 장지신근, 단지신근
족척근	소지외전근, 무지외전근, 무지내전근, 단소지굴근, 장무지굴근, 단무지굴근, 장지굴근, 단지굴근, 족저/족척방형근,
중간근	충양근, 배측골간근, 저측골간근

✏️ 더 알아보기

- 족배근: 발등 근육
- 족척근: 발바닥 근육
- 중간근: 발허리뼈(중족골) 사이 근육

■ 주요 근육

① 무지대립근: 물건을 잡는 작용
② 충양근: 2~5지 굴곡, 신전에 관여
③ 장지신근: 2~5지 발가락 신전, 발등을 굽혀 발가락이 바닥에 닿게 해 줌

■ 근육의 작용

신근(폄근)	관절을 펼침, 신전 작용
굴근(굽힘근)	관절을 굽힘, 굴곡 작용
외전근(벌림근)	관절을 벌림, 외전 작용
내전근(모음근)	관절을 모음, 내전 작용
대립근(맞섬근)	관절을 손바닥으로 향함, 물건을 잡는 작용
회내근(엎침근)	손을 안으로 돌려 손등이 앞을 향하게 하는 팔 근육
회외근(뒤침근)	손을 바깥으로 돌려 손등이 뒤로 향하게 하는 팔 근육

📄 신경계

■ 신경기관

① 신경: 신경세포가 구성된 결합조직
② 뉴런: 최소 단위 신경세포, 자극 전달
③ 시냅스: 뉴런(신경)과 다른 뉴런(신경)을 연결해 주는 접촉 부위

✏️ 더 알아보기

인체의 단계: 세포 – 조직 – 기관 – 계통 – 인체

■ 신경계

① 내·외부 정보 수용 및 신체 활동 조절
② 중추신경: 신경정보 통합, 조정(뇌, 척수)
③ 말초신경: 자극의 감각 흥분을 중추로 전달

체성신경	뇌신경(12쌍), 척수신경(31쌍)
자율신경	교감신경, 부교감신경

📋 손과 발의 신경

■ 상지신경

액와신경 (겨드랑이신경)	• 겨드랑이 신경 • 삼각근과 소원근에 분포
근피신경 (근육피부신경)	• 근육 운동, 피부 감각 • 굴근에 분포
정중신경 (중앙신경)	• 손바닥 감각, 움직임 기능 • 엄지 모음, 맞섬 관여 • 팔을 관통, 손바닥 피부 분포
요골신경 (노뼈신경)	• 팔, 손등 외측(엄지) 지배 • 손등 외측과 요골에 분포
척골신경 (자뼈신경)	• 손바닥 내측 소지를 지배 피부감 각 주관 • 팔뚝, 손 소지에 분포
수지신경 (손가락신경)	• 손가락 촉감 등 감각 • 손가락에 분포

■ 하지신경

대퇴신경 (넙다리신경)	• 허벅지 근육, 감각신경 • 대퇴부 신근, 하부 피부 분포
좌골신경 (궁둥신경)	• 다리 감각, 근육 운동 조절 • 다리 뒤쪽 아래 분포
경골신경 (정강신경)	• 종아리 뒤쪽, 발바닥 운동 • 종아리 뒤쪽, 발바닥 분포
총비골신경 (온종아리신경)	• 종아리 바깥쪽, 발등 종아리 • 무릎 뒤에서 경골에서 나뉨 • 심비골신경(깊은종아리신경) • 천비골신경(얕은종아리신경)
비복신경 (장딴지신경)	• 장딴지, 발목, 발뒤꿈치 감각 • 종아리 뒤쪽 장딴지 분포
복재신경 (두렁신경)	• 다리 안쪽 무릎에 감각 신경 • 정강이, 발등 피부 분포

> **오답피하기** 하지신경: 액와신경(×)

📋 프리에지 모양

■ 그릿(Grit)

① 하나의 네일 파일 위에 연마재의 수 단위임
② 그릿 숫자에 따라 거칠기를 분류함
③ 그릿 수가 높을수록 부드럽고, 낮을수록 거칠어짐

> **오답피하기** 그릿 수가 높을수록 거침(×)

PART
01

■ 네일 파일

자연네일용 파일	• 자연네일 길이·모양 조절 • 180그릿 이상, 한 방향 사용
인조네일용 파일	• 인조네일 길이·형태, 제거 • 전처리(에칭): 접착력 향상
샌딩 파일	표면 굴곡 제거하거나 매끄럽게 정리 하기 위해 사용
광택용 파일	광택을 내기 위해 사용

> **오답피하기** 자연 네일용 파일: 비비셔 사용(×)

■ 네일의 형태

스퀘어	• 양쪽 모서리가 90° 인 사각 상태 • 대회용으로 많이 사용, 강한 느낌 • 파고드는 발톱을 예방할 수 있음
스퀘어 오프	• 사각형에서 양쪽 모서리 각만 제거 • 세련된 느낌
라운드	• 원형의 둥근 상태 • 스트레스 포인트부터 직선 형태 • 남성에게 가장 적합한 손톱의 형태
오벌	• 타원형의 곡선 상태 • 스트레스 포인트부터 곡선 형태 • 여성스럽고 우아함
포인트 (아몬드)	• 아몬드형의 뾰족한 상태 • 손이 길고 가늘어 보임 • 가장 약하고 손상되기 쉬움

자연네일의 특징

■ 네일의 태생

임신 9주	손톱의 형성·성장 시작
임신 14주	손톱의 자라는 모습 확인 가능
임신 20주	완전한 손톱 형성

■ 네일의 구성

① 여러 개의 얇은 겹으로 3개의 층
② 주성분 케라틴 단백질로 아미노산 등
③ 수분 함유, 케라틴 조성으로 네일 경도가 다름

■ 네일의 기능

① 물건을 잡거나 감각 보조, 성상 구별
② 방어와 공격, 보호와 미적·장식적 기능

오답피하기 노폐물 분비 기능(×)

■ 네일의 성장

① 손톱의 성장: 1일 약 0.1~0.15mm
② 발톱의 성장: 손톱 성장 속도 1/2 늦음
③ 손톱의 재생 기간: 약 4~6개월
④ 성장방향: 매트릭스에서 네일 베드를 따라 네일 보디의 앞쪽으로 자라 각질화됨
⑤ 성장 속도: 외부 환경, 사용 빈도와 관련됨

빠름	여름, 남성, 중지, 청소년, 임신 후반
느림	겨울, 여성, 소지, 노인, 비임신

■ 건강한 네일

① 반투명 핑크빛에 아치형을 이룸
② 12~18% 수분 함유
③ 표면 균일, 윤기, 유연성, 강도 보유
④ 네일 베드에 단단히 부착되어야 함

✏️ **더 알아보기**

조반월(루눌라) 크기와 두께는 건강과 관련 없음

■ 자연네일 자체 구조

네일 루트 (조근)	피부에 묻혀 있는 손·발톱의 뿌리로 네일이 자라기 시작하는 부분
네일 보디 (조체, 조판)	손·발톱 판(플레이트)으로 신경과 혈관이 없으며 산소가 필요 없음
프리에지 (자유연)	네일 베드에서 자라 나온 네일의 끝부분으로 모양과 길이를 조절

■ 자연네일 밑 피부조직 구조

매트릭스 (조모)	• 네일을 만드는 세포 생성, 성장 담당, 손상되면 네일이 변형됨 • 모세혈관, 림프, 신경조직 있음
루눌라 (조반월)	• 연 케라틴, 유백색의 반달 모양 • 루눌라는 건강과 관련 없음
네일 베드 (조상)	• 네일 보디 아래의 피부조직 • 지각신경, 멜라닌세포가 분포 • 모세혈관을 통해 산소와 수분을 공급, 네일에 핑크빛을 띠게 함
옐로 라인	네일 보디가 네일 베드에서 분리되는 노란빛의 얇은 라인
스트레스 포인트	• 옐로 라인의 양쪽 끝 점 • 외부 충격을 많이 받는 부분

■ 자연네일의 주위 피부 구조

네일 폴드 (조주름)	네일 보디를 잡아주는 피부 속주름으로 방어막 역할
에포니키움 (상조피)	큐티클 위에 있어 매트릭스 보호, 감염되면 영구적으로 손상
큐티클 (조소피)	에포니키움의 각질화 과정에서 생성된 네일 주변을 덮고 있는 죽은 각질세포로 완전제거 불가
네일 월 (조벽)	네일 보디 양 옆에 벽으로 형성된 부분
네일 그루브 (조구)	네일 보디 양 옆 피부에 접힌 홈
하이포니키움 (하조피)	프리에지 아래에 피부조직, 이물질 침입을 막아 네일을 보호

■ 매니큐어

정의	손톱 형태 조형, 큐티클 정리, 컬러링 등 전체적인 손과 손톱 관리
어원	라틴어 마누스(손), 큐라(관리)의 합성어

오답피하기
- 매니큐어의 어원: 그리스어(×), 히랍어(×)
- 라틴어 마누스: 손톱(×), 발(×), 발톱(×)

✏ 더 알아보기

페디큐어: 발톱 형태 조형, 큐티클 정리, 컬러링 등 전체적인 발과 발톱 관리

■ 매니큐어 순서

① 소독제로 작업자, 고객 손 소독
② 네일 폴리시리무버로 네일 폴리시 제거
③ 자연네일용 파일로 손톱 형태 조형

✏ 더 알아보기

손톱 형태 조형 방법: 비비지 말고 한 방향 사용

④ 샌딩 파일로 손톱 표면 정리
⑤ 네일 더스트 브러시로 분진 제거
⑥ 핑거볼에 손 담가 큐티클 불리기
⑦ 큐티클 푸셔를 45°로 부드럽게 큐티클 밀기(큐티클 연화제 도포 가능)
⑧ 큐티클 니퍼로 큐티클 정리, 제거

✏ 더 알아보기

큐티클 정리 방법
- 출혈 우려로 큐티클의 깊은 제거 금지
- 니퍼 날 전체 접촉을 피하고 피부 결 따라 정리

⑨ 소독제로 큐티클 주변 손 중간 소독
⑩ 베이스코트의 밀착력 향상을 위해 네일의 유분기 제거
⑪ 컬러의 밀착력, 착색 방지를 위해 베이스코트 1회 도포
⑫ 네일 폴리시 2회 도포
⑬ 광택, 컬러 보호를 위해 톱코트 1회 도포

■ 매니큐어의 종류

습식 매니큐어	미온수에 손을 담가 관리, 습기로 인해 인조네일 전에는 지양
건식 매니큐어	물, 용액을 사용하지 않고 관리, 인조네일 작업 전 권장
핫 크림 매니큐어	온열 기기에 큐티클을 불려 관리, 큐티클 과잉 성장(테리지움)에 효과
파라핀 매니큐어	손에 유·수분 공급, 혈액 순환 촉진, 피로 회복(얇은 손톱 염증 주의)

오답피하기 인조 네일 전 습식 관리(×)

■ 페디큐어 순서

① 소독제로 작업자 손 소독, 고객 발 소독
② 네일 폴리시리무버로 네일 폴리시 제거
③ 자연네일용 파일로 스퀘어 형태로 조형

✏ 더 알아보기

발톱 형태 조형 방법: 파고드는 발톱 방지를 위해 너무 짧지 않게 스퀘어 형태, 한 방향으로 사용

④ 샌딩 파일로 발톱 표면 정리
⑤ 네일 더스트 브러시로 분진 제거
⑥ 족욕기에 발 담가 큐티클 불리기
⑦ 큐티클 푸셔를 45°로 부드럽게 큐티클 밀기(큐티클 연화제 도포 가능)
⑧ 큐티클 니퍼로 큐티클 정리, 제거
⑨ 소독제로 큐티클 주변 발 중간 소독
⑩ 베이스코트의 밀착력 향상을 위해 네일의 유분기 제거
⑪ 토 세퍼레이터 장착: 작업 공간 확보를 위해 발가락 사이에 토 세퍼레이터 끼우기
⑫ 착색 방지를 위해 베이스코트 1회 도포
⑬ 네일 폴리시 2회 도포
⑭ 광택, 컬러 보호를 위해 톱코트 1회 도포

오답피하기
- 착색 방지: 톱코트(×)
- 컬러 보호: 베이스코트(×)

📋 자연네일 보강

■ **자연네일 보강**

약하거나 손상되어 찢어진 자연네일을 네일 재료를 사용하여 보강하는 것

네일 랩 보강	찢어진 자연네일의 경우 네일 랩이 가장 효과적
아크릴 보강	손상부분이 크고 두께를 형성해야 하는 경우 아크릴이 적절함
젤 보강	약해진 손톱이나 손상 예방 등 전체 보강할 때 젤이 효과적

📋 네일 컬러링

■ **컬러링의 종류**

풀 코트	네일 전체에 컬러링
프렌치	프리에지 부분에만 컬러링
딥 프렌치	네일의 전체 길이 1/2 이상에서 루눌라를 넘지 않게 컬러링
그러데이션	네일의 전체 길이 1/2 이상에서 루눌라를 넘지 않게 컬러링(프리에지로 갈수록 컬러가 진해짐)
슬림라인, 프리 월	네일의 양쪽 옆면을 남기고 컬러링(네일이 길고 가늘어 보임)
하프문, 루눌라	루눌라(조반월)를 남기고 컬러링
프리에지	프리에지에만 컬러링하지 않음
헤어라인 팁	네일 전체에 컬러링 후 프리에지 단면을 얇게 지움

📋 기초 색채 배색

■ **색의 3속성**

① 색상: 눈의 자극으로 인식되는 지각 현상

② 명도: 색의 밝고 어두운 정도

③ 채도: 색의 선명하고 맑은 정도

■ **색의 특성**

① 온도감

난색	붉은색 계열로 따뜻하게 느껴짐
한색	파란색 계열로 차갑게 느껴짐
중성색	녹색, 보라 계열로 온도감이 없음

② 색의 중량감과 경연감

고명도 밝은 색	가볍고 부드러운 느낌
저명도 어두운 색	무겁고 딱딱한 느낌

■ **4계절 색채**

봄	• 부드러움, 은은함 • 노랑, 연두, 핑크, 파스텔 계열
여름	• 정열, 젊음, 강렬함 • 파랑, 청록색, 청색 계열
가을	• 차분함, 풍부함 • 베이지, 갈색, 적자색, 난색 계열
겨울	• 차가움, 화려함 • 흰색, 회색, 무채색 계열

📋 기초 디자인 적용 및 도구

■ **디자인**

주어진 목적을 조형적으로 실체화하는 행위

■ **조형의 기본 요소**

점, 선, 면, 형(형태), 명암, 색, 질감, 공간

📋 네일 폴리시 디자인 도구

■ 점, 선, 면 표현 도구

점	도트 봉, 오렌지 우드스틱, 브러시
선	브러시(세필, 라이너)
면	브러시(스퀘어, 사선, 라운드 등)

📋 네일 폴리시

■ 일반 네일 폴리시

① 네일 폴리시 건조기를 사용하며 건조 속도가 느림
② 찍힘이 발생하기 쉽고 유지기간이 짧으나 제거가 용이함
③ 인화성·휘발성이 있어 취급에 유의함
④ 성분

필름제	• 피막 형성 광택 부여 • 니트로셀룰로오스 등
용제	• 흐름을 높여 사용성 용이 • 초산부틸(부틸아세테이트), • 초산에틸(에틸아세테이트), 톨루엔 등
가소제	• 유연성을 높여 균열 방지 • 캠퍼, 토실아마이드 등
자외선차단제	• 자외선 차단, 변색 방지 • 옥시벤존 등
기포 방지제	• 기포 억제 • 아이소프로필알코올 등
착색제	• 색상 부여 • 안료

✒️ **더 알아보기**

니트로셀룰로오스: 네일 폴리시, 베이스 코트, 톱코트에 주 성분으로 대표적인 피막 형성제임

■ 젤 네일 폴리시

① 젤 램프 기기를 이용해 경화하며 경화 속도가 빠르고 광택성이 우수함
② 경화 후 찍힘이 발생하지 않고 유지 기간이 길으나 제거가 어려움

■ 통 젤 네일 폴리시

① 퍼짐이 매우 적은 젤로 가장 점성이 강함
② 젤을 도포하는 대로 형태가 유지 가능함

📋 네일 폴리시 아트

■ 일반 네일 폴리시 아트(워터 마블)

① 물 위에 일반 네일 폴리시를 떨어뜨려 퍼짐성을 이용해 움직임에 따른 디자인을 표현함
② 자연네일을 물에 담글 경우 손상되거나 기포가 형성되어 정확한 표현이 어려워 네일 팁 작업을 선호함
③ 완전 건조 후 톱코트를 도포해야 함

■ 젤 네일 폴리시 아트(선 마블링)

① 색의 조화와 선이 깔끔하게 혼합되지 않고 마블링되도록 해야 함
② 자주 브러시를 닦고 주변에 묻은 젤을 정리하고 경화해야 함

■ 톱 젤

① 젤의 지속성과 광택을 높이기 위해 마지막에 도포하며, 무광 톱 젤도 있음
② 기포가 발생되지 않도록 부드럽게 펴서 적정량 도포해야 함
③ 톱 젤도 젤 램프 기기에 경화해야 함
④ 경화 후 젤 클렌저로 닦아 끈적임을 제거해야 함

📑 네일 화장물 제거

■ 네일 화장물 제거제의 종류

일반 네일 폴리시 리무버	• 일반 네일 폴리시 제거 시 사용 • 중량 아세톤, 소량 오일 함유 • 한 손톱 씩 제거해야 함
젤 네일 폴리시 리무버	• 젤 네일 폴리시 제거 시 사용 • 대량 아세톤, 소량 오일 함유 • 제거 시 포일로 감싸므로 주변 피부 보호를 위해 오일 도포
아세톤	• 인조네일 제거 시 사용 • 냄새, 휘발성, 인화성이 강함 • 네일과 네일 주변 피부의 건조를 유발하므로 사용 주의 • 제거 시 포일로 감싸므로 주변 피부 보호를 위해 큐티클 오일 도포

📌 **더 알아보기**

> 논 아세톤, 아세톤 프리: 뿌옇게 변하는 백화 현상이 나타나지 않는 아세톤 성분이 없는 제품

■ 인조네일 제거 순서

① 소독제로 작업자, 고객 손 소독
② 네일 클리퍼로 길이 재단
③ 인조네일용 파일로 두께 제거

📌 **더 알아보기**

> • 팁 네일 두께 제거: 150~180그릿
> • 아크릴 네일 두께 제거: 100~150그릿

④ 네일 더스트 브러시로 분진 제거
⑤ 네일 피부 보호를 위해 큐티클 오일 도포
⑥ 아세톤을 탈지면에 도포하여 네일에 올리기
⑦ 포일을 사용하여 감싼 후 포일 제거하기
⑧ 오렌지 우드스틱, 큐티클 푸셔로 제거
⑨ 부드러운 네일 파일로 잔여물 제거
⑩ 샌딩 파일로 자연네일 표면 정리
⑪ 자연네일용 파일로 프리에지 형태 조형

오답피하기 인조네일 제거: 알코올 · 에탄올(×)

📑 인조네일 보수

■ 인조네일 보수

① 인조네일 후 2~3주 경과 시 리프팅 발생
② 보수를 하지 않으면 세균 · 곰팡이 서식, 변색 및 파손 우려
③ 손상 30% 이상 시 보수보다 제거 권장

오답피하기 보수 간격 4~5주(×)

📌 **더 알아보기**

> 인조네일의 보수 시 주의사항: 네일 프라이머를 자라 나온 자연네일만 소량 도포하기

■ 인조네일의 조기 리프팅 및 손상 원인

① 자연네일 표면의 광택이 충분히 제거되지 않도록 에칭 처리가 미흡한 경우
② 자연네일의 유분 및 수분 제거가 충분히 이루어지지 않은 경우
③ 스트레스 포인트와 프리에지 보강이 적절하지 않은 경우
④ 큐티클 부위가 두껍게 남아 있고 파일링이 충분하지 않은 경우
⑤ 젤 제품의 경화(큐어링) 시간을 준수하지 않은 경우
⑥ 아크릴 네일을 적정 온도보다 낮은 환경에서 시술한 경우
⑦ 아크릴 또는 젤이 주변 피부로 넘쳤으나 제대로 정리되지 않은 경우
⑧ 고객의 관리 소홀 또는 시술 과정상의 미흡한 작업으로 인해 발생할 수 있음

오답피하기
인조네일의 조기 리프팅 및 손상 원인
• 자연네일 자체에 유분기가 많은 경우(×)
• 자연네일이 짧은 경우(×)

📋 팁 네일

■ 네일 팁

① 플라스틱, 나일론, 아세테이트의 재질
② 인조 손톱으로 길이 연장에 사용
③ 웰(well): 네일 접착제를 바르는 홈
④ 웰 정지선: 네일 접착제 넘치면 안 되는 곳

■ 네일 팁 오버레이

네일 팁 접착 후 아크릴·젤·필러 파우더·네일 랩으로 보강하고 단단하게 만드는 작업

■ 팁 네일 재료

네일 접착제	네일 글루 젤 글루로, 네일 팁을 접착할 때 사용
필러 파우더	네일 팁 턱 보강을 위해 네일 접착제와 함께 사용
팁 커터	네일 팁의 길이를 줄일 때 사용
경화 촉진제	글루 드라이어로, 네일 접착제를 경화시키는 제품으로 일정 거리에서 약하게 분사해야 함

> **오답피하기** 네일 팁 길이 재단: 네일 클리퍼(×)

> 🖋 **더 알아보기**
> 네일 접착제의 점성이 약한 경우 얇게 도포되어 건조가 빠르지만 흐르기 쉬우며, 점성이 강한 경우 접착력과 보존력은 우수하나 제거가 어려움

■ 네일 팁 선택 방법

① 각진 네일: 하프 웰 네일 팁 선택
② 아래로 향한 네일: 일자형 네일 팁 선택
③ 넓은 네일: 끝이 좁아지는 네일 팁 선택
④ 위로 솟아오른 네일: 옆선에 커브가 있는 네일 팁 선택

> 🖋 **더 알아보기**
> 네일 팁 선택 시 판단이 어려운 경우에는 한 사이즈 크게 선택 후 조절하여 사용함

■ 네일 팁 접착 방법

① 네일 팁 양쪽 끝이 자연네일의 양쪽 옆면을 모두 덮도록 접착
② 자연네일에 45°로, 1/2 미만 부위에 접착
③ 접착 시 기포가 발생하지 않도록 주의
④ 정면과 옆면에서 자연스럽게 연결되도록 접착

📋 랩 네일

■ 네일 랩

① 네일 보강에 사용되는 페브릭 형태의 랩을 의미함
② 약하거나 손상된 네일을 감싸 보강하거나 길이 보완 곡적으로 활용됨
③ 오염을 방지하고 접착 상태 유지를 위해 밀봉하여 보관함

파이버 글라스	• 인조 유리섬유를 직조한 소재로 투명감과 광택이 있음 • 실크 소재보다 조직이 느슨해 접착제가 잘 스며듦
실크	• 명주실을 사용해 제작한 직물로 촉감이 부드럽고 무게가 가벼움 • 조직이 얇고 섬세해 네일 랩 소재 중 활용도가 높음
리넨	• 아마 섬유로 만든 직물로 다른 소재보다 강도가 우수함 • 조직이 두껍고 비침이 있으며 질감이 거친 편임

■ 네일 랩 접착 방법

① 큐티클 라인까지 꽉 채우지 않게 접착
② 비틀리거나 주름지지 않도록 접착
③ 네일의 양쪽 옆면까지 덮이도록 접착

📋 스컬프처 네일

- **스컬프처 네일**
  ① 네일 폼을 사용하여 아크릴이나 젤로 길이를 연장하는 방법
  ② 네일 폼: 스컬프처 네일 시 길이를 연장하기 위해 사용하는 받침대

  > **오답피하기** 스컬프처 네일: 네일 팁 사용(×)

- **네일 폼 접착 방법**
  ① 자연네일과 네일 폼 사이에 빈 공간이 생기지 않도록 밀착해 접착
  ② 하이포니키움 손상을 방지하기 위해 과도하게 깊이 넣지 않도록 접착
  ③ 네일 폼이 치우치지 않도록 중심선을 맞추어 정면과 옆면에서도 처지지 않도록 자연스럽게 연결되게 접착

- **네일 프라이머**
  ① 자연네일의 유분과 수분을 제거해 줌
  ② pH 균형을 유지해 박테리아 증식을 억제함
  ③ 산성 성분이 자연네일의 케라틴 단백질에 작용해 인조네일의 접착력을 높임
  ④ 산성 성분으로 인해 네일 부식이나 피부 자극이 발생할 수 있으므로 자연네일에 최소량만 사용함
  ⑤ 빛을 차단한 작은 유리 용기에 담아 서늘한 곳에 보관하며, 사용 시에는 보안경과 마스크를 착용함
  ⑥ 주요 성분: 메타크릴산, 아크릴레이트, 부틸아세테이트
  ⑦ 네일 프라이머와 동일한 효과를 가지는 젤 네일 전용 제품을 젤 본더라고 함

  > 🖊 **더 알아보기**
  >
  > 논 애시드 프라이머: 자연네일의 유수분만 제거하며, 산성 성분이 없어 컬러 전에서도 사용 가능함

📋 젤 네일

- **젤 네일의 특성**
  ① 올리고머: 젤
  ② 폴리머: 완성된 젤 네일
  ③ 광중합 개시제: 광중합을 개시시키는 물질

  > 🖊 **더 알아보기**
  >
  > 젤 네일의 중합 반응
  > - 광중합(포토폴리머라이제이션)
  > - 빛에 의해 일어나는 중합 반응

- **젤(클리어)**
  ① 네일의 두께를 보강, 길이 연장 위해 사용
  ② 경화하기 전까지는 자유롭게 다룰 수 있음
  ③ 냄새가 거의 없으나 알레르기 반응을 일으킬 수 있으므로 피부에 닿지 않게 해야 함

소프트 젤	• 점도가 낮아 고르게 퍼지고 아세톤으로 제거 가능 • 유지 기간이 짧음
하드 젤	• 점도가 높아 단단해서 제거제로 제거가 어려움 • 유지 기간이 긺

  > 🖊 **더 알아보기**
  >
  > - 라이트 큐어드 젤: 광선에 경화(UV, LED)
  > - 노 라이트 큐어드 젤: 응고제 사용으로 경화

- **젤 네일 경화 시 주의사항**
  ① 경화 시 네일 베드가 뜨거워져 히팅 현상이 발생할 수 있으므로 사전 안내가 필요함
  ② 히팅 발생 시 손을 잠시 빼고 천천히 경화함
  ③ 젤을 두껍게 도포하거나 네일이 얇거나 손상된 경우 심해질 수 있음
  ④ 예방을 위해 얇게 여러 번 도포해 경화함

아크릴 네일

■ 아크릴 네일의 특성

① 모노머: 아크릴 리퀴드
② 폴리머: 아크릴 파우더, 완성된 아크릴 네일
③ 화학 중합 개시제: 카탈리스트로, 함유량에 따라 굳는 속도를 조절하는 촉매제

> 🖍 더 알아보기
>
> **아크릴 네일의 중합 반응**
> • 상온 화학 중합(폴리머라이제이션)
> • 상온에서 발생하는 화학 중합 반응

■ 아크릴 브러시

① 아크릴 파우더와 아크릴 리퀴드를 혼합하여 아크릴 볼을 만들 때 사용
② 아크릴 볼의 크기는 브러시를 세우는 각도에 따라 달라지며, 볼의 크기가 커질수록 브러시 각도를 낮춰 조절해야 함
③ 사용 후 브러시는 아크릴 리퀴드 또는 브러시 클리너로 깨끗이 정리하고, 모 끝을 가지런히 정돈한 뒤 리퀴드가 건조되지 않도록 뚜껑을 덮어 모가 아래를 향하도록 보관함
④ 위치별 브러시의 사용 용도

팁	큐티클·스마일 라인, 디자인
벨리	표면의 형태를 균일하게 정리
백	볼을 펴거나 두께, 길이 조절

■ 다펜디시

화학물질에 녹지 않으며, 아크릴 리퀴드 등을 덜어 사용하는 뚜껑이 있는 작은 용기

> **오답피하기**
> • 다펜디시: 용액을 담는 펌프형 용기(×)
> • 디스펜서: 뚜껑이 있는 작은 용기(×)

■ 아크릴 네일의 특징

① 아크릴은 단단하고 수축과 변형이 없어 형태 보정이 가능하여 파고드는 발톱과 물어뜯는 손톱 연장에 가장 효과적임
② 온도에 민감해 고온에서는 경화 속도가 빠르고, 저온에서는 작업 시 깨짐이나 들뜸이 발생할 수 있음
③ 특유의 휘발성 냄새가 발생하므로 환기가 필요하며 보안경, 마스크를 착용해야 함

■ 아크릴 프렌치 스컬프처 순서

① 소독제로 작업자, 고객 손 소독
② 자연네일의 프리에지를 약 1mm의 길이로 라운드 또는 오벌 형태로 조형
③ 아크릴의 접착력을 높이기 위해 자연네일 표면의 광택 제거
④ 네일 가위로 네일 폼 재단
⑤ 정면과 옆면에서 올바르게 네일 폼 접착
⑥ 네일 프라이머를 자연네일에 소량 도포
⑦ 화이트 볼로 스마일 라인을 만들면서 길이를 연장 및 형태로 조형

> 🖍 더 알아보기
>
> **스마일 라인 조형 방법**
> • 라인의 깊이는 네일 상태에 따라 조절 가능함
> • 양쪽 라인의 균형을 맞추고 좌우가 대칭되어야 함
> • 라인이 얼룩 없이 깨끗하고 선명해야 함

⑧ 클리어 또는 핑크 볼로 기본 구조 조형
⑨ 네일 폼 제거
⑩ 핀치 넣어 C 커브 조형
⑪ 인조네일용 파일로 구조 및 형태 조형
⑫ 샌딩 파일로 표면 정리
⑬ 광택용 파일로 광택 내기

📋 피부의 구조와 기능

■ 피부란?

외배엽에서 유래되어 신체 표면을 덮고 있는 기관으로 피부의 구조는 외측부터 <u>표피</u>, <u>진피</u>, 피하조직의 순으로 되어 있음

> ✒️ **더 알아보기**
>
> 피부 표면 형태는 삼각, 마름모꼴 다각 형태이며, 인종, 개인, 나이, 부위에 따라 다름

> **오답피하기** 진피 → 표피 → 피하조직(×)

■ 표피

① 표피는 피부의 가장 바깥쪽 표면에 해당함
② 바깥쪽부터 <u>각질층, 투명층, 과립층, 유극층, 기저층</u>의 순으로 되어 있음
③ 표피는 각화과정을 겪으며 수분 증발 방지와 피부를 보호하는 역할을 함

> ✒️ **더 알아보기**
>
> 각화 과정: 기저층 세포가 각질층으로 이동하며 분화하고 최종적으로 각질세포가 되어 탈락되는 과정으로, 정상 주기는 약 28일 소요됨

④ 표피의 종류

각질층	• 무핵층, 박리 현상 • 천연보습인자, 세포 간 지질
투명층	• 무핵층, 손·발바닥에 분포 • 엘라이딘
과립층	• 무핵층, 각질화 과정 시작 • 각화유리질과립, 수분저지막
유극층	• 유핵층, 가장 두꺼운 층 • 랑게르한스세포
기저층	• 유핵층, 피부의 새 세포 형성 • 멜라닌세포, 각질형성세포, 머켈세포

■ 진피

① 표피와 진피는 물결상의 형태로 이루어짐
② 진피는 바깥쪽부터 유두층, 망상층의 순으로 되어 있음

유두층	• 10~20%, 물결 모양의 층 • 모세혈관, 림프관, 신경 등 존재
망상층	• 80~90%, 그물 모양의 층 • 콜라겐과 엘라스틴의 결합조직으로 피부 탄력, 주름에 중요한 역할 • 림프관, 신경, 한선, 피지선 존재

■ 피하조직

① 피부의 가장 아래층에 위치, 수많은 지방세포로 구성되어 있음
② 체온 조절, 외부 자극으로부터 신체 보호 및 영양분을 저장함
③ 림프 순환 저하 시 피하지방과 결합조직의 변화로 셀룰라이트가 형성될 수 있음

> ✒️ **더 알아보기**
>
> 셀룰라이트: 셀룰라이트란 피하조직에서 노폐물 정체와 피하지방 비대로 피부가 울퉁불퉁해지는 현상임

■ 피부의 구성 세포 및 물질

① 표피의 구성 세포

랑게르한스세포	유극층, 피부 면역 관여
멜라닌세포	기저층, 피부 색소 제조
각질형성세포	기저층, 피부 각질 형성
머켈세포	기저층, 촉각 감지

> **오답피하기**
> • 면역 담당: 멜라닌세포(×)
> • 색소 담당: 랑게르한스세포(×)

> ✒️ **더 알아보기**
>
> 각질형성세포: 사이토카인을 분비하여 피부의 면역 조절 기능에 관여함

② 진피의 구성 세포

섬유아세포	콜라겐, 엘라스틴 조직 성분 생성
대식세포	면역에 관여
비만세포	알레르기 반응에 관여

📌 더 알아보기

- 콜라겐(교원섬유): 보습과 주름에 효과적
- 엘라스틴(탄력섬유): 피부 탄력 관여, 피부 파열 방지

오답피하기 진피 세포: 멜라닌 세포(×)

■ 피부의 기능

① 보호 기능: 산성막은 박테리아와 미생물의 침입을 막음
② 흡수 기능: 세포 간 지질, 모낭, 피지선을 통해 친유성 물질, 소분자를 흡수함
③ 영양분 교환 기능: 프로비타민 D가 자외선을 받으면 비타민 D로 전환됨
④ 저장 기능: 피하조직은 지방을 저장함
⑤ 호흡 기능: 피부 표면을 통해 산소 흡수, 이산화탄소 방출함
⑥ 분비 기능: 피지와 땀을 분비하여 피부에 윤기를 주고 인체의 노폐물을 배출함
⑦ 재생 기능: 상처가 생기면 원래의 상태로 돌아가려 함
⑧ 면역 기능: 면역 세포가 존재하여 생체 반응기전에 관여함
⑨ 지각 기능: 통각, 온각, 촉각 등 외부 자극에 대한 감각을 느낌
⑩ 체온 조절 기능: 체내에서 열 생산, 혈관, 한선을 통해 체온 조절을 함

오답피하기
- 소화 기능(×)
- 혈액 생성 기능(×)
- 호르몬 분비 기능(×)

📄 피부 유형분석

■ 피부 유형

① 기본적으로 피지 분비를 기준으로 함
② 중성 피부, 건성 피부, 지성 피부로 분류
③ 피부의 pH는 계절별로 변하고 성별에 따라 다름
④ 얼굴 관리 시 눈 주위는 피부가 얇아 손상되기 쉬운 부위이므로 주의가 필요함

■ 피부 유형의 종류

중성 피부	• 매끄럽고 탄력 있는 정상 피부 • 유·수분이 pH 4.5~6.5 범위
건성 피부	• 피부가 얇고 건조하며 미세한 각질이 나타남 • 보습 능력 저하로 피부 당김이 있으며 화장이 잘 받지 않음 • 탄력 저하로 주름이 쉽게 형성됨
지성 피부	• 피지 분비가 많고 모공이 커 화장이 번짐 • 피부결이 거칠며 색소 침착, 트러블, 여드름, 지루성 피부염이 발생하기 쉬움
민감성 피부	• 피부결은 섬세하나 피부가 얇음 • 홍반 등 발열감과 붉은기가 나타남 • 자극에 민감하며 면역 기능 저하로 색소 침착이 발생하기 쉬움
복합성 피부	• 이마와 코의 T존은 피지 분비가 많고, 볼과 턱선의 U존은 피지 분비가 적음 • 두 가지 이상 특성이 함께 나타나는 피부 상태
노화 피부	• 각질층 증가로 피부가 뻣뻣하고 수분이 부족함 • 탄력과 피지 분비가 저하되어 피부가 늘어지고 윤기가 감소함 • 자외선 방어 능력 감소로 주름과 색소 침착이 발생함

피부 부속기관

피지선

① 진피의 위치하고 있으며 모공을 통해 피지를 분비하는 선
② 코 주위에 발달되어 있으며 손바닥, 발바닥에는 피지선이 없음
③ 성인은 하루에 약 1~2g의 피지를 분비함
④ 피지는 살균 작용, 유화 작용, 수분 증발 억제 작용을 함

> **오답피하기** 피지: 열 발산 방지 작용(×)

> **📌 더 알아보기**
> 피지는 안드로겐, 테스토스테론의 남성호르몬이 증가하는 사춘기 남성에게 집중적으로 분비됨

피지막

① 피지와 땀이 섞여 피부 표면의 미생물의 침입을 방어하고 피부를 보호함
② 피지막은 pH 4.5~6.5의 약산성의 W/O의 유화 상태로 존재

> **오답피하기** 피지막: 산성(×), 알칼리성(×)

한선(땀샘)

① 노폐물 배출, 땀 분비로 체온을 조절함
② 한선(땀샘)의 분류

에크린 한선 (소한선)	아포크린 한선 (대한선)
한공을 통해 분비	모공을 통해 분비
냄새가 거의 없음	냄새가 남
손바닥, 발바닥, 이마에 많음	겨드랑이, 배꼽, 항문

> **📌 더 알아보기**
> 아포크린 한선(대한선)은 주로 사춘기 이후 분비되며 남성보다 여성에게서 냄새가 강함

땀의 이상 분비 현상

무한증	땀이 분비되지 않는 증상
소한증	땀의 분비가 감소하는 증상
다한증	땀이 과다하게 분비되는 증상
액취증	땀이 부패되어 악취가 나는 증상
땀띠	땀의 통로가 막혀 발생되는 증상

> **📌 더 알아보기**
> 아포크린 한선(대한선): 겨드랑이, 배꼽, 항문 등 특정 부위에 분포되어 있으며 액취증의 원인이 됨

> **오답피하기** 아포크린 한선(대한선): 발바닥(×)

모발

① 모발은 케라틴, 수분, 지질, 멜라닌 색소 등으로 구성됨
② 1일 0.3~0.5mm, 1달 1~1.5cm 성장함
③ 모발의 주기: 성장기 → 퇴화기 → 휴지기

구분	성장기	퇴화기	휴지기
시기	지속 성장	성장 멈춤	모발 빠짐
기간	3~5년	3~4주	3~4개월
비율	80~90%	1%	14~15%

모발의 구조

① 모간: 피부 표면 위로 노출된 모발

모수질	모발 안쪽 부분
모피질	모발 중간 부분, 멜라닌색소 함유
모표피	모발 바깥 부분, 각질세포로 구성

② 모근: 피부 내부에 위치한 모발

모낭	피지선, 대한선, 입모근 부착
모구	모근 아랫부분, 모발이 성장됨
모모 세포	세포가 분열 증식, 모발의 기원, 모유두와 연결, 모발 성장 담당
모유두	모근 가장 아래, 산소, 영양 공급

📑 피부와 영양

■ 피부와 영양

① 건강한 피부: 수분 유지, 각질 제거, 충분한 수면, 영양 공급이 필요함
② 영양소: 식품을 통해 신체 구성, 성장 촉진, 신체 조직 유지 기능을 조절함
③ 기초 대사량: 생명 유지를 위해 필요한 최소 에너지량

■ 3대 영양소

탄수화물	• 1g당 4kcal 에너지 공급 • 최소 단위: 포도당 • 세포 활성화로 건강한 피부 유지 • 결핍: 기력 부족, 피부 기능 저하
지방	• 1g당 9kcal 에너지 공급 • 최소 단위: 지방산과 글리세린 • 체조직 구성, 피부 탄력 유지 • 결핍: 체중 감소, 거친 피부
단백질	• 1g당 4kcal 에너지 공급 • 최소 단위: 아미노산 • 생체 기능 수행, 결합조직과 탄력섬유의 필수 요소, 피부 재생 • 결핍: 콰시오르코르, 발육 저하

■ 무기질

① 생리적 기능을 조절하는 역할을 함
② 열, 빛, 산, 알칼리에 의해 분해되지 않음

칼슘	뼈와 치아 형성에 관여, 신경 전달과 근육 수축·이완 기능
요오드	갑상선 기능 활성화, 기초대사율 조절 및 모세혈관 기능 정상화
철분	헤모글로빈 구성 요소, 피부 혈색 관여, 결핍 시 빈혈
황	케라틴 합성, 모발, 손톱 건강 유지
마그네슘	신경 전달, 근육 이완
나트륨	수분 균형, 삼투압 조절, 근육 탄력

■ 영양소의 3대 작용

① 열량 공급: 탄수화물, 지방, 단백질
② 신체 조직 구성: 지방, 단백질, 무기질, 물
③ 생리적 기능: 무기질, 비타민, 물

■ 비타민

생리대사를 보조하며 신경 안정과 면역 기능을 강화하며, 신진대사 촉진, 노화 방지, 조혈 작용 및 조직 기능 유지에 관여함

비타민 A 레티놀	• 항산화 작용, 점막 손상 방지, 피부 각화 정상화, 주름 개선 • 결핍: 피부 건조, 세균 감염, 야맹증, 모발 퇴색, 각질 이상
비타민 D 칼시페롤	• 자외선에 의해 피부 합성 • 골격 발육 및 칼슘 흡수 촉진 • 결핍: 구루병, 골다공증
비타민 E 토코페롤	• 호르몬 생성, 항산화 작용 • 결핍: 불임증, 신경체계 손상
비타민 K	• 혈액 응고 촉진 • 결핍: 과다 출혈
비타민 B1 티아민	• 피부 면역에 관여 • 결핍: 각기병
비타민 B_2 리보플래빈	• 피부 염증 예방 • 결핍: 피부염, 구순염
비타민 B3 나이아신	• 피부 손상 회복 • 결핍: 피부염
비타민 B12 코발라민	• 조혈 작용 • 결핍: 빈혈
비타민 C 아스코르빈산	• 교원질 형성, 항산화 작용, 모세혈관 강화, 멜라닌색소 억제 • 결핍: 색소 침착, 출혈
비타민 H 바이오틴	• 신진대사 활성, 염증 치유

🔖 더 알아보기

> • 지용성 비타민: A, D, E, K
> • 수용성 비타민: B, C, H, P

📄 피부와 광선

- ## 자외선의 분류

구분	파장	특징
자외선 A (UV-A)	장파장 320~400nm	가장 깊은 진피 침투, 주름 생성, 색소 침착, 피부 건조, 인공선탠
자외선 B (UV-B)	중파장 290~320nm	진피 상부까지 도달, 홍반, 수포, 일광화상
자외선 C (UV-C)	단파장 200~290nm	가장 강한 자외선으로 피부암 원인

🖊 **더 알아보기**

> 자외선B는 자외선 A보다 홍반 발생 능력이 1,000배 높음

오답피하기 자외선 A: 홍반(×), 수포(×)

- ## 자외선의 영향

긍정적	비타민 D 형성, 살균·소독 작용, 구루병 예방, 강장 효과, 식욕·수면 증진
부정적	홍반, 일광화상, 색소 침착, 피부 건조, 수포

오답피하기
자외선 과다: 지루성·아토피 피부염(×)

- ## 적외선의 영향
  ① 온열 작용으로 인한 체온 상승 및 세포 증식 작용
  ② 모세혈관 확장과 신진대사 촉진
  ③ 혈액 순환 개선, 노폐물 배출, 식균 작용
  ④ 피부·근육 이완, 통증 완화, 영양물의 피부 흡수를 도움

  오답피하기 체온 저하(×), 비타민 D 형성(×)

📄 피부 노화

- ## 노화의 원인
  ① 구조적: 결합조직 약화, 피부 기능 저하
  ② 화학적: 아미노산 라세미화, 활성산소
  ③ 유전적: 노화유전자, 세포 노화, 텔로미어 단축
  ④ 환경적: 자외선, 열, 흡연
  ⑤ 영양적: 영양 불균형, 피하지방 감소

- ## 노화이론
  가교설, 유리기설, 자가면역설, 세포사멸 프로그램 이론, 세포분열 제한설, 텔로미어설, 대사속도설, 자유라디칼설 등

  오답피하기 노화 이론: 위생가설(×)

- ## 피부의 내인성 노화(생리적 노화)
  ① 연령 증가에 따라 진행되는 노화로 유전적 요인의 영향을 받음
  ② 표피·진피 구조 변화로 피부가 얇아지고 잔주름 증가
  ③ 각화주기 지연으로 각질층 두꺼워짐
  ④ 피지선·한선 기능 저하로 피부 윤기 감소
  ⑤ 피부 방어력·면역력·신진대사 저하
  ⑥ 세포 재생 속도 감소로 상처 회복 지연
  ⑦ 콜라겐 변화로 탄력 감소 및 처짐, 주름 발생

  오답피하기 내인성 노화: 자외선(×)

- ## 피부의 외인성 노화(광노화)
  ① 자외선, 바람, 공해 등 외부 환경에 의해 발생
  ② 장기간 자외선 노출로 피부 거칠고 건조
  ③ 피부가 두꺼워지며 깊고 굵은 주름 형성
  ④ 자외선 방어력 감소로 과색소 침착
  ⑤ 모세혈관 확장 현상 나타남

📑 피부 면역

■ 면역이란?
체내로 침입한 미생물에 대해 인체가 방어하고 저항하는 기능

> **오답피하기** 인체 방어기전: 항원(×), 항체(×)

■ 면역의 종류
① 자연 면역: 선천적으로 타고난 저항력으로, 병원체를 구분하지 않고 작용하는 비특이성 면역
② 획득 면역: 후천적으로 형성되며 항원을 기억해, 병원체 종류에 따라 선택적으로 작용하는 특이성 면역

> 🖊 **더 알아보기**
>
> - 세포성 면역: T림프구는 항원을 인식하여 감염 세포를 공격·조절하는 역할
> - 체액성 면역: B림프구는 항체(면역글로불린)를 생성하는 역할, 항원전달세포, 보체, 항체 등이 있음

📑 여드름

■ 여드름의 원인
① 모낭 내 이상 각화, 피지의 과잉 분비로 모공이 막힘
② 사춘기에 피지 분비가 왕성하여 테스토스테론, 안드로겐의 남성호르몬 영향
③ 유전, 여드름 균의 균락 형성, 염증, 위장 장애, 변비 등

> **오답피하기** 원인: 한선(땀샘)의 분비증가(×)

■ 여드름의 진행단계
면포 → 구진 → 농포 → 결절 → 낭종

■ 여드름
① 모낭에 생기는 피지선의 질환
② 피부가 붉어지고 열감을 동반함
③ 피부가 번들거리며 과다 각질로 거칠어짐

■ 여드름의 종류
① 비염증성 여드름: 백면포, 흑면포
② 염증성 여드름: 구진, 농포, 결절, 낭종

■ 비염증성 여드름의 종류

백면포	모공이 막혀 피지와 각질이 쌓여 피부 표면에 하얗게 보이는 좁쌀 여드름
흑면포	모공이 열린 상태에서 피지가 공기와 접촉해 산화되어 검게 보이는 여드름

> **오답피하기**
>
> - 백면포: 공기로 산화된 검은 여드름(×)
> - 흑면포: 모공 막힌 흰 좁쌀 여드름(×)

■ 염증성 여드름의 종류

단계	구분	증상
1단계	구진	여드름 균이 번식하면서 붉게 부어오른 여드름
2단계	농포	박테리아로 인해 고름과 농이 보이는 여드름
3단계	결절	진피 침범 염증성 붉은 융기, 통증 동반한 여드름
4단계	낭종	혹으로 심한 통증과 흉터가 남는 여드름

> 🖊 **더 알아보기**
>
> 농포는 염증 반응이 진전되면서 박테리아로 인해 악화되어 고름이 생기고 피부 표면에 농이 보이는 상태로, 가능한 빨리 짜주면 흉터가 남지 않음

PART
01

📋 원발진과 속발진

■ 원발진

반점	피부의 함몰 없이 색조가 변화한 상태
홍반	모세혈관 충혈 확장되어 붉게 발적
팽진	가려움을 동반, 붉게 부푸는 부종
수포	국소적으로 차 부풀어 오른 물집
면포	피지, 각질, 세균이 엉겨 모공이 막힘
구진	여드름 균이 번식하면서 붉게 부어오름
농포	박테리아로 인해 고름과 농이 보임
결절	진피 침범 염증성 붉은 융기, 통증 동반
낭종	혹으로 심한 통증과 흉터가 남음
종양	과잉 증식 세포 조직에 고름, 피지 축적

■ 속발진

인설	표피에 죽은 각질이 축적된 비듬
위축	진피세포나 성분의 감소로 인해 피부가 얇아진 상태
태선화	장기간 긁어 피부가 건조하고 두꺼워지며 거친 잔주름이 뚜렷해진 상태
균열	심한 건조 등으로 표피가 갈라진 상태
가피	표피층 소실 부위에 혈청, 고름, 분비물이 말라 굳음
찰상	긁거나 자극으로 생긴 표피의 박리, 흉터 없이 치유
미란	수포가 터져 표피탈락, 흉터 없이 치유
궤양	진피와 피하지방층까지의 조직 결손 깊숙한 상처로 치료 후 흉터가 남음
켈로이드	상처 치유로결합조직이 과다 증식되어 흉터가 표면 위로 굵게 융기된 상태
반흔 (흉터)	진피 이하까지 조직이 손상되어 세포 재생이 불가한 상태로 흉터가 남음

✏ 더 알아보기
- 원발진: 피부질환의 초기 증상
- 속발진: 피부질환의 후기 증상

📋 피부 장애와 질환

■ 진균성 피부질환
백선(무좀), 칸디다증, 어루러기

■ 바이러스성 피부질환
대상포진, 단순포진, 수두, 홍역, 사마귀, 풍진

오답피하기 켈로이드(×), 식중독(×), 무좀(×)

✏ 더 알아보기
- 대상포진: 대상포진 바이러스 감염으로 발생, 신경을 따라 띠 모양으로 퍼지고 통증이 강하고, 재발은 거의 없으며 주로 노화 피부에 나타남
- 단순포진: 헤르페스 바이러스 감염으로 발생, 한 부위에 국한되며 통증이 거의 없고, 같은 부위에 재발 가능하며 얼굴·입술·손가락 등에 잘 생김

■ 기계적 손상에 의한 피부질환

티눈	반복된 압박으로 각질층이 국한성으로 증식해 통증이 생기며, 중심핵이 있음
굳은살	만성적 자극과 마찰로 각질층이 두꺼워진 상태
욕창	지속적 압박으로 엉덩이·등 부위 조직이 괴사되는 현상

오답피하기
기계적 손상: 지루성·아토피 피부염(×)

■ 습진성 피부질환

아토피 피부염	• 유전적·환경적 요인으로 발생 • 팔꿈치 안쪽 등 피부 거칠어지고 심한 가려움 동반 • 세척력 강한 비누 사용 피함 • 목욕 후 보습제 사용 • 실내 온·습도 적절히 유지 • 화학섬유보다 면 소재의 의상 착용
지루성 피부염	• 피지 과다로 발생하는 염증성 피부질환으로 가려움 동반 • 피부가 기름지고 인설(비듬) 형성

- **세균성 피부질환**

  농가진, 모낭염, 절종, 옹종, 봉소염

  ✏️ **더 알아보기**

  > 농가진: 화농성구균에 의해 발생하며 감염성이 높은 표재성 농피 증상으로, 미용도구의 비위생적인 관리로 감염될 수 있음

- **과색소성 피부질환**

기미	• 색소 침착으로 생기는 갈색 반점 • 주로 얼굴에 발생 • 표피형·진피형·혼합형으로 구분 • 유전·임신·갱년기·내분비 장애, 자외선 영향 • 중년 여성에게 많고 재발이 잦음
흑색증	• 색소 침착으로 인한 짙은 갈색 반점 • 볼·이마·관자놀이 등에 발생
노인성 반점	• 경계가 뚜렷한 갈색·흑갈색 구진 • 40대 이후 손등·얼굴에 발생
주근깨	• 색소성 반점 • 자외선 노출 부위에 발생
검버섯	• 거무스름한 얼룩 • 노인 피부에 발생
몽고 반점	• 멜라닌세포 침착으로 생기는 푸른색 반점 • 영아 피부에 나타남

- **저색소성 피부질환**

백색증	• 선천성 질환, 피부가 유백색을 띔 • 티로시나제 이상으로 멜라닌 생성 불가 • 일광화상에 취약함
백반증	• 후천성 탈색소 질환 • 멜라닌세포 결핍으로 흰색 반점 발생

- **종아리 정맥류 피부질환 원인**

  운동 부족, 유전, 임신, 정맥 순환 장애 등

- **흡연에 의한 피부질환**

  ① 식욕 저하, 비타민 C 파괴, 피부혈관 기능 저하, 잔주름 증가

  ② 구강암·식도암 등 각종 암과 폐기종을 유발할 수 있음

- **온도에 의한 피부질환**

  ① 화상: 불이나 뜨거운 물의 열로 인해 피부와 조직이 손상된 상태

제1도	피부 발적
제2도	홍반·부종, 진피층 손상, 수포 형성
제3도	깊은 손상으로 흉터 남음

  ② 동상: 영하의 저온에 노출되어 피부가 얼고 조직이 손상된 상태

제1도	붉은 반점
제2도	물집 형성
제3도	피부 궤양
제4도	깊은 조직 괴사

- **기타 피부질환**

주사	양 볼에 나비 모양의 홍반 발생, 모세혈관 파손과 안면 홍조, 피지선 기능과 관련이 깊음
벨록 피부염	향수 성분이 자외선 노출 시 염증 반응을 유발한 광접촉 피부염
비립종	신진대사 저하로 발생하며 유핵층에 위치한 황백색 구진으로, 주로 눈 아래에 나타남
비늘종 (어린선)	피부 건조로 각질이 비늘처럼 일어나 거친 표피의 과다 각화증
한관종 (물사마귀)	땀샘관 이상으로 발생하는 양성 종양, 반투명한 구진이 나타남

📋 화장품 기초

■ 화장품의 정의

① 인체를 청결·미화하여 매력을 더하고 용모를 밝게 변화시키기 위해 사용되는 물품

② 피부·모발의 건강을 유지, 증진시키기 위해 사용되는 물품

③ 인체에 바르고 문지르거나 뿌리는 등 이와 유사한 방법으로 사용되는 물품

④ 인체에 대한 작용이 경미해야 함

⑤ 의약품은 제외함

> **오답피하기** 약리적 영향(×), 진단(×), 치료(×)

> 🖋 **더 알아보기**
>
> **화장품의 사용 목적**
> • 인체를 청결·미화하기 위해 사용
> • 인체의 매력을 더하기 위해 사용
> • 용모를 밝게 변화시키기 위해 사용
> • 피부·모발의 건강을 유지, 증진시키기 위해 사용

■ 의약품의 정의

① 사람이나 동물의 질병을 진단·치료·경감·처치·예방할 목적으로 사용하는 물품

② 사람이나 동물의 구조와 기능에 약리학적 영향을 줄 목적으로 사용하는 물품

③ 기구·기계 또는 장치가 아닌 것

■ 화장품의 4대 요건

안전성	피부에 대한 자극, 알레르기, 독성이 없어야 함
안정성	변색, 변질되거나 미생물의 오염이 없어야 함
사용성	흡수성, 발림성 등 피부에 사용감이 좋아야 함
유효성	미백, 주름 개선, 자외선 차단 등의 효과가 있어야 함

> **오답피하기** 효과성(×), 살균성(×), 기능성(×)

■ 화장품과 의약품 비교

구분	화장품	의약품
목적	청결·미화	진단, 치료
범위	전신	특정 부위
작용	작용이 경미함	약리적 작용 있음
부작용	없어야 함	있을 수 있음

■ 맞춤형화장품의 정의

① 제조 또는 수입된 화장품의 내용물에 다른 화장품의 내용물이나 식품의약품안전처장이 정하는 원료를 추가하여 혼합한 화장품

② 제조 또는 수입된 화장품의 내용물을 소분한 화장품 (고형비누 등 총리령으로 정하는 화장품의 내용물을 단순 소분한 화장품은 제외)

■ 천연화장품의 정의

동식물 및 그 유래 원료 등을 함유한 식품의약품안전처장이 정하는 기준에 맞는 화장품

■ 유기농화장품의 정의

유기농 원료, 동식물 및 그 유래 원료 등을 함유한 식품의약품안전처장이 정하는 기준에 맞는 화장품

■ 화장품의 사용 시 주의사항(공통사항)

① 화장품 사용 중이나 사용 후 직사광선에 의해 사용 부위가 붉은 반점, 부어오름 또는 가려움증 등 이상 증상이나 부작용이 있는 경우 전문의 등과 상담할 것

② 상처가 있는 부위에는 사용을 자제할 것

③ 보관 및 취급 시 주의사항
 • 어린이의 손이 닿지 않는 곳에 보관할 것
 • 직사광선을 피해 보관할 것

- **화장품 포장의 기재·표시사항**

① 화장품의 명칭
② 영업자의 상호 및 주소
③ 모든 성분(인체 무해 소량 성분 제외)
④ 내용물의 용량 또는 중량
⑤ 제조번호
⑥ 사용 기한 또는 개봉 후 사용 기간
⑦ 가격
⑧ 기능성 화장품의 경우 식품의약품안전처장이 정하는 도안
⑨ 사용할 때의 주의사항
⑩ 식품의약품안전처장이 정하는 바코드
⑪ 기능성 화장품의 경우 심사받거나 보고한 효능·효과, 용법·용량
⑫ 성분명을 제품 명칭의 일부로 사용한 경우 그 성분명과 함량(방향용 제품은 제외)
⑬ 인체 세포·조직 배양액의 함량
⑭ 화장품에 천연 또는 유기농으로 표시·광고하려는 경우에는 원료의 함량
⑮ 수입 화장품인 경우 제조국의 명칭, 제조회사명 및 그 소재지
⑯ 기능성 화장품의 경우에는 질병의 예방 및 치료를 위한 의약품이 아님이라는 문구
⑰ 보존제의 함량 표시

📍 **더 알아보기**

> **보존제의 함량 표시**
> • 만 3세 이하의 영유아용 제품류인 경우
> • 만 4세 이상~만 13세 이하의 어린이가 사용할 수 있는 제품임을 특정해 표시·광고하려는 경우

오답피하기 바코드: 보건복지부 장관(×)

- **화장품의 피부 흡수**

① 분자량이 적고 세포 간 지질을 통한 경로가 흡수 효과가 가장 큼
② 지용성으로 유분 함량이 높은 성분일수록 피부 흡수율이 높으며, 제형은 크림류, 로션류, 화장수류 순으로 흡수력이 높음

📋 **화장품 기술**

- **화장품의 3대 기술**

① 가용화: 물에 소량의 오일이 섞여 투명하게 용해되어 보이는 상태(화장수, 향수)
② 유화: 물에 다량의 오일이 균일하게 혼합되어 우윳빛으로 백탁화된 상태

C/W에멀션 (수중유형)	물 안에 오일이 혼합, 수분감이 많고 촉촉함(로션류)
W/O에멀션 (유중수형)	오일 안에 물이 혼합, 기름기가 많고 무거움(크림류)

③ 분산: 물 또는 오일에 미세한 고체입자가 균일하게 혼합된 상태 메이크업 화장품류(마스카라, 파운데이션 등)

- **계면활성제의 특성**

① 계면을 활성화시키고 계면의 성질을 변화시켜 기체, 액체, 고체 표면장력을 저하함
② 둥근 머리 모양의 친수성기와 막대 모양의 친유성기가 한분자 내에 함께 있음

📍 **더 알아보기**

> **계면활성제의 세기**
> • 살균력: 양이온성 > 음이온성 > 양쪽성 > 비이온성
> • 세정력: 음이온성 > 양쪽성 > 양이온성 > 비이온성

- **계면활성제의 분류**

양이온성	• 살균·소독 작용, 정전기 억제 • 헤어 린스·트리트먼트
음이온성	• 세정 작용, 기포 형성 작용 우수 • 샴푸, 비누, 치약
양쪽성	• 세정 작용, 저자극, 안정성 높음 • 저자극 샴푸, 베이비 샴푸
비이온성	• 저자극, 유화력·가용화력·분산력이 우수 • 화장수 가용화제, 크림 유화제

기능성 화장품

기능성 화장품의 범위

미백 화장품	• 멜라닌색소의 침착을 방지하여 기미 · 주근깨 등의 생성을 억제하여 피부 미백에 도움을 주는 화장품 • 피부에 침착된 멜라닌색소의 색을 엷게 하여 피부 미백에 도움을 주는 화장품
주름 개선 화장품	피부에 탄력을 주어 피부의 주름을 완화 · 개선하는 화장품
피부 태닝 화장품	강한 햇볕을 방지하여 피부를 곱게 태워 주는 화장품
자외선 차단 화장품	자외선을 차단 · 산란시켜 자외선으로부터 피부를 보호하는 화장품
탈모 완화 화장품	탈모 증상의 완화에 도움을 주는 화장품 (코팅 등 물리적으로 모발을 굵게 보이게 하는 제품 제외)
여드름 완화 화장품	여드름성 피부 완화에 도움을 주는 화장품 (인체 세정용으로 한정)
염색 · 탈염 · 탈색 화장품	탈염 · 탈색을 포함하여 모발의 색상을 변화시키는 화장품(일시적 모발 색상 변화 제품 제외)
체모 제거 화장품	체모를 제거하는 화장품(물리적 체모 제거 제품 제외)
가려움 개선 화장품	피부장벽 기능을 회복하여 가려움 등의 개선에 도움을 주는 화장품
튼살 개선 화장품	튼살로 인한 붉은 선을 엷게 하는 데 도움을 주는 화장품

오답피하기

기능성 화장품
- 일시적 모발 색상 변화 제품(×)
- 데오도란트 크림(×)
- 튼살 개선 연고(×)
- 가려움 개선 제품(×)

기능성 화장품의 정의

(총리령으로 정하는 화장품)
① 피부의 미백에 도움을 주는 제품
② 피부의 주름 개선에 도움을 주는 제품
③ 피부를 곱게 태워 주는 데 도움을 주는 제품
④ 자외선으로부터 피부를 보호하는 데 도움을 주는 제품
⑤ 모발의 색상 변화 · 제거 또는 영양 공급에 도움을 주는 제품
⑥ 피부나 모발의 기능 약화로 인한 건조함, 갈라짐, 빠짐, 각질화 등을 방지하거나 개선하는 데 도움을 주는 제품

오답피하기 피부 · 모발의 건강 유지, 증진(×)

미백 화장품

① 자외선 차단, 티로시나아제 활성 억제로 도파 산화 및 멜라닌 합성 저해
② 각질 탈락 유도로 멜라닌 색소 제거 및 비타민 C에 의해 침착 색소 감소 → 미백 효과
③ 성분: 비타민 C, 코직산, 알부틴(티로시나아제 효소 억제), 하이드로퀴논, 레몬, AHA, 구연산, 감초, 플라센타

주름 개선 화장품

① 콜라겐 합성 및 표피 신진대사 촉진으로 주름 개선과 탄력 증대
② 성분: 레티놀, AHA, 항산화제, 아데노신

더 알아보기

레티놀(레티노산, 레티노이드, 비타민 A)
- 피부 각화 정상화로 주름 개선 효과 나타내며 표피 두께 증가시킴
- 콜라겐 · 히아루론산 생성 촉진으로 피부 탄력 증대, 피부 재생 및 주름 완화함
- 항산화 작용으로 피부 노화 억제하고 점막 손상 방지함

- **피부 태닝 화장품**
  ① 피부 손상을 최소화하고 자외선에 천천히 그을리도록 돕는 제품
  ② 종류: 태닝 크림·오일·스프레이
  ③ 성분: DHA 등

- **자외선 차단지수(SPF)**
  ① SPF는 Sun Protection Factor의 약자
  ② UV-B 차단 효과를 나타내는 지수
  ③ SPF 1은 자외선 B를 차단하는 15분을 의미
  ④ 숫자로 표시하며, 숫자가 높을수록 자외선 차단지수가 높음

  🖊 **더 알아보기**

  > SPF는 제품을 사용했을 때 홍반을 일으키는 자외선의 양을, 제품을 사용하지 않았을 때 홍반을 일으키는 자외선의 양으로 나눈 값임

- **PA**
  ① UV-A 방어 효과를 나타내는 지수
  ② +로 표시, 표시가 많을수록 차단력이 높음

- **자외선 차단 화장품(선 스크린)**
  ① 자외선으로부터 피부를 보호하기 위해 사용
  ② 일광 노출 전 바르고 시간이 지나면 덧바름
  ③ 종류

자외선 흡수제 (화학적 차단제)	• 자외선을 흡수하여 피부 침투 차단 • 투명하게 표현되나 민감 피부는 주의 • 성분: 파라아미노안식향산, 옥틸디메틸파바, 옥틸메톡시신나메이트, 벤조페논, 옥시벤존, 살리실레이트
자외선 산란제 (물리적 차단제)	• 자외선을 피부 표면에서 산란 • 불투명하나 차단 효과는 우수 • 성분: 이산화 타이타늄(이산화티탄), 산화아연, 탈크, 카올린

📑 메이크업 화장품

- **베이스 메이크업 화장품**
  ① 메이크업 베이스: 피부 톤을 정돈하여 화장의 효과를 높임
  ② 파운데이션: 피부의 잡티 등 결점 보완, 피부색을 통일함

리퀴드 파운데이션	수분이 많아 가벼우나 커버력이 약함 (여름 사용)
크림 파운데이션	유분이 많아 끈적이나 커버력이 우수함 (겨울 사용)
스틱 파운데이션	유분이 많은 고체 형태로 부분적 커버를 위해 주로 사용

  ③ 페이스 파우더: 파운데이션의 유분기 제거, 화장의 지속성을 높임

  🖊 **더 알아보기**

  > 파우더: 마그네슘을 주성분으로 하는 암석인 활석(탈크)으로 만든 화장품

- **포인트 메이크업 화장품**

아이섀도	눈에 색채, 음영으로 입체감 표현
블러셔	볼에 색상을 부여하여 혈색 보완
아이브로펜슬	눈썹 모양을 수정·보완하고 색상을 조정
아이라이너	눈을 또렷하게 표현하고 눈 모양을 조정하여 개성적인 눈매 연출
마스카라	속눈썹의 숱과 길이를 보완하여 돋보이게 함
립스틱	입술에 색상을 부여하여 혈색, 개성 표현

  🖊 **더 알아보기**

  > **립스틱**
  > • 냉각기로 제조된 제품
  > • 색소, 라놀린, 알란토인 성분 포함
  > • 시간의 경과에 따라 색의 변화가 없어야 함
  > • 피부 점막에 자극이 없고 부드럽게 잘 발려야 함

📋 보디관리 화장품

- **보디 클렌저(보디 샴푸)**
  ① 부드러운 세정력과 기포 지속성을 가져야 함
  ② 세균 증식을 억제하고 피부장벽 지질을 보호해야 함
  ③ 피부 생리적 균형에 영향을 주지 않고 피부에 대한 안정성이 있어야 함

- **비누**
  ① 세정 작용을 하며 약산성 비누 사용 권장
  ② 기본적으로 살균·소독 효과는 없음

  > ✒️ **더 알아보기**
  >
  > 메디케이티드 비누: 소염제를 배합한 제품으로 여드름, 면도 상처 및 피부 거칠음 방지 효과가 있음

📋 모발 화장품

① 샴푸: 모발과 두피의 노폐물과 불순물 등 오염물질을 세정함
② 헤어 린스: 정전기 억제 및 방지, 모발 보호, 부드러움과 광택 부여
③ 헤어 트리트먼트·팩: 모발의 손상 예방과 영양 성분 공급
④ 포마드, 왁스, 헤어 스프레이·젤: 모발 고정 및 스타일 연출하는 정발용 제품
⑤ 헤어 토닉: 두피와 모발에 영양을 공급하고 혈액 순환을 촉진

📋 체취 방지 화장품

- **체취 방지 화장품**
  ① 땀의 분비로 인해 발생한 냄새를 억제하는 체취 방지의 역할
  ② 종류: 데오도란트 등

📋 여드름 완화 화장품

- **여드름 완화 화장품**
  ① 피지 조절, 살균, 소독, 항균, 항염의 작용
  ② 성분: 캠퍼, 아줄렌, 카모마일, 하마멜리스, 로즈마리, 유황, 티트리, 레몬, 솔비톨, 레티노산, 글리콜산, 살리실산, 글리시리진산, 과산화 벤조일 등

📋 방향 화장품

- **향수의 구분**

오리엔탈	동양의 향으로 동물, 나무 향
시트러스	레몬, 오렌지 등의 감귤 향
프로랄	달콤한 꽃의 향
그린	신선한 풀이나 나뭇잎의 향

> ✒️ **더 알아보기**
>
> 향수의 조건: 조화성과 지속성이 있고, 확산성이 높아야 하며, 향의 특징과 시대성에 부합되어야 함

- **향수의 부향률**

구분	비율	지속성
퍼퓸	15~30%	약 6~7시간
오데퍼퓸	9~12%	약 5~6시간
오데토일렛	6~8%	약 3~5시간
오데코롱	3~5%	약 1~2시간
샤워코롱	1~3%	약 1시간

- **발향에 따른 분류**

톱 노트	첫 느낌 휘발성이 강한 향
미들 노트	중간 느낌, 휘발성이 중간
베이스 노트	마지막 향, 휘발성이 낮음

📋 에센셜 오일(아로마 오일)

■ 에센셜 오일(아로마 오일)의 특징

① 식물의 꽃, 잎, 줄기 뿌리 다양한 부위 추출
② 분자량이 작아 피지 · 지방 물질에 용해되어 침투력이 강함
③ 면역 기능 향상에 도움을 주며, 여드름 등의 피부 관리에 사용
④ 에센셜 오일의 발향은 주로 베이스 노트임

■ 에센셜 오일의 사용 및 보관 방법

① 관리 전 패치 테스트를 실시
② 캐리어 오일에 희석하여 사용
③ 점막에는 사용 자제
④ 뚜껑을 닫아 갈색병에 넣어 보관
⑤ 직사광선을 피해 통풍이 잘 되는 곳에 보관

■ 에센셜 오일의 추출법

① 수증기 증류법
② 압착법
③ 휘발성 용매 추출법
④ 비휘발성 용매 추출법

✏ 더 알아보기

수증기 증류법: 식물의 향기 성분을 가온 · 증발 후 냉각하여 천연향을 추출하는 방법으로, 대량 생산에 이용되나 고온에서 일부 성분이 파괴될 수 있음

■ 에센셜 오일의 활용법

① 흡입법: 기체 상태에서 코를 통해 흡입하는 방법
② 확산법: 분자 상태로 확산시키는 방법(램프, 스프레이)
③ 입욕법: 코 흡입, 피부 흡수 효과를 같이 가지는 방법
④ 마사지법: 캐리어 오일에 희석하여 피부에 도포하는 방법

■ 에센셜 오일의 종류

레몬	미백 · 살균 작용, 햇빛 노출 시 색소 침착, 지성 피부에 효과
아줄렌	카모마일에서 추출한 오일, 진정 · 소독 · 항염 작용, 여드름에 효과
라벤더	근육 이완, 상처 재생, 화상 치유, 심리적 안정
티트리	피지 조절, 소독, 여드름에 효과
자스민	항우울, 분만 촉진, 자궁 건강
페퍼민트	혈액 순환 촉진, 피로 회복

■ 캐리어 오일(베이스 오일)

① 에센셜 오일을 피부에 침투시키기 위해 섞어 사용하는 오일
② 향이 없고, 흡수력이 좋아야 함

■ 캐리어 오일의 종류

호호바 오일	피부 친화성이 좋아 여드름의 발생 가능성이 적고 안정성이 높음
맥아 오일	항산화 작용으로 건성 · 손상 피부에 효과
살구씨 오일	피부 윤기와 탄력에 효과
아보카도 오일	영양이 풍부하고 민감성피부에 효과
아몬드 오일	유연 작용, 가려움에 효과
달맞이 오일	항알레르기, 항염증 작용
코코넛 오일	노화 피부, 태닝 오일로 사용

오답피하기 라벤더 오일(×)

📋 기초 화장품

■ **클렌징 제품**

① 피지 · 노폐물 제거로 피부 청결 유지함
② 피부 기능 정상화 및 제품 흡수 촉진함
③ 종류

클렌징워터	세정용 화장수로, 가벼운 화장 제거에 사용
클렌징로션	저자극으로 민감성 · 복합성 · 지성 피부에 적합
클렌징크림	중성 · 건성 피부에 적합하며, 이중 세안 필요, 유성 성분이 많아 짙은 화장 제거에 사용
클렌징오일	민감성 · 건성 피부에 적합하며, 물에 용해됨, 포인트 · 베이스 메이크업을 동시에 제거 가능

■ **딥 클렌징 제품**

① 묵은 각질 제거, 민감성 피부 주의
② 종류: AHA, 효소, 고마쥐, 스크럽

> 🖋 **더 알아보기**
>
> 일반 클렌징은 피부 표면의 노폐물과 메이크업을 제거하는 기본 단계이며, 모공 속 불순물과 각질 제거 및 효소 · 고마쥐 관리는 딥 클렌징에 해당함

■ **로션**

① 유분 함량이 적고 산뜻한 사용감으로 유 · 수분 공급 및 피부 보호 역할
② 종류: 핸드로션, 보디로션 등

■ **크림**

① 로션보다 유분과 보습 성분이 많아 피부 보호 및 보습 효과가 우수함
② 종류: 보습 크림, 마사지 크림 등

■ **화장수(스킨)**

① 잔여물 제거 및 정상적인 PH 밸런스 유지
② 피부 정돈으로 다음 단계 제품의 흡수 용이하게 함

유연 화장수	• 보습제 함유로 수분 · 보습 제공 • 건성 · 노화 피부에 적합
수렴 화장수	• 알코올 성분으로 모공 수축 • 수렴 작용, 노폐물 분비 억제 • 지성 · 복합성 피부에 적합

> 🖋 **더 알아보기**
>
> 기초 화장품: 클렌징 제품과 화장수, 로션, 크림, 팩 등으로 구성되며, 세안, 피부 정돈, 피부 보호를 목적으로 함

📋 화장품 제조

■ **물**

① 화장수, 로션의 기초 물질, 수분 공급 기능
② 세균과 금속이온이 제거된 정제수를 사용

■ **알코올(에탄올)**

① 소독 · 수렴 작용, 청량감과 휘발성이 있음
② 함량 과다 시 피부 자극 및 건조 유발
③ 화장수 사용 시 10% 전후가 적당
④ 용매 작용으로 다른 물질을 녹임
⑤ 화장수 · 양모제 · 새니타이저 등에 사용
⑥ 화장품에는 에탄올을 알코올 성분으로 사용

> **오답피하기** 화장품 메탄올 사용(×)

■ **보습제**

① 수분 흡수 및 보습 유지, 피부 건조 완화
② 혼용성 및 보습 능력이 우수해야 함
③ 휘발성이 없고 응고점이 낮아야 함
④ 종류: 글리세린, 세라마이드, 히알루론산

■ 천연 오일

식물성	• 꽃, 줄기, 뿌리에서 추출 • 자극이 적고 향기가 좋으나 흡수력이 떨어지고 부패하기 쉬움 • 호호바 오일, 맥아 오일, 올리브 오일, 아보카도 오일 등
동물성	• 동물의 피하조직, 장기에서 추출 • 피부 친화성과 흡수력이 좋으나 쉽게 변질, 냄새가 강해 정제 필요 • 라놀린(양), 스콸렌(상어) 등
광물성	• 석유, 원유에서 추출 • 무색·무취, 변질이 적으나 흡수성이 낮고 피부 호흡을 방해함 • 바셀린, 유동 파라핀, 미네랄 오일, 클렌징 크림 등

✒ 더 알아보기

피부 흡수력
동물성 오일 > 식물성 오일 > 광물성 오일

■ 합성 오일

① 에스테르화 공정을 거쳐 만든 유도체로 사용감과 화학적 안정성이 우수하나 자연 분해되지 않아 환경에 불리함
② 종류: 실리콘 오일, 미리스틴산, 아이소프로필 계열

■ 색소

① 염료: 물과 오일에 녹음
② 안료: 물과 오일에 녹지 않으며 주로 메이크업 화장품에 사용

무기 안료	유기 안료
• 빛·산·알칼리 강함	• 빛·산·알칼리 약함
• 내광성·내열성 우수	• 내광성·내열성 취약
• 선명도가 떨어짐	• 선명도가 높음
• 커버력이 우수함	• 색 다양, 착색력 우수

■ 방부제

① 미생물 증식 억제하여 혼탁·변색·악취 예방
② 제품의 일정 기간 보존을 위한 보존제 역할
③ 색상과 냄새가 없어야 함
④ 적용 농도에서 피부 자극이 없어야 함
⑤ 제품 효과에 영향이 없어야 함
⑥ 종류: 파라옥시안식향산메틸, 파라옥시안식향산프로필, 파라벤류

■ 왁스

① 고급지방산과 고급알코올이 결합된 에스테르
② 실온에서 고형 유성 성분으로 변질이 적음
③ 화장품의 굳기 조절 및 광택 부여
④ 종류

식물성	호호바 왁스, 카르나우바 왁스, 칸데릴라 왁스 등
동물성	라놀린(양), 밀랍(벌집), 경랍(고래) 등

✒ 더 알아보기

왁스: 부서짐 방지와 우수한 광택성으로 립스틱 성분에 사용

■ 고급 지방산

① 동식물 유지 또는 납의 가수 분해로 얻어짐
② 비누, 계면활성제, 첨가제의 원료로 사용
③ 종류: 스테아르산, 올레산, 팔미트산, 미리스트산

■ 기타

① 유연제: 수분 증발을 억제하여 피부를 부드럽게 함 (실리콘 오일)
② 점증제: 화장품의 점도를 조절함(펙틴, 알긴산, 점토 광물, 전분, 젤라틴)
③ 산화방지제: 화장품이 산화되는 것을 방지함(토코페릴 아세테이트, BHT, BHA)

📋 공중보건 기초

■ 공중보건이란?

조직화된 지역 사회의 노력으로 질병 예방, 생명 연장, 신체 및 정신적 효율을 증진시키는 기술이자 과학으로 지역 사회 전체 주민 또는 국민임

✏️ 더 알아보기

> **공중보건의 목적**
> • 질병 예방
> • 생명 연장
> • 신체 및 정신적 효율 증진

오답피하기
• 목적: 질병 치료(×), 조기 치료(×)
• 대상: 가족(×), 노약자(×), 빈민 계층(×)

■ 공중보건의 보건 관리 분야

보건행정, 보건통계, 사회보장제도, 보건 교육, 보건영양, 정신 보건, 학교 보건, 가족 보건, 모자 보건, 노인 보건, 인구 보건 등

오답피하기 산업 보건(×)

■ 보건수준 평가지표

① **영아사망률**: 한 지역이나 국가의 보건 수준을 나타내는 대표적 평가지표임

$$영아사망률 = \frac{그\ 해의\ 1세\ 미만\ 사망아\ 수}{그\ 해의\ 연간\ 출생아\ 수} \times 1,000$$

② **비례사망지수**: 연간 총 사망자 수 중 50세 이상 사망자가 차지하는 비율
③ **평균수명**: 신생아가 평균적으로 생존할 것으로 기대되는 연수
④ **조사망률**: 인구 1,000명당 1년간 발생한 사망자 수임

✏️ 더 알아보기

> 3대 보건수준지표: 영아사망률, 비례사망지수, 평균수명

📋 인구보건

■ 인구

① 인구 통계

인구 동태	일정 기간 동안 출생·사망·유입·유출에 따른 인구 변동 상태
인구 정태	일정 시점에서 자연적·사회경제적 표지로 본 인구 상태

② 인구 증가

자연 증가	출생, 사망
사회 증가	유입, 유출

③ 인류의 생존 위협 3요소: 인구 문제, 환경오염, 빈곤

✏️ 더 알아보기

> 토마스 R. 맬서스: 인구는 기하급수적으로 증가해 생산을 초과하므로 인구 조절이 필요하다고 주장함

■ 인구 구성 형태

피라미드형	• 후진국형, 인구 증가형 구조 • 출생률보다 사망률이 낮음 • 14세 이하 인구가 65세 이상 인구의 2배 이상 차지
종형	• 이상형, 인구 정지형 구조 • 출생률과 사망률이 모두 낮음 • 14세 이하 인구가 65세 이상 인구의 2배 수준
항아리형	• 선진국형, 인구 감소형 구조 • 출생률보다 사망률이 높음 • 14세 이하 인구가 65세 이상 인구의 2배 미만
별형	• 도시형, 인구 유입형 구조 • 생산층 인구 증가, 전체 인구의 50% 이상
농촌형	• 농촌형, 인구 유출형 구조 • 생산연령층 인구 비중이 감소, 전체 인구의 50% 미만

📋 보건행정

- ### 보건행정이란?
  ① 의의: 공중보건의 목적을 달성하기 위해 공공의 책임하에 수행하는 행정 활동
  ② 특성: 공공성, 교육성, 과학성, 사회성, 봉사성, 조장성, 기술성

- ### 사회 보장 제도
  ① 사회보험

소득보장	산재보험, 연금보험, 고용보험
의료보장	건강보험, 산재보험

  ② 공공부조

기초생활보장	생활보호
의료 급여	의료보호

  📝 **더 알아보기**
  - 의료급여 대상: 북한 이탈 주민, 의상자 및 의사자의 유족, 국가유공자, 국민기초생활보장수급자 등
  - 의료보호: 생활 무능력자와 저소득층을 대상으로 국가가 의료를 보장하는 공적 제도

- ### 의료보험(건강보험)
  질병·부상으로 인한 의료비 경감이 목적인 사회보험으로, 1989년 전 국민에게 적용, 2000년 이후 건강보험으로 통칭됨

- ### 보건소
  지역 보건행정의 최일선 기관으로 건강 증진과 예방 업무를 수행하며, 특별자치도지사, 시장·군수·구청장이 필수 예방접종을 실시함

- ### 세계보건기구(WHO) 보건행정 범위
  보건 관계 기록의 보존, 환경위생, 감염병 관리, 모자보건, 보건 간호, 의료 제공, 보건 교육

  오답피하기 산업 발전(×)

- ### 세계보건기구(WHO)
  ① 국제연합 보건전문기관, 스위스 제네바 위치
  ② 보건 문제 기술 지원 및 자문
  ③ 국제적인 보건 사업의 지휘·조정
  ④ 회원국에 대한 보건 관계 자료 공급
  ⑤ 대한민국 1949년 가입, 서태평양 지역 소속
  ⑥ 북한 1973년 가입, 동남아시아 지역 소속

- ### 세계보건기구(WHO) 건강수준지표
  비례사망지수, 평균수명, 조사망률

📋 가족 및 노인 보건

- ### 조출생률
  ① 가족계획사업 효과 판정에 유력한 지표
  ② 인구 1,000명에 대한 연간 출생아 수

- ### 모자 보건 3대 지표
  영아사망률, 주산기사망률, 모성사망률

- ### 모성 보건

유산	임신 28주 이전의 생존 불가능한 분만
조산	임신 28주~37주 이전 분만(2.5kg 이하)
사산	죽은 태아를 분만

- ### 노인 사회

고령화 사회	65세 이상 인구가 7~13%
고령 사회	65세 이상 인구가 14~19%
초고령화 사회	65세 이상 인구가 20% 이상

- ### 성인 보건

당뇨병	당 수치가 높은 증상, 감염병이 아님
폐암	폐에 발생하는 암, 국내 암 사망 1위
폐결핵	폐에 결핵균이 침입한 호흡기 감염병, 공중보건사업에 따라 우선 관리 대상

📑 질병관리

■ **감염병 생성 과정의 6대 요소**

병원체 → 병원소 → 병원체의 탈출 → 병원체의 전파
→ 신숙주로 침입 → 숙주의 감수성

■ **병원체(병인)**

바이러스	폴리오, 공수병, 후천성 면역결핍증(에이즈), 간염, 두창, 홍역, 인플루엔자, 일본뇌염
박테리아 (세균)	결핵, 장티푸스, 폐렴, 임질, 패혈증, 디프테리아, 파상풍, 이질, 나병, 백일해, 콜레라, 매독
진균	백선, 칸디다증
리케차	쯔쯔가무시증, 발진열, 발진티푸스
기생충	원충류, 선충류, 조충류, 흡충류

■ **병원소**

① 토양(흙) 병원소: 파상풍
② 인간 병원소: 감염자, 보균자, 건강 보균자
③ 동물 병원소(인수공통 감염병)

쥐	페스트, 발진열, 살모넬라증, 렙토스피라, 신증후군 출혈열, 쯔쯔가무시증
고양이	살모넬라증, 톡소플라즈마증
개	공수병, 톡소플라즈마증
돼지	탄저, 살모넬라증, 일본뇌염
소	탄저, 살모넬라증, 결핵
말	탄저, 살모넬라증
양	탄저

■ **병원체의 탈출**

호흡기계, 소화기계, 비뇨생식기계, 개방된 병소, 기계적 탈출

> **오답피하기** 수질 계통(×)

■ **병원체의 전파**

호흡기계	• 비말 감염(말, 기침, 공기 전파) • 인플루엔자, 디프테리아, 결핵, 홍역, 유행성 이하선염, 성홍열, 백일해, 폐렴
혈액, 성 매개	• 성 접촉 전파 감염(면도날, 혈액) • B형 간염, 후천성 면역결핍증, 매독, 임질
소화기계	• 경구 감염(오염된 식품, 물) • 세균성 이질, 장티푸스, 콜레라, 파라티푸스
토양	• 경피 감염(오염된 토양, 피부) • 파상풍
개달물	• 환자 물품 감염(의복, 수건 등) • 트라코마(감염성 안질), 백선 등

■ **절지동물 전파**

모기	일본뇌염, 말라리아, 사상충, 황열, 뎅기열
파리	장티푸스, 이질, 콜레라, 파라티푸스, 결핵
바퀴	장티푸스, 이질, 콜레라, 폴리오
이	발진티푸스, 재귀열, 참호열
벼룩	페스트, 발진열, 재귀열
진드기	쯔쯔가무시증, 신증후군 출혈열, 재귀열

■ **신숙주로 침입**

병원체의 탈출과 동일한 경로로 침입
(기침, 경구, 성기, 피부, 수혈 등)

■ **숙주의 감수성**

감수성 지수가 높으면 면역성이 떨어지고, 감수성 지수가 낮으면 면역성이 높아짐

🖋 **더 알아보기**

> 감수성 지수(감염 지수): 홍역, 두창 > 백일해 > 성홍열 > 디프테리아 > 폴리오(소아마비)

■ 감염병 발생의 3대 요소

① 병원체: 질병을 직접 유발하는 감염원

② 숙주: 감염 대상자 사람, 동물로, 연령·성별·면역 등 개인 요인의 영향

③ 환경: 질병 발생, 전파에 외적 조건

■ 후천적 면역

① 수동면역

자연 수동면역	모체로부터 받아 형성
인공 수동면역	혈청을 투입하여 형성

② 능동면역

자연 능동 면역	• 감염병 감염 후 형성 • 영구면역: 홍역, 장티푸스, 콜레라, 백일해 • 일시면역: 디프테리아, 세균성 이질 • 감염면역: 매독, 임질
인공 능동 면역	• 예방접종으로 형성 • 생균백신: 결핵, 홍역, 폴리오 • 사균백신: 콜레라, 장티푸스, 폴리오, 백일해 • 순화독소: 파상풍, 디프테리아

■ 예방접종 시기

① 생후 직후: B형 간염

② 생후 4주 이내: BCG(결핵)

③ 2, 4, 6개월: DPT(디프테리아, 백일해, 파상풍), 폴리오

④ 12~15개월: MMR(홍역, 유행성 이하선염, 풍진)

■ 검역

외국 감염병의 국내 유입을 막기 위해 입국자를 대상으로 시행하는 예방 조치로, 건강 격리라고도 함

■ 역학

인구 집단에서 질병의 발생 원인과 예방 대책을 연구하는 학문

📋 법정 감염병 특성 및 종류

제 1 급	• 생물 테러 감염병 또는 치명률이 높거나 집단 발생의 우려가 커서 발생 또는 유행 즉시 신고, 음압 격리와 같은 높은 수준의 격리가 필요 • 두창, 탄저, 페스트, 라싸열, 야토병, 마버그열, 디프테리아, 툴라늄독소증, 신종인플루엔자, 신종감염병증후군, 에볼라 바이러스병, 리프트밸리열, 남아메리카 출혈열, 크리미안 콩고 출혈열, 중동 호흡기 증후군, 중증급성 호흡기 증후군, 동물인플루엔자 인체감염증
제 2 급	• 전파 가능성을 고려하여 발생 또는 유행 시 24시간 이내에 신고, 격리가 필요 • 결핵, 수두, 홍역, 풍진, 폴리오, 콜레라, 성홍열, 한센병, 백일해, A형 간염, E형 간염, 장티푸스, 파라티푸스, 세균성 이질, 유행성 이하선염, b형헤모필루스 인플루엔자, 수막구균 감염증, 폐렴구균 감염증, 장출혈성 대장균 감염증, 반코마이신 내성 황색포도알균 감염증, 카바페넴내성장내세균목 감염증
제 3 급	• 발생을 계속 감시할 필요가 있어 발생 또는 유행 시 24시간 이내 신고 • 매독, 황열, 큐열, 뎅기열, 발진열, 파상풍, 라임병, 공수병, 유비저, 말라리아, 발진티푸스, 일본뇌염, B형 간염, C형 간염, 진드기매개뇌염, 웨스트나일열, 치쿤구니야열, 신증후군 출혈열, 브루셀라증, 쯔쯔가무시증, 렙토스피라증, 레지오넬라증, 비브리오패혈증, 지카바이러스 감염증, 후천성 면역결핍증, 크로이츠펠트-야콥병 및 변종크로이츠펠트-야콥병, 중증열성혈소판감소 증후군, 엠폭스
제 4 급	• 유행 여부를 조사하기 위해 표본 감시 활동이 필요, 7일 이내 신고 • 임질, 인플루엔자, 코로나바이러스감염증-19

환경 보건

■ 환경위생

① 기후 3대 요소: 기온, 기습, 기류
② 온열 4대 요소: 기온, 기습, 기류, 복사열
③ 불쾌지수 산출 고려사항: 기온, 기습
④ 실내 환경: 실내·외 온도 차 5~7℃

실내 적정 온도	18±2℃(쾌적: 18℃)
실내 적정 습도	40~70%(쾌적: 60%)

> **오답피하기** 기후의 3대 요소: 기압(×)

■ 공기의 구성

구분	비율	특징
질소(N_2)	78%	고압, 감압 시 관절 장애
산소(O_2)	21%	10% 이하 호흡 곤란, 7% 이하 질식 위험
아르곤(Ar)	0.93%	무색, 무취 비활성 기체
이산화탄소 (CO_2)	0.03%	실내공기 오염 지표, 탄산가스로 허용량 0.1%

> **오답피하기** 실내공기 오염 지표: N_2(×), CO(×)

■ 공기의 자정 작용

① 공기 자체의 희석 작용
② 자외선에 의한 살균 작용
③ 식물에 탄소 동화 작용에 의한 이산화탄소, 산소 교환 작용
④ 산소, 오존, 과산화수소에 의한 산화 작용
⑤ 비나 눈에 의한 가스, 분진 등 세정 작용

■ 기온 역전

고도가 높아질수록 기온이 상승해 대기가 정체되고 오염이 심해지는 현상

■ 대기오염 물질

일산화탄소 (CO)	• 불완전 연소로 발생 → 유독가스 • 확산성, 침투성이 강하고 헤모글로빈과 결합 → 산소 결핍, 중추 신경계 손상, 사망
황산화물 (SOx)	석탄·석유 연소로 발생 → 만성 기관지염, 산성비, 식물 고사
아황산가스, 이산화황 (SO_2)	대표적 대기오염 지표로, 석탄 연소·산업 공정에서 발생 → 식물 고사·폐렴
염화불화 탄소(CFC)	스프레이에서 발생하는 프레온 가스로, 오존층 파괴 대표 물질
이산화질소 (NO_2)	갈색 자극성 기체로, 고온 연소 시 발생 → 눈·호흡기 자극
오존 (O_3)	2차 오염 물질로 생성 → 가슴 통증·호흡기 자극·폐기종

> **오답피하기** 대기오염 지표: N_2(×), CO_2(×)

🖊 더 알아보기

1차 오염 물질: 발생원에서 직접 배출되어 대기오염을 일으키는 물질로, 분진·매연·이산화황(SO_2)·일산화탄소(CO)·이산화질소(NO_2) 등이 있음

■ 주거환경

① 자연 조명: 남향, 창 면적은 바닥의 1/7~1/5
② 인공 조명: 균등한 조도 위해 간접 조명 권장

직접 조명	눈부심·강한 음영 → 눈 피로
간접 조명	눈부심·음영 적음 → 눈 보호

🖊 더 알아보기

간접 조명: 빛을 벽·천장에 반사시켜 사용하는 방식으로, 눈 보호와 균등한 조도를 얻음

■ 의복위생

① 신체 보호·체온 조절·사회생활·장식 기능
② 함기량: 모피 > 모직 > 무명 > 견직 > 마직

📋 수질 환경

- ## 상수

연수	• 칼슘·마그네슘 함량이 적음 • 거품이 잘 나고 부드러움
경수	• 칼슘·마그네슘 함량이 많음 • 거품이 적고 뻣뻣함 • 경수 연수화: 붕사 사용

🖊 **더 알아보기**

경도: 물의 세기 정도로, 물 100mL에 탄산칼슘 1mg이 함유 시 1도라고 함

- ## 상수의 수질 기준
  ① 대장균: 상수오염의 지표로 100mL 기준으로 검출되지 않아야 함
  ② 유리 잔류 염소 농도: 4mg/L 이하
  ③ 경도: 300mg/L 이하

  오답피하기 상수오염 지표: 살모넬라균(×)

- ## 수질오염 측정 지표
  ① 용존산소(DO): 물속에 용해된 유리산소로 DO가 낮으면 오염도가 높음
  ② 생물학적 산소요구량(BOD): 하수오염지표, BOD가 높으면 DO가 낮아 오염도가 높음
  ③ 화학적 산소요구량(COD): COD가 높으면 오염도가 높음

  오답피하기 하수오염 지표: 대장균(×), 탁도(×)

- ## 폐기물 처리

소각법	• 불에 태우는 방법 • 가장 위생적인 폐기물 처리 방법
매립법	• 우묵한 땅에 묻는 방법 • 지하수를 오염시킬 수 있음

- ## 하수 처리 과정
  ① 예비 처리: 스크린, 침사, 침전
  ② 본 처리

호기성처리	활성오니법, 살수여과법, 산화지법
혐기성처리	부패조법, 임호프조법

  ③ 오니 처리: 소각법, 퇴비법, 건조법 등

🖊 **더 알아보기**

활성오니법: 산소를 공급해 호기성균을 활성화하고 하수 내 유기물의 산화 작용을 이용하는 처리법

📋 산업 환경

- ## 산업재해 3대 지표
  도수율, 건수율(발생률), 강도율

- ## 산업 종사자와 직업병

구분	원인	직업병
해녀, 잠수부	고압	잠함병, 잠수병
파일럿, 승무원	저압	고산병
냉동고 취급자	저온	참호족, 동상
제철소 작업자	고온	열사병, 열중증
항공정비사	소음	난청
식자공	시력	근시안
광부, 탄광 종사자	분진	진폐증
석공, 암석 연마자	규산	규폐증
석면 취급자	석면	석면폐증
인쇄공	납	납 중독
방사선 취급자	방사선	백혈병, 생식 장애
불량조명 사용자	조명	안구 진탕, 근시
진동 작업자	진동	레이노이드

📋 기생충 관리

■ 기생충

구분	원인 및 증상
사상충	모기(말라리아)
요충	접촉, 집단 감염(소양증, 습진)
십이지장충	피부, 채소 섭취(피부염, 채독증)
회충	채소 섭취(발열, 복통, 구토)
편충	채소 섭취(빈혈, 신경증, 설사)
유구조충	돼지고기 생식(복통, 구토)
무구조충	소고기 생식(복통, 구토, 설사)
아니사키스충	오징어, 고등어 생식(복통, 구토)
긴촌충	송어, 연어 생식(복통, 설사)
요코가와흡충	은어, 숭어 생식(복통, 장염)
폐흡충	가재, 게 생식(기침, 객담)
간흡충	잉어, 붕어 생식(간 비대 등)

오답피하기 경피(피부) 감염: 간흡충(x), 편충(x)

📋 식품위생과 영양

■ 식품의 변질

① 산패: 유기물이 산화되어 악취·변색 발생
② 부패: 미생물 분해로 악취·유해물질 생성
③ 변패: 변질되어 썩는 현상
④ 발효: 미생물 효소 작용, 유용하게 분해됨

🔍 **더 알아보기**

식품의 부패: 단백질이 혐기성 상태에서 미생물에 의해 분해되어 악취와 유해 물질을 생성하는 현상

■ 식중독이란?

① 병원성 미생물에 오염된 음식을 섭취해 집단으로 발생하는 건강 장애, 여름철(5~9월)에 많음
② 세균성 식중독은 오염된 식품 섭취로 발생, 균·독소량이 많고 잠복기가 짧고, 면역이 형성되지 않으나 2차 감염은 드묾

■ 식중독의 분류

① 화학물질: 유해 금속화합물, 농약 잔류물
② 곰팡이독: 쌀(황변미독소), 땅콩(아플라톡신), 빵(푸른곰팡이)
③ 자연독

식물성	감자(솔라닌), 버섯(무스카린), 맥각류(에르고톡신), 청매(아미그달린), 미나리(시큐톡신)
동물성	복어(테트로도톡신), 조개류(삭시톡신, 베네루핀)

④ 세균성

감염형	식품 섭취 시 들어온 세균성 병원균의 감염으로 발생
독소형	세균이 증식하여 독소가 생성된 식품 섭취로 발생

■ 세균성 식중독의 분류

① 감염형

살모넬라균	• 원인: 오염된 육류 섭취, • 증상: 고열, 두통, 설사, 복통
병원성 대장균	• 원인: 오염된 음식물 섭취 • 증상: 두통, 설사, 복통, 구토
장염 비브리오균	• 원인: 오염된 어패류 생식 • 증상: 급성 위장염, 설사, 복통

② 독소형

포도상구균	• 원인: 장관독소 섭취(화농성 질환자 식품 취급) • 증상: 급성위장염, 설사, 복통
보툴리누스균	• 원인: 통조림에 신경독소 섭취(치사율이 가장 높음) • 증상: 신경계·소화기계 증상
웰치균	• 원인: 장관독소 섭취 • 증상: 위장계 증상, 설사, 구토

오답피하기

• 통조림 섭취: 포도상구균(x)
• 고열 증상: 장염비브리오균(x)

미생물 총론

미생물이란?

① 육안으로 보이지 않는 0.1mm 이하의 생물
② 비병원성: 인체에 무해(유산균, 효모 등)
③ 병원성 미생물: 인체에 염증·질병을 일으킴(바이러스, 리케차, 세균, 진균, 원충 등)

📌 더 알아보기

병원성 미생물의 크기 바이러스 < 리케차 < 세균

오답피하기 병원성 미생물: 유산균(×), 효모(×)

미생물의 증식 환경

① 온도

저온균	15~20℃, 식품 부패균 (0℃ 발육 가능)
중온균	20~40℃, 질병 병원균 (28~38℃ 활발, 인간 체온 최적화)
고온균	40~80℃, 온천균

② 습도(수분): 습도가 높은 환경에서 서식
③ 영양분: 탄소원, 질소원, 무기질 등
④ 산소

호기성균	산소가 필요한 세균(결핵균, 백일해균, 녹농균, 디프테리아균)
미호기성균	산소보다 낮은 농도에서 증식이 가능한 세균(젖산균)
혐기성균	산소가 필요하지 않은 세균(파상풍균, 보툴리누스균, 가스괴저균)
통성 혐기성균	산소의 유·무에 관계없이 생육이 가능한 세균(살모넬라균, 대장균, 장티푸스균, 포도상구균)

⑤ 수소이온 농도: 세균 증식에 적합한 수소이온 농도는 pH 6.0~8.0(중성)임

📌 더 알아보기

미생물은 고습 환경에서 잘 자라나, 결핵균은 지질이 많은 세포벽으로 건조 환경에도 강함

미생물 역사

① 레벤후크: 현미경 사용
② 파스퇴르: 저온 살균법
③ 쉼멜부시: 증기 소독법
④ 코흐: 결핵균, 콜레라균

바이러스

① 미생물 중 가장 작아 전자현미경으로만 관찰 가능하며 항생제에 반응하지 않음
② 살아 있는 세포 내에서 증식함
③ 핵산은 DNA와 RNA 중 하나만 가짐
④ 인간 질병 최초 바이러스는 황열바이러스임

리케차

① 세균보다 작고 살아 있는 세포 내에서 증식
② 곤충을 매개로 인체에 감염되어 질환을 유발

세균(박테리아)

① 현미경으로 관찰되는 단세포 원핵생물
② 동식물의 생체·사체 및 유기물에 주로 존재함
③ 환경이 불리할 경우 저항력을 높이기 위해 아포를 형성함

📌 더 알아보기

세균의 구조
• 세포질: 항상성 유지, 물질대사 및 저장
• 세포막: 세포질을 둘러싸는 막
• 세포벽: 세포를 보호하고 형태 유지
• 협막: 백혈구의 식균 작용에 대항하여 세균 보호
• 편모: 운동성을 지닌 부속기관
• 선모: 표면의 미세한 털 구조

④ 세균의 형태

구균 (구형)	쌍구균	폐렴
	연쇄상 구균	패혈증
	포도상 구균	화농성 질환
간균(막대형)		결핵
나선균(S자)		콜레라

소독의 정의 및 분류

소독의 정의 및 분류

소독력 크기: 멸균 > 살균 > 소독 > 방부

멸균	미생물, 아포를 모두 사멸시킨 무균 상태
살균	물리적·화학적 처리로 미생물을 급속 사멸시키는 것
소독	병원성 미생물을 제거하여 인체 감염의 위험을 없애는 것
방부	미생물의 부패, 발효를 억제하는 것
희석	일차로 청결히 세척하는 것
여과	여과기로 침전물, 입자를 걸러내는 것

지속소독

감염병 유행 중 환자가 접촉한 물체, 접촉자에게 수시로 반복하여 실시하는 소독 방법

종말소독

환자의 퇴원·사망 등으로 감염원을 완전히 제거하기 위해 실시하는 최종 소독 방법

소독약의 구비조건

① 인체에 독성과 자극성이 없어야 함
② 살균력과 용해성, 안정성이 높아야 함
③ 냄새가 없으며 소독효과가 즉시 나타나야 함
④ 부식성, 표백성, 물품에 손상이 없어야 함
⑤ 취급이 간단하고 경제적이어야 함

소독제의 작용기전

단백질 변성 작용	석탄산, 알코올, 크레졸, 승홍수, 포르말린
산화 작용	과산화수소, 오존, 과망가니즈산칼륨, 염소, 표백분
가수 분해 작용	생석회

오답피하기 단백질 변성 작용: 과산화수소(×)

분야별 위생·소독 방법

소독약의 주의사항

① 소독 효과는 온도·시간·수분·농도 영향을 받음
② 온도·농도·접촉 시간이 증가할수록 소독 효과가 커짐
③ 소독물의 성질, 병원체의 저항력 및 아포 유무를 고려함
④ 병원 미생물의 종류와 소독 목적·방법·시간에 따라 소독제를 선택함
⑤ 사전·새로 조제한 소독약을 구분해 사용
⑥ 희석한 소독약은 장기간 보관하지 않음
⑦ 소독약은 밀폐하여 열과 빛을 차단한 냉암소에 보관하고 라벨로 구분함
⑧ 사용 시 취급 방법, 농도 표시 및 용기의 오염 여부를 확인함
⑨ 수돗물로 희석할 경우 물의 경도에 주의함

오답피하기 소독 효과 영향: 풍속(×)

소독약의 농도단위

퍼센트(%)	소독액 100mL 중에 포함된 소독약의 양
퍼밀리(‰)	소독액 1,000mL 중에 포함된 소독약의 양
피피엠(ppm)	소독액 1,000,000mL 중에 포함된 소독약의 양

석탄산 계수

① 석탄산의 계수가 높을수록 살균력이 강함
② 염화나트륨(식염) 첨가 시 소독력이 높아짐
③ 어떤 소독제의 탄산 계수가 2라는 것은 살균력이 석탄산의 2배라는 의미임

$$석탄산\ 계수 = \frac{소독약의\ 희석배수}{석탄산의\ 희석배수}$$

■ 화학적 소독법

소독력이 있는 약제를 사용한 소독

석탄산 (페놀)	• 3%로 하수구, 토사물, 기구 소독 • 유기물에서 소독력이 유지되어 방역 소독제로 사용되는 살균력 지표 • 피부 자극·금속 부식·독성이 강해 점막·금속 기구·아포·바이러스에 금지
크레졸	• 3%로 손, 아포, 바닥, 배설물 소독 • 페놀 화합물로 물에 잘 녹지 않음 • 알칼리성 수용액에 녹여 사용
승홍수	• 0.1%(1,000배)로 피부, 아포 소독 • 살균력·독성이 강해 금속 기구, 상처, 음료수에 금지, 인체 유해 취급 주의 • 식염(소금)을 첨가하면 중성화되어 자극이 완화되며, 착색 후 보관
역성 비누	• 0.01~0.1%로 손, 식기, 기구 소독 • 세정력은 약하나 소독력이 강함 • 저자극·무취, 물에 잘 녹아 손 세정함
알코올 에탄올	• 70%로 피부, 유리, 금속 도구 소독 • 사용법이 간단하고 독성이 적음 • 고무·플라스틱·아포에는 부적합
포르 말린	• 1~1.5%로 아포 소독(훈증 소독법) • 배설물, 객담 효과가 없음
과산화 수소	• 3%로 구강, 피부 상처 소독 • 산화력을 이용하여 표백, 탈취, 살균 • 살균력, 침투성은 약하나 자극이 적음
염소	• 채소, 음용수, 상·하수도, 아포 소독 • 살균력이 강하고 사용이 간단함 • 냄새가 있고 자극성·부식성이 강함
E.O 가스	• 전자 기기, 고무, 플라스틱, 아포 소독 • 가열에 약한 물품을 저온에서 멸균 • 시간이 오래 걸리고 비용이 높음
생석회	• 하수도, 쓰레기통, 화장실, 분변 소독 • 비용이 저렴하여 넓은 장소 소독
표백분	• 음료수, 수영장 소독 • 물에 분해될 때 염소가스로 살균
오존	물 소독, 반응성 풍부, 산화 작용 강함

■ 물리적 소독법

자외선·열·물·여과 등 물리적 방법을 이용한 소독

일광 소독	수건, 의류를 햇빛 20분 이상 조사
자외선 소독	미용도구(철제 도구, 브러시, 빗 등)를 자외선소독기에 넣어 소독 물품이 겹치지 않게 직접 노출
자비 소독	• 수건, 의류, 금속 기구, 도자기를 100℃ 15~20분 열탕에 가열 • 고무, 플라스틱, 아포는 부적합
고압증기 멸균	• 의류, 금속 기구, 거즈, 아포, 에이스, B형 간염을 121℃ 15파운드 20분 가열 • 가죽, 바셀린, 파우더는 부적합
유통증기 멸균	도자기, 의류를 100℃ 30~60분 가열(코흐 증기솥, 아놀드 증기솥)
건열 멸균	유리, 도자기, 주사침, 바셀린, 파우더를 170℃ 1~2시간 가열 후 냉각, 드라이오븐 젖은 손 금지
화염 멸균	백금선, 시험관을 불꽃에서 20초 이상 직접 접촉
소각	오염된 휴지, 환자복, 환자의 객담을 불에 태워 없앰
간헐 멸균	도자기, 금속 기구, 아포를 100℃ 30~60분간 하루마다 가열 3회 반복
초고온 순간 살균	유제품을 130~140℃ 2~4초 살균
고온 살균	유제품을 72~75℃ 15~20초 살균
저온 살균	유제품을 62~63℃ 30분 살균
여과 멸균	당, 혈청, 약제를 열약한 액체 멸균
초음파 멸균	액체를 초음파 파장으로 미생물을 파괴하여 멸균
방사선 멸균	포장 물품을 방사선을 투과하여 미생물을 멸균

✒ 더 알아보기

자비 소독법(열탕 소독법): 소독물은 열탕에 완전히 잠기게 하며, 탄산나트륨 1~2%를 첨가하면 살균력이 높아지고 금속 손상을 방지함

📋 목적 및 정의

- **「공중위생관리법」의 목적**

  공중이 이용하는 영업의 위생관리 등에 관한 사항을 규정함으로써 위생수준을 향상시켜 국민의 건강 증진에 기여함

  > **오답피하기** 위생과 소독(×), 위생과 청결(×)

- **공중위생영업의 정의**

  다수인을 대상으로 위생관리서비스를 제공하는 영업으로 숙박업, 목욕장업, 이용업, 미용업, 세탁업, 건물위생관리업을 말함

  > **오답피하기** 위생청소업(×), 학원영업(×)

- **미용업의 정의**

  손님의 얼굴·머리·피부 및 손톱·발톱 등을 손질하여 손님의 외모를 아름답게 꾸미는 영업

  > **오답피하기** 모습(×), 외양(×), 신체(×)

- **미용업의 구분 및 정의**

일반 미용업	파마·머리카락 자르기·머리카락 모양내기·머리피부 손질·머리카락염색·머리감기, 의료 기기나 의약품을 사용하지 않는 눈썹손질을 하는 영업
피부 미용업	의료 기기나 의약품을 사용하지 아니하는 피부 상태 분석·피부 관리·제모·눈썹손질을 하는 영업
네일 미용업	손톱과 발톱을 손질·화장하는 영업
화장· 분장 미용업	얼굴 등 신체의 화장, 분장 및 의료 기기나 의약품을 사용하지 않는 눈썹손질을 하는 영업
종합 미용업	일반, 피부, 네일, 화장·분장과 그 밖에 대통령령으로 정하는 세부 영업의 업무를 모두 하는 영업

📋 영업자 준수사항

- **이·미용업자 위생관리기준**

  ① 이·미용업자는 점 빼기, 귓불 뚫기 등 의료 행위 금지
  ② 이·미용업자는 피부미용을 위해 의약품, 의료 기기 사용 금지
  ③ 이·미용기구 중 소독한 기구와 소독하지 않은 기구는 각각 다른 용기에 넣어 보관
  ④ 1회용 면도날은 손님 1인에게 사용
  ⑤ 영업장 안의 조명도를 75룩스 이상 유지
  ⑥ 영업소 내 게시: 이·미용업 신고증, 개설자 면허증 원본, 최종지불요금표
  ⑦ 영업장 면적이 66제곱미터 이상이면 외부에도 최종지불요금표를 게시 또는 부착

  > **오답피하기**
  > • 수건은 악취가 나지 않아야 함(×)
  > • 이·미용사는 깨끗한 위생복을 착용해야 함(×)
  > • 의약품은 따로 보관해야 함(×)

- **미용기구의 소독기준 및 방법**

자외선 소독	1cm² 당 85μW 이상의 자외선을 20분 이상 쬐어 줌
건열 멸균 소독	100℃ 이상 건조한 열에 20분 이상 쬐어 줌
증기 소독	100℃ 이상 습한 열에 20분 이상 쬐어 줌
열탕 소독	100℃ 이상 물 속에 10분 이상 끓여 줌
석탄산수 소독	석탄산 3%, 물 97%에 10분 이상 담가 둠
크레졸수 소독	크레졸 3%, 물 97%에 10분 이상 담가 둠

> **오답피하기** 방사선 소독(×)

업소 위생등급

■ 위생서비스 수준 평가

① 위생서비스 평가주기·방법, 위생관리등급의 기준 및 기타 평가에 관한 필요사항은 보건복지부령으로 정함

② 시·도지사는 위생서비스 평가계획 수립(위생관리 수준 향상을 위해) → 시장·군수·구청장에게 통보

③ 시장·군수·구청장은 위생서비스 평가를 2년에 한 번씩 실시

> **오답피하기** 대통령령(×), 3년 주기(×)

■ 위생관리등급 공표

① 위생관리등급은 보건복지부장관이 고시함

② 시장·군수·구청장은 위생관리등급을 공중위생영업자에게 통보하고 공표해야 함

③ 공중위생영업자는 위생관리등급의 표지를 영업소 명칭과 영업소 출입구에 부착 가능

④ 시·도지사 또는 시장·군수·구청장은 위생서비스의 수준이 우수한 영업소에 대해 포상을 실시할 수 있음

⑤ 시·도지사 또는 시장·군수·구청장은 위생관리등급별로 영업소에 대한 위생 감시를 실시할 수 있음

> **오답피하기** 등급 결과 통보: 세무서장(×)

■ 위생관리등급

최우수업소	녹색등급
우수업소	황색등급
일반관리 대상 업소	백색등급

■ 위생 감시 기준

① 영업소에 대한 출입, 검사

② 위생 감시의 실시 주기 및 횟수

■ 공중위생 감시원

① 공중위생 감시원의 자격·임명 등은 대통령령으로 정함

② 공중위생영업의 위생관리 업무 등 관계 공무원의 업무를 행하기 위해 특별시·광역시·도 및 시·군·구에 공중위생 감시원을 둠

③ 특별시장·광역시장·도지사 또는 시장·군수·구청장은 공중위생 감시원 자격에 해당하는 소속 공무원 중에서 임명함

> **오답피하기** 공중위생 감시원: 보건복지부령(×)

■ 공중위생 감시원 자격

① 위생사 또는 환경기사 2급 이상의 자격증이 있는 사람

② 대학에서 화학·화공학·환경공학·위생학 분야를 전공하고 졸업한 사람 또는 같은 수준의 학력이 있다고 인정되는 사람

③ 외국에서 위생사 또는 환경기사의 면허를 받은 사람

④ 1년 이상 공중위생행정에 종사한 경력이 있는 사람

> **오답피하기**
> • 외국 공중위생 감시원 경력자(×)
> • 6개월 이상 공중위생행정에 종사한 경력자(×)

■ 공중위생 감시원 업무 범위

① 공중위생영업 관련 시설, 설비 확인 및 위생상태 확인·검사

② 위생관리의무 및 영업자 준수사항 이행 여부의 확인

③ 위생지도 및 개선명령 이행 여부의 확인

④ 영업의 정지, 사용중지, 영업소 폐쇄명령 이행 여부의 확인

⑤ 위생교육 이행 여부 확인

📑 영업의 신고 및 폐업

■ **영업신고**

보건복지부령이 정한 시설 및 설비를 갖추고 시장·군수·구청장에게 신고

> **오답피하기** 시도지사(×)

■ **영업신고 제출서류**

① 영업신고서
② 영업시설 및 설비개요서
③ 위생교육 수료증
④ 면허증 원본

> **오답피하기** 미용사 자격증(×), 건강진단서(×)

■ **변경신고**

보건복지부령이 정한 중요사항을 변경할 때에는 시장·군수·구청장에게 신고

■ **변경신고 사항**

① 영업소의 명칭 또는 상호
② 영업소의 주소
③ 신고한 영업장 면적의 3분의 1 이상 증감
④ 대표자의 성명 또는 생년월일
⑤ 미용업 업종 간 변경

> **오답피하기**
> • 4분의 1 이상 증감(×)
> • 영업정지 명령 이행(×)
> • 영업소 내 직원 변경(×)
> • 영업소 내 인테리어의 변경(×)

■ **폐업신고**

보건복지부령이 정하는 폐업신고를 하려는 자는 공중위생영업을 폐업일로부터 20일 이내에 시장·군수·구청장에게 신고

■ **이·미용업 시설 및 설비기준**

일반기준	• 공중위생영업장은 시설 및 설비와 분리 또는 구획으로 구분되어야 함 • 미용업을 2개 이상 함께 하여 각각의 시설이 선·줄 등으로 서로 구분될 수 있는 경우에는 별도로 분리 또는 구획하지 않음
개별기준	• 이·미용기구는 소독한 기구와 소독하지 않은 기구를 구분하여 보관할 수 있는 용기를 비치해야 함 • 소독기·자외선 살균기 등 미용기구를 소독하는 장비를 갖춰야 함 • 이용업은 영업소 안에 별실 그 밖에 이와 유사한 시설을 설치해서는 안 됨

> **오답피하기** 적외선 살균기(×), 별실 설치(×)

📑 업무

■ **이·미용사의 업무 범위**

① 업무 범위, 업무보조 범위는 보건복지부령임
② 이·미용사의 면허를 받은 자가 아니면 이·미용업을 개설하거나 업무에 종사할 수 없음
③ 이·미용사의 감독을 받아 이·미용 업무의 보조를 행하는 경우는 종사할 수 있음

■ **영업소 외의 장소에서 가능한 사유**

① 질병이나 고령·장애 그 밖에 사유로 인하여 영업소에 나올 수 없는 자에 대하여 이·미용하는 경우
② 혼례나 그 밖에 의식에 참여하는 자에 대하여 그 의식 직전에 이·미용하는 경우
③ 사회복지시설에서 봉사활동으로 이·미용하는 경우
④ 방송 등의 촬영에 참여하는 사람에 대하여 그 촬영 직전에 이·미용하는 경우
⑤ 특별한 사정이 있다고 시장·군수·구청장이 인정하는 경우

📋 면허

- ## 면허

  면허 취득, 면허취소·정지 처분의 세부적인 기준은 보건복지부령으로 정하고 시장·군수·구청장에게 발급

- ## 면허 발급 조건

  ① 전문대학 또는 이와 같은 수준 이상의 학력이 있다고 교육부장관이 인정하는 학교에서 이·미용 학과를 졸업한 자

  ② 대학 또는 전문대학을 졸업한 자와 같은 수준 이상의 학력이 있는 것으로 인정되어 이·미용 학위를 취득한 자

  ③ 고등학교 또는 이와 같은 수준의 학력이 있다고 교육부장관이 인정하는 학교에서 이·미용 학과를 졸업한 자

  ④ 각종 학교에서 1년 이상 이·미용 과정을 이수한 자

  ⑤ 「국가기술자격법」에 의한 이·미용사의 자격을 취득한 자

  > **오답피하기**
  > • 보건복지부장관 인정 미용사 자격 소지자(×)
  > • 학교에서 6개월 이상 이·미용 과정 이수 자(×)

- ## 면허 발급 금지 사유

  ① 피성년후견인

  ② 정신질환자

  ③ 감염병환자

  ④ 약물중독자(마약 등)

  ⑤ 면허가 취소된 후 1년이 경과되지 않은 자

  > **오답피하기**
  > • 독감 환자(×)
  > • 성인병 환자(×)
  > • 전과기록 자(×)

- ## 면허 재발급

  면허증을 재발급 받고자 하는 자는 시장·군수·구청장에게 신청서를 제출

- ## 면허 재발급 사유

  ① 면허증의 기재 사항에 변경이 있는 때(성명, 주민번호 등)

  ② 면허증이 헐어 못 쓰게 된 때

  ③ 면허증을 잃어버린 때

  > **오답피하기**
  > 이·미용사 자격증이 취소(×)
  > 영업장소의 상호 및 주소가 변경될 때(×)

- ## 면허정지 및 취소

  ① 시장·군수·구청장은 면허를 취소하거나 6개월 이내의 기간을 정하여 면허 정지를 명할 수 있음

  ② 면허취소, 정지명령을 받은 자는 지체 없이 시장·군수·구청장에게 면허증을 반납하고 관할 시장·군수·구청장은 면허정지 기간 동안 반납한 면허증을 보관해야 함

  ③ 면허취소 시 1년 경과 후 재취득 가능

- ## 영업의 승계

  ① 영업자의 지위를 승계하는 자는 1개월 이내에 보건복지부령이 정하는 바에 따라 시장·군수·구청장에게 신고

  ② 승계 조건은 면허 소지자여야 함

- ## 승계 제출서류

  ① 영업자 지위승계 신고서

  ② 양도: 양도·양수 증명서류 사본

  ③ 상속: 가족관계증명서, 상속자 증명서류

  ④ 양도, 상속 이외: 해당 사유별로 영업자의 지위승계 증명서류

🗒 벌칙

- ## 과태료의 부과기준

  ① 과태료는 대통령령으로 정하고 보건복지부장관, 시장·군수·구청장이 부과·징수함

  ② 보건복지부장관, 시장·군수·구청장은 과태료 금액의 2분의 1 범위에서 금액을 줄이거나 과태료 금액의 상한을 넘을 수 없는 범위 내에서 금액을 늘려 부과할 수 있음

  ③ 과태료를 체납중인 위반행위자를 제외

  > **오답피하기**
  > - 과태료를 부과·징수할 수 있는 시도지사(×)
  > - 과태료 금액의 3분의 1 범위 내에서 경감(×)
  > - 과태료를 체납하고 있는 경우(×)

- ## 과태료 경감사유

  ① 위반행위자가 「질서위반행위규제법」 시행령에 해당한 경우

  ② 위반행위가 사소한 부주의나 오류로 인정되는 경우

  ③ 위반의 내용·정도가 경미하다고 인정되는 경우

  ④ 위반행위자가 법 위반상태를 시정하거나 해소하기 위해 노력한 것이 인정되는 경우

  ⑤ 과태료 금액을 줄일 필요가 있다고 인정되는 경우

- ## 과태료 과중사유

  ① 위반 내용 및 정도가 중대하여 이로 인한 피해가 크다고 인정되는 경우

  ② 법 위반상태의 기간이 6개월 이상인 경우

  ③ 그 밖에 위반행위의 정도, 위반행위의 동기와 그 결과 등을 고려하여 가중할 필요가 있다고 인정되는 경우

- ## 과태료

300만 원 이하 과태료	• 개선명령을 위반한 자 • 필요한 보고를 당국에 하지 않거나 관계공무원의 출입·검사, 기타 조치를 거부·방해·기피한 자
200만 원 이하 과태료	• 이·미용업소의 위생관리의무를 지키지 않은 자 • 영업소 외의 장소에서 이·미용 업무를 행한 자 • 위생교육을 받지 않은 자

- ## 벌금

1년 이하 징역 또는 1천만 원 이하 벌금	• 영업신고를 하지 않고 영업소를 개설한 자 • 영업정지 또는 일부 시설의 사용중지 명령을 받고도 그 기간 중에 영업을 하거나 그 시설을 사용한 자 • 영업소 폐쇄명령을 받고도 계속 영업한 자
6개월 이하 징역 또는 500만 원 이하 벌금	• 중요사항을 변경하고도 변경신고를 하지 않은 자 • 공중위생영업의 지위를 승계한 자로서 1개월 내에 신고하지 않은 자 • 건전한 영업질서를 위해 공중위생영업자가 준수해야 할 사항을 준수하지 않은 자
300만 원 이하 벌금	• 면허가 취소된 후에 계속하여 이·미용업을 한 사람 • 면허정지 기간 중에 이·미용업을 한 사람 • 면허를 받지 않고 이·미용업을 개설하거나 업무에 종사한 사람 • 다른 사람에게 이·미용사의 면허증을 빌려주거나 빌린 사람 • 이·미용사의 면허증을 빌려주거나 빌리는 것을 알선한 사람

📑 위생교육

■ 위생교육
① 위생교육의 방법·절차 등에 관한 사항은 보건복지부령으로 정함
② 위생교육의 세부사항은 보건복지부장관이 정함
③ 매년 3시간의 위생교육을 받아야 함
④ 위생교육의 내용은 공중위생관리법규, 소양교육, 기술교육으로 함
⑤ 공중위생업소를 개설하기 전에 미리 위생교육을 받아야 함

오답피하기 분기당 4시간(×)

■ 위생교육 대상자
① 공중위생영업자(이·미용영업자)
② 공중위생영업을 승계한 자
③ 공중위생영업의 신고를 하고자 하는 자
④ 영업에 직접 종사하지 않거나 두 개 이상의 장소에서 영업을 하는 자는 영업장별 공중위생 책임자

오답피하기 이·미용사의 면허를 받은 사람(×)

■ 위생교육 주요 유예사항
① 동일한 공중위생영업자가 둘 이상의 미용업을 같은 장소에서 하는 경우에는 그중 하나의 미용업에 대한 위생교육을 받으면 나머지 미용업에 대한 위생교육도 받은 것으로 봄
② 위생교육을 받은 자가 위생교육을 받은 날부터 2년 이내에 위생교육을 받은 업종과 같은 업종의 영업을 하려는 경우에는 해당 영업에 대한 위생교육을 받은 것으로 봄

오답피하기 위생교육 받은 날부터 3년 이내(×)

■ 위생교육 실시단체
① 위생교육은 보건복지부장관이 허가한 단체가 실시함
② 위생교육 실시단체의 장은 수료증을 교부하고, 교육 실시 결과를 교육 후 1개월 이내에 시장·군수·구청장에게 통보해야 하며, 수료증 교부대장 등 교육에 관한 기록을 2년 이상 보관·관리해야 함

오답피하기 기록을 3년 이상 보관(×)

📑 과징금

■ 과징금 처분
① 시장·군수·구청장은 영업정지가 불편을 주거나 공익을 해할 수 있는 경우 1억 원 이하의 과징금을 부과할 수 있음
② 과징금을 부과하는 위반행위의 종별·정도 등에 따른 과징금의 금액 등에 관하여 필요한 사항은 대통령령으로 정함
③ 과징금을 납부기한까지 납부하지 않은 경우 대통령령으로 정하는 바에 따라 과징금 부과처분을 취소하고, 영업정지 처분을 하거나 「지방행정제재·부과금의 징수 등에 관한 법률」에 따라 이를 징수함

■ 과징의 금액
시장·군수·구청장은 공중위생영업자의 사업규모·위반행위의 정도 및 횟수 등을 고려하여 과징금의 2분의 1 범위에서 과징금을 늘리거나 줄일 수 있으며 과징금을 늘리는 때에도 총액은 1억 원을 초과할 수 없음

■ 과징금 산정 기준
① 1일당 과징금의 금액: 연간 총매출액 기준
② 연간 총매출액: 처분일이 속한 연도의 전년도 1년간 총매출액을 기준

행정지도 감독

- **보고**
  ① 특별시장·광역시장·도지사 또는 시장·군수·구청장은 공중위생관리상 필요하다고 인정한 때 공중위생영업자에 대하여 필요한 보고를 하게 할 수 있음
  ② 소속 공무원은 영업소 등에 출입하여 공중위생영업자의 위생관리의무 이행 등에 대하여 검사하거나 공중위생영업 장부나 서류를 열람하게 할 수 있으며, 보고 및 출입·검사 시 권한을 표시하는 증표(공무원증)를 관계인에게 보여야 함
  ③ 시·도지사 또는 시장·군수·구청장은 영업소에 설치 금지 카메라나 기계장치의 설치 검사를 할 수 있으며, 검사에 따라야 함
  ④ 관할 경찰관서장에게 검사 협조 요청 가능
  ⑤ 영업소 검사 결과 확인증을 발부 가능

  > **오답피하기**
  > **영업소 검사 공무원 제시 증표**
  > • 주민등록증(×)
  > • 위생검사 통지서(×)
  > • 위생검사 기록부(×)

- **영업의 제한**
  시·도지사와 시장·군수·구청장은 공익상 또는 선량한 풍속의 유지를 위하여 필요하다고 인정하는 때에는 공중위생영업자와 종사원에게 영업시간과 영업행위를 제한할 수 있음

- **위임 및 위탁**
  ① 보건복지부장관은 공중위생관리법 권한의 일부를 대통령령이 정하는 바에 의해 시·도지사와 시장·군수·구청장에게 위임 가능
  ② 대통령이 정하는 바에 의하여 관계 전문기관에 그 업무의 일부를 위탁할 수 있음

- **양벌규정**
  ① 법인 대표자나 법인 또는 개인의 대리인·사용인, 그 밖의 종업원이 법인 또는 개인 업무에 벌금에 해당하는 위반행위를 한 때, 그 행위자를 벌하는 외에 그 법인 또는 개인에게도 해당 조문의 벌금형을 부과함
  ② 법인 또는 개인이 그 위반행위를 방지하기 위해 주의와 감독을 한 경우 제외

- **개선명령**

개선명령 집행	시·도지사, 시장·군수·구청장
개선명령 기간	즉시 또는 6개월의 범위
개선명령 사항	공중위생영업의 종류별 시설 및 설비기준 위반, 위생관리의무 위반

  > **오답피하기** 업무보조 범위 위반(×)

- **청문 실시 사유**
  ① 이·미용사 면허정지 및 면허취소
  ② 영업소 영업정지
  ③ 일부 시설의 사용중지
  ④ 영업소 폐쇄명령

  > **오답피하기** 자격증 취소(×), 벌금 부과(×)

- **영업소의 폐쇄**
  영업정지, 일부 시설의 사용중지, 영업소 폐쇄명령 등의 세부적 기준은 보건복지부령으로 정하고 시장·군수·구청장이 집행

- **폐쇄명령 위반, 무신고 영업 시 조치사항**
  ① 해당 영업소 간판, 기타 영업표지물 제거
  ② 해당 영업소가 위법한 영업소임을 알리는 게시물을 부착
  ③ 영업에 필요한 기구, 시설물을 사용할 수 없게 봉인

시행령 및 시행규칙

1차 위반	위반사항
면허취소	• 면허 발급 금지 사유에 해당된 경우(피성년후견인, 정신질환자, 감염병환자, 약물중독자) • 이중으로 면허를 취득한 경우(나중에 발급받은 면허를 말함) •「국가기술자격법」에 따라 자격이 취소된 경우 • 면허정지 처분을 받고도 그 정지 기간 중 업무를 한 경우
면허정지	「국가기술자격법」에 따라 자격정지 처분을 받은 경우
면허정지 3개월	면허증을 다른 사람에게 대여한 경우
영업장 폐쇄명령	• 영업신고를 하지 않은 경우 • 영업정지 처분을 받고도 그 영업정지 기간에 영업을 한 경우 • 정당한 사유 없이 6개월 이상 계속 휴업하는 경우 • 관할 세무서장에게 폐업신고를 하거나 관할 세무서장이 사업자등록을 말소한 경우 • 영업을 하지 않기 위해 영업시설의 전부를 철거한 경우
영업정지 3개월 · 영업소 면허정지 3개월 · 미용사	손님에게 성매매 알선 등의 행위 또는 음란행위를 하게 하거나 이를 알선 또는 제공한 경우
영업정지 2개월	• 피부미용을 위해 「약사법」에 따른 의약품 또는 「의료 기기법」에 따른 의료 기기를 사용한 경우 • 점 빼기 · 귓불 뚫기 · 쌍꺼풀수술 · 문신 · 박피술, 그 밖에 이와 유사한 의료 행위를 한 경우

1차 위반	위반사항
영업정지 1개월	• 신고를 하지 않고 영업소의 소재지를 변경한 경우 • 손님에게 도박, 그 밖에 사행행위를 하게 한 경우 • 무자격안마사로 하여금 안마사의 업무에 관한 행위를 하게 한 경우 • 설치 금지되는 카메라나 기계장치를 설치한 경우 • 영업소 외의 장소에서 미용 업무를 한 경우
영업정지 10일	보고를 하지 않거나 거짓으로 보고한 경우 또는 관계 공무원의 출입, 검사 또는 공중위생영업 장부 또는 서류의 열람을 거부 · 방해하거나 기피한 경우
경고	• 음란한 물건을 관람 · 열람하게 하거나 진열 또는 보관한 경우 • 개선명령을 이행하지 않은 경우 • 지위승계 신고를 하지 않은 경우 • 소독을 한 기구와 소독을 하지 않은 기구를 각각 다른 용기에 넣어 보관하지 않은 경우 • 1회용 면도날을 2인 이상의 손님에게 사용한 경우 • 개별 미용서비스의 최종지불가격 및 전체 미용서비스의 총액에 관한 내역서를 미리 제공하지 않은 경우
경고 또는 개선명령	• 이 · 미용업 신고증 및 면허증 원본을 게시하지 않거나 업소 내 조명도를 준수하지 않은 경우 • 신고를 하지 않고 영업소의 명칭 및 상호, 미용업 업종 간 변경을 하였거나 영업장 면적의 3분의 1 이상을 변경한 경우
개선명령	시설 및 설비기준을 위반한 경우

네일미용사 필기 CBT 기출 프리패스+무료특강

PART

O2

3개년
공개기출문제

2014년 제1회 공개기출문제

01

다음 기생충 중 송어, 연어 등의 생식으로 주로 감염될 수 있는 것은?

① 유구낭충증   ② 유구조충증
③ 무구조충증   **④ 긴촌충증**

- 유구낭충증, 유구조충증: 돼지고기 생식
- 무구조충증: 소고기 생식

02

다음 중 감염병 관리상 가장 중요하게 취급해야 할 대상자는?

① 건강 보균자   ② 잠복기 환자
③ 현성 환자   ④ 회복기 보균자

병원체를 보유하고 있으나 임상 증상이 없어 건강해 보이면서도 체외로 병균을 배출하여 감염병 관리상 매우 중요함

03

법정 감염병 중 제4급 감염병에 속하는 것은?

① 콜레라
② 디프테리아
③ 임질
④ 말라리아

- 콜레라: 제2급 감염병
- 디프테리아: 제1급 감염병
- 말라리아: 제3급 감염병

04

세계보건기구에서 규정한 보건행정의 범위에 속하지 않는 것은?

① 보건 관계 기록의 보존
② 환경위생과 감염병 관리
③ 보건 통계와 만성병 관리
④ 모자 보건과 보건 간호

보건행정의 범위: 보건 관계 기록의 보존, 환경위생, 감염병 관리, 모자 보건, 보건 간호, 의료 제공, 보건 교육

05

공기의 자정 작용 현상이 아닌 것은?

① 산소, 오존, 과산화수소 등에 의한 산화 작용
② 태양광선 중 자외선에 의한 살균 작용
③ 식물의 탄소 동화 작용에 의한 CO_2의 생산 작용
④ 공기 자체의 희석 작용

식물의 탄소 동화 작용에 의한 이산화탄소(CO_2), 산소(O_2) 교환 작용임

06

절지동물에 의해 매개되는 감염병이 아닌 것은?

① 유행성 일본뇌염   ② 발진티푸스
③ 탄저   ④ 페스트

탄저는 돼지, 소, 말, 양 등 가축을 통해 매개되는 감염병임

07

영아사망률의 계산 공식으로 옳은 것은?

① $\dfrac{\text{연간 출생아 수}}{\text{인구}} \times 1{,}000$

② $\dfrac{\text{그 해의 1~4세 사망아 수}}{\text{어느 해의 1~4세 인구}} \times 1{,}000$

③ $\dfrac{\text{그 해의 1세 미만 사망아 수}}{\text{그 해의 연간 출생아 수}} \times 1{,}000$

④ $\dfrac{\text{그 해의 생후 28일 이내의 사망아 수}}{\text{어느 해의 연간 출생아 수}} \times 1{,}000$

> 영아사망률 $= \dfrac{\text{그 해의 1세 미만 사망아 수}}{\text{그 해의 연간 출생아 수}} \times 1{,}000$

PART 02

08

소독용 승홍수의 희석 농도로 적합한 것은?

① 10~20%
② 5~7%
③ 2~5%
④ 0.1~0.5%

> 승홍수의 희석 농도: 0.1%(1,000배)

09

자비 소독법 시 일반적으로 사용하는 물의 온도와 시간은?

① 150℃에서 15분간
② 135℃에서 20분간
③ 100℃에서 20분간
④ 80℃에서 30분간

> 자비 소독법: 100℃의 끓는 물에서 15~20분 가열하는 방법

10

세균 증식에 가장 적합한 최적 수소이온 농도는?

① pH 3.5~5.5
② pH 6.0~8.0
③ pH 8.5~10.0
④ pH 10.5~11.5

> 세균 증식에 가장 적합한 수소이온 농도는 pH 6.0~8.0 범위의 중성임

11

호기성 세균이 아닌 것은?

① 결핵균
② 백일해균
③ 파상풍균
④ 녹농균

> • 혐기성균: 파상풍균, 보툴리누스균, 가스괴저균
> • 호기성균: 결핵균, 백일해균, 녹농균, 디프테리아균

12

석탄산 10% 용액 200mL를 2% 용액으로 만들고자 할 때 첨가해야 하는 물의 양은?

① 200mL   ② 400mL
③ 800mL   ④ 1000mL

> 농도% $= \dfrac{\text{용질량}}{\text{용액량}} \times 100$
>
> $10\% = \dfrac{\text{석탄산}}{200} \times 100$이므로 석탄산 = 20g
>
> $2\% = \dfrac{20}{200 + \text{물}} \times 100$이므로 물 = 800mL

13

다음 중 이·미용실에서 사용하는 수건을 철저하게 소독하지 않았을 때 주로 발생할 수 있는 감염병은?

① 장티푸스
② **트라코마**
③ 페스트
④ 일본뇌염

> 트라코마: 위생 관리가 불충분한 이·미용실에서 오염된 수건을 통해 눈으로 전파되는 접촉성 감염병으로, 환자의 눈물·콧물 등 분비물이 주요 감염원이 됨

14

석탄산 소독에 대한 설명으로 틀린 것은?

① 단백질 응고 작용이 있다.
② 저온에서는 살균 효과가 떨어진다.
③ 금속 기구 소독에 부적합하다.
④ **포자 및 바이러스에 효과적이다.**

> 석탄산 소독: 단백질을 변성시켜 살균 작용을 나타내지만, 피부와 점막에 자극성이 강하며 금속 기구에는 사용할 수 없고 포자와 바이러스에는 효과가 없음

15

바이러스성 피부질환은?

① 모낭염
② 절종
③ 옹종
④ **단순포진**

> • 바이러스성 피부질환: 단순포진, 대상포진, 수두, 홍역, 풍진, 사마귀 등이 해당함
> • 세균성 피부질환: 모낭염, 절종, 옹종, 농가진, 봉소염 등이 해당함

16

다음 중 원발진(Primary Lesion)에 해당하는 피부질환은?

① **면포**
② 미란
③ 가피
④ 반흔

> • 원발진: 반점, 홍반, 팽진, 수포, 면포, 구진, 농포, 결절, 낭종, 종양
> • 속발진: 인설, 위축, 태선화, 균열, 가피, 찰상, 미란, 궤양, 켈로이드, 반흔

17

피부의 기능과 그 설명이 틀린 것은?

① 보호 기능 - 피부 표면의 산성막은 박테리아의 감염과 미생물의 침입으로부터 피부를 보호한다.
② 흡수 기능 - 피부는 외부의 온도를 흡수, 감지한다.
③ 영양분 교환 기능 - 프로비타민 D가 자외선을 받으면 비타민 D로 전환된다.
④ **저장 기능 - 진피조직은 신체 중 가장 큰 저장기관으로 각종 영양분과 수분을 보유하고 있다.**

> 저장 기능: 피부의 저장 역할은 진피가 아닌 피하조직에서 이루어지며, 지방을 다량 축적하고 영양분과 수분을 보유함

18

멜라노사이트(Melanocyte)가 주로 분포되어 있는 곳은?

① 투명층
② 과립층
③ 각질층
④ **기저층**

> 기저층: 멜라닌을 생성하는 멜라닌세포를 비롯해 각질형성세포와 머켈세포가 분포함

19

피부의 면역에 관한 설명으로 옳은 것은?

① 세포성 면역에는 보체, 항체 등이 있다.
② T림프구는 항원전달세포에 해당된다.
③ **B림프구는 면역글로불린이라고 불리는 항체를 생성한다.**
④ 표피에 존재하는 각질형성세포는 면역조절에 작용하지 않는다.

> • 체액성 면역: 보체와 항체 등이 관여함
> • T림프구: 항원을 인식하여 감염 세포를 공격·조절하는 역할
> • 각질형성세포: 사이토카인을 분비하여 피부의 면역 조절 기능에 참여함

20

비타민에 대한 설명 중 틀린 것은?

① 비타민 A가 결핍되면 피부가 건조해지고 거칠어진다.
② 비타민 C는 교원질 형성에 중요한 역할을 한다.
③ 레티노이드는 비타민 A를 통칭하는 용어이다.
④ **비타민 A는 많은 양이 피부에서 합성된다.**

> 비타민은 인체에서 대부분 합성되지 않아 음식 섭취를 통해 보충되며, 피부에서 합성되는 비타민 D도 자외선 작용으로 소량 생성될 뿐임

21

다음 중 자외선 B(UV-B)의 파장 범위는?

① 100~190nm   ② 200~280nm
③ **290~320nm**   ④ 330~400nm

> 자외선 B(UV-B)의 파장 범위는 약 290~320nm에 해당하며, 자외선 A는 320~400nm, 자외선 C는 200~290nm 구간에 분포함

22

다음 중 이·미용사 면허를 받을 수 없는 자는?

① **교육부장관이 인정하는 고등기술학교에서 6개월 이상 이·미용에 관한 소정의 과정을 이수한 자**
② 전문대학에서 이·미용에 관한 학과를 졸업한 자
③ 국가기술자격법에 의한 이·미용사의 자격을 취득한 자
④ 고등학교에서 이·미용에 관한 학과를 졸업한 자

> 면허 취득 요건: 초·중등교육법령에 따른 특성화고등학교, 고등기술학교 또는 이에 준하는 각종 학교에서 1년 이상 이·미용에 관한 소정의 과정을 이수한 자에 해당함

23

이·미용업 영업과 관련하여 과태료 부과 대상이 아닌 사람은?

① 위생관리 의무를 위반한 자
② 위생교육을 받지 않은 자
③ **무신고 영업자**
④ 관계공무원 출입·검사 방해자

> 무신고 영업자: 영업의 신고를 하지 아니한 자로, 1년 이하의 징역 또는 1천만 원 이하의 벌금이 적용됨

24

다음 중 공중위생감시원을 두는 곳을 모두 고른 것은?

㉠ 특별시	㉡ 광역시
㉢ 도	㉣ 군

① ㉡, ㉢   ② ㉠, ㉢
③ ㉠, ㉡, ㉢   ④ **㉠, ㉡, ㉢, ㉣**

> 공중위생감시원은 특별시, 광역시, 도, 시, 군, 구에 두도록 규정되어 있음

25

공중위생관리법상 이·미용업자의 변경신고 사항에 해당되지 않는 것은?

① 영업소의 주소 변경
② 영업소의 명칭 또는 상호 변경
③ 대표자의 성명
④ **신고한 영업장 면적의 5분의 1 이하의 변경**

> 변경신고 사항: 영업소의 명칭 또는 상호, 주소, 대표자의 성명 또는 생년월일, 미용업 업종 간 변경, 신고한 영업장 면적의 3분의 1 이상 증감에 해당함

26

과징금을 기한 내에 납부하지 아니한 경우에 이를 징수하는 방법은?

① 지방세 체납처분 등에 관한 법률에 따라 징수
② 부가가치세 체납처분 등에 관한 법률에 따라 징수
③ **지방행정제재·부과금의 징수 등에 관한 법률에 따라 징수**
④ 소득세 체납처분 등에 관한 법률에 따라 징수

> 과징금 징수 방법: 납부기한까지 과징금을 납부하지 아니한 경우 시장·군수·구청장은 대통령령으로 정하는 바에 따라 부과처분을 취소하고 영업정지 처분을 하거나, 지방행정제재·부과금의 징수 등에 관한 법률에 따라 이를 징수함

27

공중위생영업소의 위생서비스 평가계획을 수립하는 자는?

① **시·도지사**　　　② 안전행정부장관
③ 대통령　　　④ 시장·군수·구청장

> 위생서비스 평가계획 수립자: 시·도지사는 공중위생영업소의 위생관리 수준 향상을 위하여 위생서비스 평가계획을 수립하도록 규정되어 있음

28

이·미용업소 내에 게시하지 않아도 되는 것은?

① 이·미용업 신고증
② 개설자의 면허증 원본
③ **근무자의 면허증 원본**
④ 최종지불요금표

> 영업소 내 게시 사항: 이·미용업 신고증, 개설자의 면허증 원본, 최종지불요금표를 게시하여야 하며, 근무자의 면허증 원본은 게시 대상에 해당하지 않음

29

다음 중 화장품의 4대 요건이 아닌 것은?

① 안전성　　　② 안정성
③ 유효성　　　④ **기능성**

> 화장품의 4대 요건: 안전성, 안정성, 사용성, 유효성에 해당하며, 기능성은 포함되지 않음

30

네일 에나멜(Nail Enamel)에 대한 설명으로 틀린 것은?

① 손톱에 광택을 부여하고 아름답게 할 목적으로 사용하는 화장품이다.
② **피막 형성제로 톨루엔이 함유되어 있다.**
③ 대부분 니트로셀룰로오스를 주성분으로 한다.
④ 안료가 배합되어 손톱에 아름다운 색채를 부여하기 때문에 네일 컬러(Nail Color)라고도 한다.

> 네일 에나멜(네일 폴리시): 대표적인 피막 형성제로 니트로셀룰로오스를 주성분으로 하며, 톨루엔은 피막 형성제가 아님

31

다음 중 햇빛에 노출했을 때 색소 침착의 우려가 있어 사용 시 유의해야 하는 에센셜 오일은?

① 라벤더　　　　② 티트리
③ 제라늄　　　　**④ 레몬**

> 감귤류(시트러스) 계열 에센셜 오일: 레몬과 오렌지 등은 햇빛에 노출될 경우 색소 침착을 유발할 수 있어 사용 시 주의가 필요함

32

피부 표면에 물리적인 장벽을 만들어 자외선을 반사하고 분산하는 자외선 차단 성분은?

① 옥틸메톡시신나메이트
② 파라아미노안식향산(PABA)
③ 이산화 타이타늄(이산화티탄)
④ 벤조페논

> 물리적 자외선 차단 성분: 이산화 타이타늄(이산화티탄), 산화아연, 탈크, 카올린 등이 해당하며, 파라아미노안식향산·옥틸메톡시신나메이트·벤조페논 등은 화학적 차단제 성분임

33

다량의 유성 성분을 물에 일정 기간 동안 안정한 상태로 균일하게 혼합시키는 화장품 제조 기술은?

① 유화　　　　② 경화
③ 분산　　　　　④ 가용화

> 유화: 계면활성제의 작용으로 다량의 유성 성분이 물과 균일하게 혼합되어 일정 기간 안정한 백탁 상태를 유지하는 현상을 말함

34

기초 화장품을 사용하는 목적이 아닌 것은?

① 세안　　　　　② 피부 정돈
③ 피부 보호　　　**④ 피부 결점 보완**

> 기초 화장품의 목적: 세안, 피부 정돈, 피부 보호에 해당하며, 피부의 결점을 보완하는 기능은 메이크업 화장품의 목적임

35

화장품의 원료로서 알코올의 작용에 대한 설명으로 틀린 것은?

① 다른 물질과 혼합해서 그것을 녹이는 성질이 있다.
② 소독 작용이 있어 화장수, 양모제 등에 사용한다.
③ 흡수 작용이 강하기 때문에 건조의 목적으로 사용한다.
④ 피부에 자극을 줄 수도 있다.

> 알코올: 휘발성이 강한 성질을 지니며 용매 및 소독 작용에 활용되지만, 건조를 목적으로 사용하는 성분은 아님

36

네일의 특징에 대한 설명으로 틀린 것은?

① 네일 보디와 네일 루트는 산소를 필요로 한다.
② 지각 신경이 집중되어 있는 반투명의 각질판이다.
③ 네일의 경도는 함유된 수분의 함량이나 각질의 조성에 따라 다르다.
④ 네일 베드의 모세혈관으로부터 산소를 공급받는다.

> 네일 보디: 신경과 혈관이 존재하지 않아 산소를 필요로 하지 않으며, 네일 베드를 통해 영양과 산소가 공급됨

37

건강한 네일의 특성이 아닌 것은?

① 매끄럽고 광택이 나며 반투명한 핑크빛을 띤다.
② 약 8~12%의 수분을 함유하고 있다.
③ 모양이 고르고 표면이 균일하다.
④ 탄력이 있고 단단하다.

건강한 네일: 약 12~18%의 수분을 함유하고 있어 적절한 탄력과 윤기를 유지함

38

고객을 위한 네일미용사의 자세가 아닌 것은?

① 고객의 경제 상태 파악
② 고객의 네일 상태 파악
③ 선택 가능한 작업 방법 설명
④ 선택 가능한 관리 방법 설명

네일미용사의 바람직한 자세: 고객의 네일 상태를 파악하고 선택 가능한 작업 및 관리 방법을 설명하는 것이며, 고객의 경제 상태를 파악하는 행위는 적절하지 않음

39

네일관리의 유래와 역사에 대한 설명으로 틀린 것은?

① 중국에서는 네일에도 연지를 발라 '조홍'이라 하였다.
② 기원전 시대에는 관목이나 음식물, 식물 등에서 색상을 추출하였다.
③ 고대 이집트에서 왕족은 짙은 색으로, 낮은 계층의 사람들은 옅은 색만을 사용하게 하였다.
④ 중세시대에는 금색이나 은색 또는 검정이나 흑적색 등의 색상으로 특권층의 신분을 표시했다.

중세시대: 전쟁 시 군 지휘관들이 입술과 손톱에 동일한 색을 칠해 용맹함을 과시하였으며, 신분 표시를 위한 색상 사용은 해당되지 않음

40

손톱의 생리적인 특성에 대한 설명으로 틀린 것은?

① 일반적으로 1일 평균 0.1~0.15mm 정도 자란다.
② 네일의 성장은 조소피의 조직이 경화되면서 오래된 세포를 밀어내는 현상이다.
③ 네일의 본체는 각질층이 변형된 것으로 얇은 층이 겹으로 이루어져 단단한 층을 이루고 있다.
④ 주로 경단백질인 케라틴과 이를 조성하는 아미노산 등으로 구성되어 있다.

네일의 성장 과정: 매트릭스의 세포가 네일 베드를 따라 네일 보디의 앞쪽으로 자라며 점차 각질화되는 현상임

41

하이포니키움(하조피)에 대한 설명으로 옳은 것은?

① 매트릭스를 병원균으로부터 보호한다.
② 네일 아래 살과 연결된 끝부분으로 박테리아의 침입을 막아준다.
③ 네일 옆면의 피부로 네일 베드와 연결된다.
④ 매트릭스 윗부분으로 손톱을 성장시킨다.

하이포니키움: 프리에지 아래에 피부조직으로 박테리아 등 이물질 침입을 막아 네일을 보호하는 역할을 함

42

둘째에서 다섯째 손가락에 작용하며 손허리뼈의 사이를 메워주는 손의 근육은?

① 벌레근(충양근)
② 뒤침근(회외근)
③ 손가락폄근(지신근)
④ 엄지맞섬근(무지대립근)

충양근: 둘째에서 다섯째 손가락에 작용하며 손허리뼈 사이를 채워 주는 근육으로, 중수골의 굴곡과 신전에 관여함

43

변색된 네일(Discolored Nails)의 특징이 아닌 것은?

① 네일 보디에 파란 멍이 반점처럼 나타난다.
② 혈액 순환이나 심장이 좋지 못한 상태에서 나타날 수 있다.
③ 베이스코트를 바르지 않고 유색 네일 폴리시를 바를 경우 나타날 수 있다.
④ 네일의 색상이 청색, 황색, 검푸른색, 자색 등으로 나타난다.

> 변색된 네일: 혈액순환 장애나 색소 침착으로 네일 색상이 청색, 황색 등으로 변화하며, 유색 네일 폴리시 사용 시 착색으로도 나타날 수 있음. 네일 보디에 파란 멍이 반점처럼 나타나는 현상은 조갑하혈종에 해당함

44

신경조직과 관련된 설명으로 옳은 것은?

① 말초신경은 외부나 체내에 가해진 자극에 의해 감각기에 발생한 신경흥분을 중추신경에 전달한다.
② 중추신경계에 체성신경은 12쌍의 뇌신경과 31쌍의 척수 신경으로 이루어져 있다.
③ 중추신경계는 뇌신경, 척수 신경 및 자율신경으로 구성된다.
④ 말초신경은 교감신경과 부교감신경으로 구성된다.

> 신경조직의 구성: 말초신경계의 체성신경은 12쌍의 뇌신경과 31쌍의 척수신경으로 이루어지며, 중추신경계는 뇌와 척수로 구성되고 자율신경은 교감신경과 부교감신경으로 나뉨

45

몸쪽 손목뼈(근위 수근골)가 아닌 것은?

① 손배뼈(주상골)　　② 알머리뼈(유두골)
③ 세모뼈(삼각골)　　④ 콩알뼈(두상골)

> 근위 수근골: 주상골, 삼각골, 두상골, 월상골에 해당하며, 유두골은 원위 수근골에 속함

46

매니큐어 작업에 관한 설명으로 옳은 것은?

① 자연네일의 형태를 조형할 때는 비벼서 네일 파일링한다.
② 큐티클은 상조피 바로 밑부분까지 완전히 제거한다.
③ 네일 폴리시를 도포하기 전에 유분기는 깨끗하게 제거한다.
④ 자연네일이 약한 고객은 네일 컬러링 후 톱코트(Topcoat)를 2회 도포한다.

> • 자연네일의 형태를 조형할 때는 비벼면 안 됨
> • 큐티클은 출혈이 발생할 수 있어 완전히 제거하면 안 됨
> • 자연네일이 약한 경우에는 컬러링 전 네일 강화제를 도포해야 함

PART
02

47

젤 램프 기기와 관련된 설명으로 틀린 것은?

① LED 램프는 400~700nm 정도의 파장을 사용한다.
② UV 램프는 UV-A 파장 정도를 사용한다.
③ 젤 네일에 사용되는 광선은 자외선과 적외선이다.
④ 젤 네일의 광택이 떨어지거나 경화 속도가 떨어지면 램프를 교체함이 바람직하다.

> 젤 네일에 사용되는 광선은 자외선과 가시광선이며, 적외선은 사용되지 않음

48

큐티클이 과잉 성장하여 손톱 위로 자라는 질병은?

① 표피조막(테리지움)
② 교조증(오니코파지)
③ 조갑비더증(오니콕시스)
④ 고랑 파인 네일(퍼로우 네일)

> 테리지움(조갑익상편, 표피조막)은 큐티클이 네일 위로 과잉 성장한 증상으로 핫 크림·오일 매니큐어로 관리하면 효과적임

49

네일의 구조에 대한 설명으로 옳은 것은?

① **매트릭스(조모): 네일의 성장이 진행되는 곳으로 이 상이 생기면 네일의 변형을 가져온다.**
② 네일 베드(조상): 네일의 끝부분에 해당되며 손톱의 모양을 만들 수 있다.
③ 루눌라(조반월): 매트릭스와 네일 베드가 만나는 부분으로 미생물의 침입을 막는다.
④ 네일 보디(조체): 네일 옆면으로 손톱과 피부를 밀착시킨다.

> 매트릭스: 네일을 만드는 세포를 생성하며 성장 담당, 손상되면 네일의 변형을 초래함

50

네일의 길이와 형태를 자유롭게 조절할 수 있는 것은?

① **프리에지(자유연)**
② 네일 그루브(조구)
③ 네일 폴드(조주름)
④ 에포니키움(상조피)

> 프리에지: 네일 베드에서 자라 나온 네일의 끝부분으로 모양과 길이를 조절할 수 있음

51

그러데이션 기법의 컬러링에 대한 설명으로 틀린 것은?

① 색상 사용의 제한이 없다.
② 스펀지를 사용하여 작업할 수 있다.
③ UV 젤의 적용 시에도 활용할 수 있다.
④ **일반적으로 큐티클 부분으로 갈수록 컬러링 색상이 자연스럽게 진해지는 기법이다.**

> 그러데이션 컬러링: 일반적으로 프리에지로 갈수록 색상이 자연스럽게 진해지는 기법임

52

오렌지 우드스틱의 사용 용도로 적합하지 않은 것은?

① 큐티클을 밀어 올릴 때
② 네일 폴리시의 여분을 닦을 때
③ **네일 주위의 굳은살을 정리할 때**
④ 네일 주위의 이물질을 제거할 때

> 네일 주위의 굳은살을 정리할 때는 큐티클 니퍼를 사용함

53

투톤 아크릴 스컬프처의 작업에 대한 설명으로 틀린 것은?

① 프렌치 스컬프처(French Sculpture)라고도 한다.
② 화이트 파우더 특성상 프리에지가 퍼져 보일 수 있으므로 핀치에 유의해야 한다.
③ 스트레스 포인트에 화이트 파우더가 얇게 작업되면 떨어지기 쉬우므로 주의한다.
④ **스퀘어 형태를 잡기 위해 네일 파일은 30° 정도 살짝 기울여 네일 파일링한다.**

> 스퀘어 형태로 조형하기 위한 네일 파일의 각도는 90°의 직각으로 사용해야 함

54

젤 네일에 관한 설명으로 틀린 것은?

① 아크릴에 비해 강한 냄새가 없다.
② 일반 네일 폴리시에 비해 광택이 오래 지속된다.
③ **소프트 젤(Soft Gel)은 아세톤에 녹지 않는다.**
④ 젤 네일은 하드 젤(Hard Gel)과 소프트 젤(Soft Gel)로 구분된다.

> 소프트 젤: 아세톤에 녹는 성질을 가지며, 하드 젤과 구분되는 특징임

55

아크릴 네일의 작업과 보수에 관련한 내용으로 틀린 것은?

① 공기 방울이 생긴 인조네일은 축축하게 젖은 브러시의 사용으로 인해 나타날 수 있는 현상이다.
② 노랗게 변색되는 인조네일은 제품과 작업하는 과정에서 발생한 것으로 보수를 해야 한다.
③ 적절한 온도 이하에서 작업했을 경우 인조네일에 금이 가거나 깨지는 현상이 나타날 수 있다.
④ 기존에 작업된 인조네일과 새로 자라 나온 자연네일을 자연스럽게 연결해 주어야 한다.

아크릴 네일 보수: 공기 방울 발생은 아크릴 리퀴드와 아크릴 파우더의 혼합 비율이 부적절하거나 브러시 사용 미숙으로 나타나는 현상임

56

파고드는 발톱을 예방하기 위한 발톱의 형태로 적합한 것은?

① 라운드형   ② 스퀘어형
③ 포인트형   ④ 오벌형

둥글게 자른 발톱은 살을 파고들 수 있으므로 이를 예방하기 위해 스퀘어 형태로 조형하는 것이 적절함

57

손톱의 프리에지 부분을 유색 폴리시로 바르는 테크닉은?

① 프렌치 매니큐어(French Manicure)
② 핫 오일 매니큐어(Hot Oil Manicure)
③ 레귤러 매니큐어(Regular Manicure)
④ 파라핀 매니큐어(Paraffin Manicure)

프렌치 매니큐어: 큐티클 정리 후 프리에지 부분에만 컬러를 도포하는 테크닉에 해당함

58

아크릴 네일 재료인 네일 프라이머에 대한 설명으로 틀린 것은?

① 네일 표면의 유·수분을 제거해 주고 건조시켜 주어 아크릴의 접착력을 강하게 해준다.
② 산성 제품으로 피부에 화상을 입힐 수 있으므로 최소량만을 사용한다.
③ 인조네일 전체에 사용하며 방부제 역할을 해준다.
④ 네일 표면의 pH 밸런스를 맞춘다.

네일 프라이머: 자연네일의 유·수분 제거와 접착력 강화를 목적으로 최소량만 사용하며, 인조네일 전체에는 적용하지 않음

59

매니큐어의 어원으로 손을 지칭하는 라틴어는?

① 페디스(Pedis)   ② 마누스(Manus)
③ 큐라(Cura)   ④ 매니스(Manis)

매니큐어의 어원: 라틴어 마누스(손)와 큐라(관리)의 합성어임

60

자연네일의 형태 및 특성에 따른 네일 팁 적용 방법으로 옳은 것은?

① 넓적한 네일에는 끝이 좁아지는 내로 네일 팁을 적용한다.
② 아래로 향한 네일(Claw Nail)에는 커브 네일 팁을 적용한다.
③ 위로 솟아 오른 네일(Spoon Nail)에는 옆선에 커브가 없는 네일 팁을 적용한다.
④ 물어뜯는 네일에는 네일 팁을 적용할 수 없다.

• 아래로 향한 네일에는 커브가 없는 일자 팁을 적용함
• 위로 솟아 오른 네일에는 옆선에 커브가 있는 네일 팁을 적용함
• 물어뜯는 네일도 상태에 따라 네일 팁 적용이 가능함

01

다음 중 수인성 감염병에 속하는 것은?

① 유행성 출혈열　　　② 성홍열
③ **세균성 이질**　　　④ 탄저병

> 수인성 감염병: 물을 매개로 감염되는 질환으로 세균성 이질, 장티푸스, 콜레라, 파라티푸스 등이 해당함

02

일반적으로 이·미용업소의 실내 쾌적 습도 범위로 가장 알맞은 것은?

① 10~20%　　　② 20~40%
③ **40~70%**　　　④ 70~90%

> 실내 쾌적 습도: 일반적으로 40~70% 범위가 적정하며, 약 60%가 가장 쾌적한 수준에 해당함

03

자력으로 의료 문제를 해결할 수 없는 생활 무능력자 및 저소득층을 대상으로 공적으로 의료를 보장하는 제도는?

① 의료보험　　　② **의료보호**
③ 실업보험　　　④ 연금보험

> 의료보호 제도: 자력으로 의료 문제를 해결할 수 없는 생활 무능력자와 저소득층을 대상으로 국가가 공적으로 의료를 보장하는 제도임

04

공중보건의 범위 중 보건관리 분야에 속하지 않는 사업은?

① 보건통계　　　② 사회보장제도
③ 보건행정　　　④ **산업보건**

> 보건관리 분야: 보건행정, 보건통계, 사회보장제도, 보건 교육, 보건영양, 정신 보건, 학교 보건, 가족 보건, 모자 보건, 노인 보건, 인구 보건 등을 포함함

05

솔라닌(Solanine)이 원인이 되는 식중독과 관계 깊은 것은?

① 버섯　　　② 복어
③ **감자**　　　④ 조개

> 솔라닌 식중독: 감자에 함유된 솔라닌이 원인으로 발생하는 중독에 해당함

06

다음 중 감염병 유행의 3대 요소는?

① **병원체, 숙주, 환경**
② 환경, 유전, 병원체
③ 숙주, 유전, 환경
④ 감수성, 환경, 병원체

> 감염병 발생의 3대 요소: 병원체, 숙주, 환경

07

인공조명을 할 때 고려사항 중 틀린 것은?

① 광색은 주광색에 가깝고, 유해가스의 발생이 없어야 한다.
② 열의 발생이 적고, 폭발이나 발화의 위험이 없어야 한다.
③ **균등한 조도를 위해 직접 조명이 되도록 해야 한다.**
④ 충분한 조도를 위해 빛이 좌상방에서 비춰야 한다.

인공조명 고려사항: 음영이나 눈부심이 발생하지 않도록 균등한 조도를 유지하기 위해 간접 조명이 적절함

08

소독제를 사용할 때 주의사항이 아닌 것은?

① 취급 방법
② 농도 표시
③ 소독제 병의 세균오염
④ **알코올 사용**

소독제 사용 시 주의사항: 취급 방법과 농도 표시, 오염 여부 등은 관리 대상이 되지만 알코올 사용 자체는 주의사항에 해당하지 않음

09

다음 중 금속 제품 기구의 소독에 가장 적합하지 않은 것은?

① 알코올　　　　② 역성비누
③ **승홍수**　　　④ 크레졸수

승홍수: 금속을 부식시키는 성질이 있어 금속 제품 기구의 소독에 적합하지 않음

10

다음 중 하수도 주위에 흔히 사용되는 소독제는?

① **생석회**
② 포르말린
③ 역성비누
④ 과망가니즈산칼륨(과망간산칼륨)

생석회: 가격이 저렴하고 넓은 장소의 소독에 적합하여 하수도와 화장실 등에 주로 사용됨

11

개달전염(介達傳染)과 무관한 것은?

① 의복　　　　② **식품**
③ 책상　　　　④ 장난감

개달전염: 개달물(환자가 사용하던 의복, 침구, 수건, 장난감 등)을 매개로 병원체가 전파되는 감염 방식에 해당함

12

소독제를 수돗물로 희석하여 사용할 경우 가장 주의해야 할 점은?

① **물의 경도**　　② 물의 온도
③ 물의 추도　　　④ 물의 탁도

소독제 희석 시 주의사항: 수돗물로 희석하여 사용할 경우 소독 효과에 영향을 미치는 물의 경도를 특히 주의해야 함

13

미생물의 발육과 그 작용을 제거하거나 정지시켜 음식물의 부패나 발효를 방지하는 것은?

① **방부**　　　　② 소독
③ 살균　　　　　④ 살충

방부: 미생물의 발육과 작용을 억제하여 음식물의 부패나 발효를 방지하는 처리 방법에 해당함

14

물의 살균에 많이 이용되고 있으며 산화력이 강한 것은?

① 포름알데하이드(Formaldehyde)
② **오존(O_3)**
③ E.O(Ethylene Oxide)가스
④ 에탄올(Ethanol)

오존: 산화력이 매우 강하고 반응성이 높아 물의 살균에 널리 이용됨

15

성장기 어린이의 대사성 질환으로 비타민 D 결핍 시 뼈 발육에 변형을 일으키는 것은?

① 석회결석
② 골막파열증
③ 괴혈증
④ **구루병**

비타민 D 결핍: 성장기 어린이에게 구루병을 유발하며, 골다공증과 골연화증의 원인이 되기도 함

16

정상 피부와 비교하여 점막으로 이루어진 피부의 특징으로 옳지 않은 것은?

① **혀와 경구개를 제외한 입안의 점막은 과립층을 가지고 있다.**
② 당김미세섬유사(Tonofilament)의 발달이 미약하다.
③ 미세융기가 잘 발달되어 있다.
④ 세포에 다량의 글리코겐이 존재한다.

점막 피부의 특징: 구강이나 눈꺼풀 뒷면의 점막에는 과립층이 존재하지 않음

17

다음 중 원발진에 해당하는 피부 변화는?

① 가피　　　　　② 미란
③ 위축　　　　　④ **구진**

• 원발진: 반점, 홍반, 팽진, 수포, 면포, 구진, 농포, 결절, 낭종, 종양
• 속발진: 인설, 위축, 태선화, 균열, 가피, 찰상, 미란, 궤양, 켈로이드, 반흔

18

다음 중 기미의 생성 유발 요인이 아닌 것은?

① 유전적 요인
② 임신
③ 갱년기 장애
④ **갑상선 기능 저하**

기미 생성 요인: 유전, 임신, 호르몬 변화 등이 영향을 미치며, 갑상선 기능 저하는 직접적인 유발 요인에 해당하지 않음

19

피부 구조에서 지방세포가 주로 위치하고 있는 곳은?

① 각질층   ② 진피
③ **피하조직**   ④ 투명층

> 피하조직: 수많은 지방세포로 구성된 피부의 가장 아래층으로 진피와 연결되어 있음

20

자외선으로부터 어느 정도 피부를 보호하며 진피조직에 투여하면 피부 주름과 처짐 현상에 가장 효과적인 것은?

① **콜라겐**   ② 엘라스틴
③ 무코다당류   ④ 멜라닌

> 콜라겐(교원섬유): 그물 형태로 배열되어 피부의 주름과 처짐을 완화하는 데 효과적인 성분임

21

공중위생관리법령상 위생교육에 대한 기준으로 (　　) 안에 적합한 것은?

> 공중위생관리법령상 위생교육을 받은 자가 위생교육을 받은 날부터 (　　) 이내에 위생교육을 받은 업종과 같은 업종의 영업을 하려는 경우에는 해당 영업에 대한 위생교육을 받은 것으로 본다.

① **2년**   ② 2년 6개월
③ 3년   ④ 3년 6개월

> 위생교육 기준: 위생교육을 받은 날부터 2년 이내에 같은 업종의 영업을 하는 경우 해당 업종에 대한 위생교육을 받은 것으로 봄

22

외인성 피부질환의 원인과 가장 거리가 먼 것은?

① **유전인자**   ② 산화
③ 피부 건조   ④ 자외선

> 외인성 피부질환 원인: 산화, 피부 건조, 자외선 등 외부 요인에 의해 발생하며, 유전인자는 내인성 원인에 해당함

23

손님에게 음란행위를 알선한 사람에 대한 관계행정기관의 장의 요청이 있는 때, 1차 위반에 대하여 행할 수 있는 행정처분으로 영업소와 업주에 대한 행정처분 기준이 바르게 짝지어진 것은?

① 영업정지 1개월 - 면허정지 1개월
② 영업정지 1개월 - 면허정지 2개월
③ 영업정지 2개월 - 면허정지 2개월
④ **영업정지 3개월 - 면허정지 3개월**

> 손님에게 성매매 알선 등 행위 또는 음란행위를 하게 하거나 이를 알선 또는 제공한 경우
>
> 〈영업소〉
> • 1차 위반: 영업정지 3개월
> • 2차 위반: 영업장 폐쇄명령
>
> 〈미용사〉
> • 1차 위반: 면허정지 3개월
> • 2차 위반: 면허취소

24

이·미용업 영업장 안의 조명도 기준은?

① 50룩스 이상   ② **75룩스 이상**
③ 100룩스 이상   ④ 125룩스 이상

> 조명도 기준: 이·미용업 영업장 안의 조명도는 75룩스 이상으로 유지해야 함

25

이 · 미용업 영업신고를 하면서 신고인이 첨부해야 하는 서류가 아닌 것은?

① 영업시설 및 설비개요서
② 위생교육 필증
③ **이 · 미용사 자격증**
④ 면허증

> 영업신고 제출서류: 영업신고서, 영업시설 및 설비개요서, 위생교육 수료증, 면허증 원본을 제출해야 하며 자격증은 해당되지 않음

26

미용사에게 금지되지 않는 업무는 무엇인가?

① **얼굴의 손질 및 화장을 행하는 업무**
② 의료 기기를 사용하는 피부 관리 업무
③ 의약품을 사용하는 눈썹 손질 업무
④ 의약품을 사용하는 제모

> 미용사의 업무 범위: 얼굴의 손질 및 화장은 가능하나, 의료 기기나 의약품을 사용하는 업무는 금지됨

27

시 · 도지사 또는 시장 · 군수 · 구청장은 공중위생관리상 필요하다고 인정하는 때에 공중위생영업자 등에 대하여 필요한 조치를 취할 수 있다. 이 조치에 해당하는 것은?

① **보고**   ② 청문
③ 감독   ④ 협의

> 보고: 시 · 도지사 또는 시장 · 군수 · 구청장은 공중위생관리상 필요하다고 인정되는 경우 공중위생영업자에 대하여 필요한 보고를 하게 할 수 있음

28

다음 중 이 · 미용업에 있어서 과태료 부과 대상이 아닌 사람은?

① 위생관리의무를 지키지 않은 자
② 영업소 외의 장소에서 이용 또는 미용 업무를 행한 자
③ **보건복지부령이 정하는 중요사항을 변경하고도 변경 신고를 하지 않은 자**
④ 관계공무원의 출입 · 검사를 거부 · 기피 · 방해한 자

> 위생관리 의무 위반, 무단 영업 장소 업무 수행, 관계공무원 출입 · 검사 방해는 과태료 대상에 해당하며, 중요사항 변경 후 미신고 행위는 6개월 이하의 징역 또는 500만 원 이하의 벌금 대상임

29

메이크업 화장품에 주로 사용되는 제조 방법은?

① 유화   ② 가용화
③ 겔화   ④ **분산**

> 분산: 물 또는 오일에 미세한 고체입자가 균일하게 혼합된 상태로 마스카라와 파운데이션 등 메이크업 화장품 제조에 주로 사용됨

30

여드름 피부에 맞는 화장품 성분으로 가장 거리가 먼 것은?

① 캠퍼(Camphor)
② 로즈마리 추출물
③ **알부틴**
④ 하마멜리스

> 알부틴: 티로시나아제 효소의 작용을 억제하여 멜라닌 생성을 감소시키는 미백 성분으로 여드름 피부 관리 성분과는 거리가 멂

31

동물성 단백질의 일종으로 피부의 탄력 유지에 매우 중요한 역할을 하며 피부의 파열을 방지하는 스프링 역할을 하는 것은?

① 아줄렌　　　　　　　② 엘라스틴
③ 콜라겐　　　　　　　④ DNA

엘라스틴(탄력섬유): 섬유아세포에서 생성되는 신축성이 강한 섬유 단백질로 피부 탄력을 유지하고 파열을 방지하는 역할을 함

32

「화장품법」상 기능성 화장품에 속하지 않는 것은?

① 미백에 도움을 주는 제품
② 여드름 치료에 도움을 주는 연고 제품
③ 주름 개선에 도움을 주는 제품
④ 자외선으로부터 피부를 보호하는 데 도움을 주는 제품

기능성 화장품 범위: 미백, 주름 개선, 자외선 차단 제품 등이 해당되며, 여드름 치료용 연고는 기능성 화장품에 포함되지 않음

33

보습제가 갖추어야 할 조건으로 틀린 것은?

① 다른 성분과 혼용성이 좋을 것
② 모공 수축을 위해 휘발성이 있을 것
③ 적절한 보습 능력이 있을 것
④ 응고점이 낮을 것

보습제의 특성: 수분을 흡착하여 피부 건조를 완화하는 성분으로 보습 유지가 중요하며, 휘발성이 없어야 함

34

식물의 꽃, 잎, 줄기, 뿌리, 씨, 과피, 수지 등에서 방향성이 높은 물질을 추출한 휘발성 오일은?

① 동물성 오일　　　　　② 에센셜 오일
③ 광물성 오일　　　　　④ 밍크 오일

에센셜 오일: 식물의 꽃, 잎, 줄기, 뿌리, 씨 등에서 추출한 방향성이 강한 휘발성 오일에 해당함

35

화장품의 피부 흡수에 관한 설명으로 옳은 것은?

① 분자량이 적을수록 피부 흡수율이 높다.
② 수분이 많을수록 피부 흡수율이 높다.
③ 동물성 오일 < 식물성 오일 < 광물성 오일 순으로 피부 흡수력이 높다.
④ 크림류 < 로션류 < 화장수류 순으로 피부 흡수력이 높다.

화장품의 피부 흡수: 분자량이 적고 유분 함량이 많을수록 흡수율이 높아 크림류, 로션류, 화장수류 순으로 흡수력이 높으며, 오일류는 동물성 오일, 식물성 오일, 광물성 오일 순으로 흡수력이 높음

36

손톱에 색소가 침착되거나 변색되는 것을 방지하고 네일 표면을 고르게 하여 네일 폴리시의 밀착성을 높이는 데 사용되는 네일미용 화장품은?

① 톱코트　　　　　　　② 베이스코트
③ 네일 폴리시리무버　　④ 큐티클 오일

베이스코트: 네일 표면을 고르게 정돈하고 색소 침착을 방지하여 네일 폴리시의 밀착성을 높이는 제품임

PART
02

37

손톱의 특성이 아닌 것은?

① 손톱은 피부의 일종이며, 머리카락과 같은 케라틴과 칼슘으로 만들어져 있다.
② 손톱의 손상으로 조갑이 탈락하고 회복되는 데는 6개월 정도 소요된다.
③ 손톱의 성장은 겨울보다 여름에 잘 자란다.
④ 엄지 손톱의 성장이 가장 느리며, 중지 손톱이 가장 빠르다.

> 손톱 성장: 소지 손톱의 성장이 가장 느리고, 중지 손톱의 성장 속도가 가장 빠름

38

네일 폴리시를 도포하는 방법으로 손톱을 가늘어 보이게 하는 기법은?

① 프리에지   ② 루눌라
③ 프렌치   ④ 프리 월

> 프리 월(슬림 라인): 프리에지 양옆의 컬러를 남기고 중앙만 컬러링하여 손톱이 가늘고 길어 보이게 하는 기법임

39

손톱이 나빠지는 후천적 요인이 아닌 것은?

① 잘못된 큐티클 푸셔와 큐티클 니퍼 사용에 의한 손상
② 손톱 강화제의 사용 빈도수
③ 과도한 스트레스
④ 잘못된 네일 파일링에 의한 손상

> 손톱의 손상 요인: 잘못된 도구 사용이나 네일 파일링, 스트레스 등은 손톱의 손상을 유발하지만 손톱 강화제는 후천적 손상을 예방하는 역할을 함

40

다음 중 하지의 신경에 속하지 않는 것은?

① 총비골신경   ② 액와신경
③ 복재신경   ④ 좌골신경

> • 하지신경: 대퇴신경, 좌골신경, 경골신경, 총비골신경(심비골신경, 천비골신경), 비복신경, 복재신경
> • 상지신경: 액와신경, 근피신경, 정중신경, 요골신경, 척골신경, 수지신경

41

네일 재료에 대한 설명으로 적합하지 않은 것은?

① 네일 폴리시 시너 - 네일 폴리시를 묽게 해주기 위해 사용한다.
② 큐티클 오일 - 글리세린을 함유하고 있다.
③ 네일 블리치 - 20볼륨 과산화수소를 함유하고 있다.
④ 네일 강화제 - 자연네일이 강한 고객에게 사용하면 효과적이다.

> 네일 강화제: 자연네일이 약한 고객에게 사용 시 효과적인 제품임

42

표피성 진균증 중 네일 몰드는 습기, 열, 공기에 의해 균이 번식되어 발생한다. 이때 몰드가 발생한 수분 함유율이 옳게 표기된 것은?

① 2~5%   ② 7~10%
③ 12~18%   ④ 23~25%

> 네일 몰드 발생 조건: 자연네일에 남은 유·수분과 열·습기에 의해 균이 번식으로 발생하며, 이때 수분 함유율은 23~25%에 해당함

43

다음 ( ) 안의 a와 b에 알맞은 단어를 바르게 짝지은 것은?

> • (a)는 네일 폴리시리무버나 아세톤을 담아 펌프식으로 편리하게 사용할 수 있다.
> • (b)는 아크릴 리퀴드를 덜어 담아 사용할 수 있는 용기이다.

① a - 다크디시, b - 작은 종지
② a - 디스펜서, b - 다크디시
③ a - 다크디시, b - 디스펜서
④ **a - 디스펜서, b - 다펜디시**

디스펜서는 네일 폴리시리무버나 아세톤을 펌프식으로 편리하게 사용하는 용기이며, 다펜디시는 아크릴 리퀴드를 덜어 사용하는 뚜껑이 있는 용기임

44

뼈의 기능이 아닌 것은?

① 지렛대 역할　　　② **흡수 기능**
③ 보호 작용　　　④ 무기질 저장

뼈의 기능: 지지, 보호, 저장, 운동, 조혈 기능을 수행하며 흡수 기능은 해당되지 않음

45

매니큐어를 가장 잘 설명한 것은?

① 네일 폴리시를 바르는 것이다.
② 손톱 형태를 다듬고 색깔을 칠하는 것이다.
③ 손 매뉴얼 테크닉과 네일 폴리시를 바르는 것이다.
④ **손톱 형태를 다듬고 큐티클 정리, 컬러링 등을 포함한 관리이다.**

매니큐어: 손톱 형태 정리, 큐티클 관리, 마사지, 컬러링 등을 포함한 종합적인 손 관리에 해당함

46

고객을 응대할 때 네일미용인의 자세로 틀린 것은?

① 고객에게 알맞은 서비스를 하여야 한다.
② 모든 고객은 공평하게 하여야 한다.
③ **진상 고객은 단념하여야 한다.**
④ 안전 규정을 준수하고 충실히 하여야 한다.

고객 응대 자세: 모든 고객에게 성실하고 공평하게 응대하며, 불만 고객(진상 고객)에게도 최선을 다하는 것이 바람직함

47

손톱의 역할 및 기능과 가장 거리가 먼 것은?

① 물건을 잡거나 성상을 구별하는 기능
② 작은 돌건을 들어 올리는 기능
③ 방어와 공격의 기능
④ **몸을 지탱해 주는 기능**

손톱의 기능: 물건 잡기와 감각 보조 역할을 하며, 신체를 지탱하는 기능은 뼈의 역할에 해당함

48

매니큐어 작업 시에 미관상 제거의 대상이 되는 손톱을 덮고 있는 각질세포는?

① **네일 큐티클(Nail Cuticle)**
② 네일 플레이트(Nail Plate)
③ 네일 프리에지(Nail Free Edge)
④ 네일 그루브(Nail Groove)

네일 큐티클: 손톱을 덮고 있는 각질세포로 매니큐어 작업 시에 미관상 제거 대상에 해당함

49

매니큐어의 유래에 관한 설명 중 틀린 것은?

① 중국은 특권층의 신분을 드러내기 위해 홍화를 손톱에 바르기 시작했다.
② **매니큐어는 고대 희랍어에서 유래된 말로 '마누'와 '큐라'의 합성어이다.**
③ 17세기경 인도의 상류층 여성들은 손톱의 뿌리 부분에 신분을 나타내는 목적으로 문신을 했다.
④ 건강을 기원하는 주술적 의미에서 손톱에 빨간색을 물들이게 되었다.

> 매니큐어의 어원: 라틴어의 마누스(손)와 큐라(관리)의 합성어임

50

골격근에 대한 설명으로 틀린 것은?

① **인체의 약 60%를 차지한다.**
② 횡문근이라고도 한다.
③ 수의근이라고도 한다.
④ 대부분이 골격에 부착되어 있다.

> 골격근: 골격에 부착되어 뼈의 움직임을 만드는 횡문근으로 자의적으로 움직이는 수의근에 해당함

51

발톱의 셰이프로 가장 적절한 것은?

① 라운드형
② 오벌형
③ **스퀘어형**
④ 아몬드형

> 발톱 형태: 발톱은 파고드는 현상을 방지하기 위해 스퀘어 형태로 다듬는 것이 가장 적절함

52

아크릴 스컬프처 작업 시 손톱에 부착하여, 길이를 연장할 때 받침대 역할을 하는 재료로 옳은 것은?

① **네일 폼**
② 리퀴드
③ 모노머
④ 아크릴 파우더

> 네일 폼: 스컬프처 작업 시 길이 연장을 위한 받침대로 사용하는 재료임

53

아크릴 네일 보수 과정 중 옳지 않은 것은?

① 심하게 들뜬 부분은 네일 파일과 큐티클 니퍼를 적절히 사용하여 세심히 잘라내고 경계가 없도록 네일 파일링한다.
② 새로 자라난 손톱 부분에 에칭을 주고 네일 프라이머를 도포한다.
③ 적절한 양의 비드로 큐티클 부분에 자연스러운 라인을 만든다.
④ **새로 비드를 얹은 부위는 네일 파일링이 필요하지 않다.**

> 아크릴 네일 보수 작업 시 새로 비드(아크릴 볼)를 얹은 부위도 자연스럽게 연결되도록 네일 파일링이 필요함

54

아크릴 네일의 설명으로 맞는 것은?

① 두꺼운 손톱 구조로만 완성되며 다양한 형태는 만들 수 없다.
② 투톤 스컬프처인 프렌치 스컬프처에 적용할 수 없다.
③ 물어뜯는 손톱에 사용하여서는 안 된다.
④ **네일 폼을 사용하여 다양한 형태로 조형이 가능하다.**

> 아크릴 네일: 다양한 형태로 조형 가능하며 프렌치 스컬프처와 물어뜯는 손톱에도 적용할 수 있음

55

네일 팁 접착 방법의 설명으로 틀린 것은?

① 네일 팁 접착 시 자연네일의 1/2 이상은 덮지 않는다.
② 올바른 각도의 네일 팁 접착으로 공기가 들어가지 않도록 유의한다.
③ **손톱과 네일 팁 전체에 네일 프라이머를 도포한 후 접착한다.**
④ 네일 팁을 접착할 때 5~10초 동안 누르면서 기다린 후 네일 팁의 양쪽 꼬리 부분을 살짝 눌러 준다.

> 네일 팁 접착 시 네일 프라이머는 자연네일에만 도포하며 네일 팁에는 도포하지 않음

56

다른 셰이프보다 강한 느낌을 주며, 대회용으로 많이 사용되는 손톱의 셰이프는?

① 오벌 셰이프
② 라운드 셰이프
③ **스퀘어 셰이프**
④ 아몬드형 셰이프

> 스퀘어 형태: 양쪽 모서리가 90°인 사각 상태로 강한 인상을 주며 대회용으로 많이 활용되는 형태임

57

페디큐어 작업 과정에서 베이스 코트를 바르기 전 발가락이 서로 닿지 않게 하기 위해 사용하는 도구는?

① 액티베이터
② 콘 커터
③ 네일 클리퍼
④ **토 세퍼레이터**

> 토 세퍼레이터: 페디큐어 작업 시 발가락 사이를 벌려 주는 도구

58

큐티클 정리 및 제거 시 필요한 도구로 알맞은 것은?

① 네일 파일, 톱코트
② 라운드 패드, 큐티클 니퍼
③ 샌딩 파일, 핑거볼
④ **큐티클 푸셔, 큐티클 니퍼**

> 큐티클 정리 도구: 큐티클 푸셔와 큐티클 니퍼를 사용함

59

습식 매니큐어 작업에 관한 설명 중 틀린 것은?

① 베이스코트를 가능한 얇게 1회 전체에 도포한다.
② 벗겨짐을 방지하기 위해 도포한 네일 폴리시를 완전히 커버하여 톱코트를 도포한다.
③ 프리에지 부분까지 깔끔하게 도포한다.
④ **손톱의 길이 정리 시에는 네일 클리퍼를 사용할 수 없다.**

> 손톱 길이 정리는 네일 클리퍼를 사용할 수 있음

60

UV 젤 네일 작업 시 리프팅이 일어나는 이유로 적절하지 않은 것은?

① 네일의 유·수분기를 제거하지 않고 작업했다.
② 젤을 프리에지까지 도포하지 않았다.
③ **젤을 큐티클 라인에 닿지 않게 작업했다.**
④ 큐어링 시간을 잘 지키지 않았다.

> 젤이 큐티클 라인에 닿지 않게 작업한 것은 리프팅 발생 원인이 아님

2015년 제4회 공개기출문제

01

결핵 예방접종으로 사용하는 것은?

① DPT ② MMR
③ PPD ④ **BCG**

> 결핵 예방접종: 생후 4주 이내에 BCG 접종을 실시함

02

장티푸스, 결핵, 파상풍 등의 예방접종으로 얻어지는 면역은?

① **인공 능동면역** ② 인공 수동면역
③ 자연 능동면역 ④ 자연 수동면역

> 인공 능동면역: 예방접종을 통해 인체 내 항체 형성이 이루어지는 면역임

03

한 나라의 건강수준을 다른 국가들과 비교할 수 있는 지표로 세계보건기구가 제시한 것은?

① 인구증가율, 평균수명, 비례사망지수
② **비례사망지수, 조사망률, 평균수명**
③ 평균수명, 조사망률, 국민소득
④ 의료시설, 평균수명, 주거상태

> 세계보건기구(WHO) 건강수준지표: 비례사망지수, 조사망률, 평균수명

04

질병 발생의 3대 요소는?

① 숙주, 환경, 병명 ② **병인, 숙주, 환경**
③ 숙주, 체력, 환경 ④ 감정, 체력, 숙주

> 감염병 발생의 3대 요소: 병원체(병인), 숙주, 환경

05

상수(上水)에서 대장균 검출의 주된 의의는?

① 소독 상태가 불량하다.
② 환경위생 상태가 불량하다.
③ **오염의 지표가 된다.**
④ 전염병 발생의 우려가 있다.

> 대장균 검출 의의: 상수 수질오염을 판단하는 대표적인 생물학적 지표임

06

세계보건기구에서 정의하는 보건행정의 범위에 속하지 않는 것은?

① **산업행정** ② 모자 보건
③ 환경위생 ④ 감염병 관리

> 보건행정의 범위: 보건 관계 기록의 보존, 환경위생, 감염병 관리, 모자 보건, 보건 간호, 의료 제공, 보건 교육

07

폐흡충 감염이 발생할 수 있는 경우는?

① 가재를 생식했을 때
② 우렁이를 생식했을 때
③ 은어를 생식했을 때
④ 소고기를 생식했을 때

> 폐흡충 감염: 가재나 게를 생식할 경우 경구 감염으로 발생함

08

미생물의 종류에 해당하지 않는 것은?

① 벼룩   ② 효모
③ 곰팡이   ④ 세균

> 미생물: 유산균, 효모, 바이러스, 리케차, 세균, 진균, 원충 등이며 벼룩은 곤충임

09

재질에 관계없이 빗이나 브러시 등의 소독 방법으로 가장 적합한 것은?

① 70% 알코올 탈지면으로 닦는다.
② 고압증기 멸균기에 넣어 소독한다.
③ 락스액에 담근 후 씻어낸다.
④ 세제를 풀어 세척한 후 자외선 소독기에 넣는다.

> 빗이나 브러시와 같은 플라스틱 제품은 세척 후 자외선 소독기에 보관하는 방법이 가장 적합함

10

소독제의 구비조건에 해당하지 않는 것은?

① 높은 살균력을 가질 것
② 인체에 해가 없을 것
③ 저렴하고 구입과 사용이 간편할 것
④ 용해성이 낮을 것

> 소독제 조건: 살균력이 강하고 인체에 무해하며 용해성이 높아야 함

11

물리적 소독법에 속하지 않는 것은?

① 건열 멸균법
② 고압증기 멸균법
③ 크레졸 소독법
④ 자비 소독법

> 크레졸은 약제를 사용하는 소독법으로 화학적 소독법에 해당함

12

소독제인 석탄산의 단점이라 할 수 없는 것은?

① 유기물과 접촉 시 소독력이 약화된다.
② 피부에 자극성이 있다.
③ 금속에 부식성이 있다.
④ 독성과 취기가 강하다.

> 석탄산은 유기물과 접촉해도 소독력이 약화되지 않는 것이 특징인 소독제임

13

계면활성제 중 가장 살균력이 강한 것은?

① 음이온성   ② 양이온성
③ 비이온성   ④ 양쪽이온성

> 계면활성제의 살균력 세기: 양이온성 > 음이온성 > 양쪽성 > 비이온성

14

미생물의 증식을 억제하는 영양 고갈과 건조 등 불리한 환경 속에서 생존하기 위하여 세균이 형성하는 것은?

① 아포   ② 협막
③ 세포벽   ④ 점질층

> 아포: 영양 고갈, 건조, 열 등 불리한 환경에서 생존하기 위해 세균이 형성하는 포자임

15

건강한 피부를 유지하기 위한 방법이 아닌 것은?

① 적당한 수분을 항상 유지해 주어야 한다.
② 두꺼운 각질층은 제거해 주어야 한다.
③ 일광욕을 많이 해야 건강한 피부가 된다.
④ 충분한 수면과 영양을 공급해 주어야 한다.

> 과도한 일광욕은 광노화를 유발하여 피부 손상과 색소 침착을 초래하므로 건강한 피부 유지 방법이 아님

16

자외선 차단지수의 설명으로 옳지 않은 것은?

① SPF라 한다.
② SPF 1이란 대략 1시간을 의미한다.
③ 자외선의 강약에 따라 차단제의 효과 시간이 변한다.
④ 색소 침착 부위에는 가능하면 1년 내내 차단제를 사용하는 것이 좋다.

> SPF 1은 자외선 B에 노출 시 피부 자극 없이 견딜 수 있는 시간인 약 15분을 의미함

17

사람의 피부 표면은 주로 어떤 형태인가?

① 삼각 또는 마름모꼴의 다각형
② 삼각 또는 사각형
③ 삼각 또는 오각형
④ 사각 또는 오각형

> 피부 표면 구조: 삼각 또는 마름모꼴의 다각형 형태로 이루어져 있음

18

다음 중 영양소와 그 최종 분해 산물의 연결이 옳은 것은?

① 탄수화물 - 지방산
② 단백질 - 아미노산
③ 지방 - 포도당
④ 비타민 - 미네랄

> 단백질의 최종 분해 산물인 최소 단위는 아미노산임

19

기계적 손상에 의한 피부질환이 아닌 것은?

① 굳은살   ② 티눈
③ 종양   ④ 욕창

> 종양은 세포 증식에 의해 형성되는 것으로 외력이 가해져서 생기는 기계적 손상이 아님

20

표피와 진피의 경계선의 형태는?

① 직선   ② 사선
③ 물결상   ④ 점선

> 표피와 진피의 경계는 물결상의 형태를 이룸

21

공중위생영업자가 영업소 폐쇄명령을 받고도 계속하여 영업을 하는 때에 대한 조치사항으로 옳은 것은?

① 해당 영업소가 위법한 영업소임을 알리는 게시물 등의 부착
② 해당 영업소의 출입자 통제
③ 해당 영업소의 출입금지구역 설정
④ 해당 영업소의 강제 폐쇄 집행

> 영업소 폐쇄명령 위반, 무신고 영업 시 조치사항
> • 해당 영업소 간판 및 기타 영업표지물을 제거
> • 해당 영업소가 위법한 영업소임을 알리는 게시물을 부착
> • 영업을 위하여 필요한 기구 또는 시설물을 사용할 수 없게 하는 봉인

22

공중위생관리법상 이·미용업 영업장 안의 조명도는 얼마 이상이어야 하는가?

① 50룩스   ② 75룩스
③ 100룩스   ④ 125룩스

> 이·미용업 영업장 조명도: 75룩스 이상 유지해야 함

23

백반증에 관한 내용 중 틀린 것은?

① 멜라닌세포의 과다한 증식으로 일어난다.
② 백색 반점이 피부에 나타난다.
③ 후천적 탈색소 질환이다.
④ 원형, 타원형 또는 부정형의 흰색 반점이 나타난다.

> 백반증: 멜라닌세포 결핍으로 발생하는 후천적 탈색소 질환임

24

이·미용업 영업신고를 하지 않고 영업을 한 자에 해당하는 벌칙기준은?

① 6월 이하의 징역 또는 100만 원 이하의 벌금
② 6월 이하의 징역 또는 300만 원 이하의 벌금
③ 1년 이하의 징역 또는 500만 원 이하의 벌금
④ 1년 이하의 징역 또는 1천만 원 이하의 벌금

> 1년 이하의 징역 또는 1천만 원 이하의 벌금
> • 영업신고를 하지 않고 영업소를 개설한 자
> • 영업소 폐쇄명령을 받고도 계속하여 영업한 자
> • 영업정지 또는 일부 시설의 사용중지명령을 받고도 그 기간 중에 영업을 하거나 그 시설을 사용한 자

25

다음 중 이·미용사 면허를 발급할 수 있는 사람만으로 짝지어진 것은?

㉠ 특별·광역시장	㉡ 도지사
㉢ 시장	㉣ 구청장
㉤ 군수	

① ㉠, ㉡
② ㉠, ㉡, ㉢
③ ㉠, ㉡, ㉢, ㉣
④ ㉢, ㉣, ㉤

이·미용사 면허 발급권자: 시장·군수·구청장

26

「공중위생관리법」상 위생교육에 관한 설명으로 틀린 것은?

① 위생교육은 교육부장관이 허가한 단체가 실시할 수 있다.
② 공중위생영업의 신고를 하고자 하는 자는 원칙적으로 미리 위생교육을 받아야 한다.
③ 공중위생영업자는 매년 위생교육을 받아야 한다.
④ 위생교육을 받아야 하는 자 중 영업에 직접 종사하지 아니하거나 2 이상의 장소에서 영업을 하는 자는 종업원 중 영업장별로 공중위생에 관한 책임자를 지정하고 그 책임자로 하여금 위생교육을 받게 하여야 한다.

위생교육 실시 기관: 보건복지부장관이 허가한 단체가 실시함

27

이·미용업자는 신고한 영업장 면적을 얼마 이상 증감하였을 때 변경신고를 하여야 하는가?

① 5분의 1
② 4분의 1
③ 3분의 1
④ 6분의 1

영업장 면적 변경신고 기준: 신고 면적의 3분의 1 이상 증감 시 변경신고 대상임

28

보건복지부장관 또는 시장·군수·구청장은 위반의 내용·정도가 경미하다고 인정되는 경우 과태료의 금액을 어느 범위에서 경감할 수 있는가?

① 과태료 금액의 4분의 1 범위
② 과태료 금액의 3분의 1 범위
③ 과태료 금액의 2분의 1 범위
④ 과태료의 금액은 경감할 수 없음

과태료 경감 범위: 위반 내용이 경미한 경우 과태료 금액의 2분의 1 범위에서 경감 가능함

29

라벤더 에센셜 오일의 효능에 대한 설명으로 가장 거리가 먼 것은?

① 상처 재생 작용
② 화상 치유 작용
③ 근육 이완 작용
④ 모유 생성 작용

라벤더 오일 효능: 심리 안정, 근육 이완, 상처 및 화상 치유 작용에 효과적임

30

일반적으로 많이 사용하고 있는 화장수의 알코올 함유량은?

① 70% 전후
② 10% 전후
③ 30% 전후
④ 50% 전후

화장수 알코올 함유량: 피부 자극을 고려하여 일반적으로 10% 전후 사용함

31

AHA에 대한 설명으로 옳은 것은?

① 물리적으로 각질을 제거하는 기능을 한다.
② 글리콜산은 사탕수수에 함유된 것으로 침투력이 좋다.
③ pH 3.5 이상에서 15% 농도가 각질 제거에 가장 효과적이다.
④ AHA보다 안전성은 떨어지나 효과가 좋은 BHA가 많이 사용된다.

AHA: 화학적 각질 제거 성분으로 pH 3~4에서 5~10% 농도가 가장 효과적이며 BHA보다 널리 사용됨

32

화장품의 분류에 관한 설명 중 틀린 것은?

① 샴푸, 헤어 린스는 모발용 화장품에 속한다.
② 팩, 마사지 크림은 스페셜 화장품에 속한다.
③ 퍼퓸 오데코롱은 방향 화장품에 속한다.
④ 자외선 차단제와 태닝 제품은 기능성 화장품에 속한다.

팩과 마사지 크림은 기초 화장품에 해당함

33

피부의 미백을 돕는 데 사용되는 화장품 성분이 아닌 것은?

① 플라센타, 비타민 C
② 레몬추출물, 감초추출물
③ 코직산, 구연산
④ 캠퍼, 카모마일

캠퍼와 카모마일은 여드름 피부에 효과적인 성분으로 미백 성분이 아님

34

손을 대상으로 하는 제품 중 알코올(에탄올)을 주 베이스로 하며, 청결 및 소독을 주된 목적으로 하는 제품은?

① 핸드워시(Hand Wash)
② 세니타이저(Sanitizer)
③ 비누(Soap)
④ 핸드크림(Hand Cream)

세니타이저: 알코올을 주성분으로 손의 청결과 소독을 목적으로 사용하는 제품임

35

SPF에 더한 설명으로 틀린 것은?

① Sun Protection Factor의 약자로서 자외선 차단지수라 불린다.
② 엄밀히 말하면 UV - B 방어 효과를 나타내는 지수라고 볼 수 있다.
③ 오존층으로부터 자외선이 차단되는 정도를 알아보기 위한 목적으로 이용된다.
④ 자외선 차단제를 바른 피부에 최소한의 홍반을 일어나게 하는 데 필요한 자외선 양을 바르지 않은 피부에 최소한의 홍반을 일어나게 하는 데 필요한 자외선 양으로 나눈 값이다.

SPF는 자외선 B 차단 효과를 나타내는 지수로 오존층 차단 정도를 의미 하지 않음

36

다음 중 네일 팁의 재질이 아닌 것은?

① 아세테이트   ② 플라스틱
③ 아크릴   ④ 나일론

네일 팁 재질: 플라스틱, 나일론, 아세테이트가 사용됨

37

건강한 네일의 조건에 대한 설명으로 틀린 것은?

① 건강한 네일은 유연하고 탄력성이 좋아서 튼튼하다.
② 건강한 네일은 네일 베드에 단단히 잘 부착되어야 한다.
③ 건강한 네일은 연한 핑크빛을 띠며 내구력이 좋아야 한다.
④ **건강한 네일은 25~30%의 수분과 10%의 유분을 함유해야 한다.**

> 건강한 네일의 수분 함유율은 12~18%, 유분 함유율은 0.15~0.75%가 적절함

38

네일 역사의 대한 설명으로 잘못 연결된 것은?

① 1930년대 - 인조네일 개발
② 1950년대 - 페디큐어 등장
③ **1970년대 - 포인트(아몬드)형 네일 유행**
④ 1990년대 - 네일 시장의 급성장

> 포인트(아몬드)형 네일: 1800년대에 유행함

39

네일의 구조에서 모세혈관, 림프 및 신경조직이 있는 부분은?

① **매트릭스**　　　　② 에포니키움
③ 큐티클　　　　　　④ 네일 보디

> 매트릭스: 네일을 만드는 세포를 생성하며 모세혈관과 신경조직이 분포된 손톱 성장 부위임

40

손과 발의 뼈 구조에 대한 설명으로 틀린 것은?

① 한 손은 손목뼈 8개, 손바닥뼈 5개, 손가락뼈 14개로 총 27개의 뼈로 구성되어 있다.
② 한 발은 발목뼈 7개, 발바닥뼈 5개, 발가락뼈 14개로 총 26개의 뼈로 구성되어 있다.
③ 손목뼈는 손목을 구성하는 뼈로, 8개의 작고 다른 뼈들이 두 줄로 손목에 위치하고 있다.
④ **발목뼈는 몸의 무게를 지탱하는 5개의 길고 가는 뼈로 체중을 지탱하기 위해 튼튼하고 길다.**

> 발목뼈는 발목을 구성하는 7개의 뼈로 체중을 지탱하는 역할을 함

41

손목을 굽히고, 손가락을 구부리는 데 작용하는 근육은?

① 회내근　　　　　② 회외근
③ 장근　　　　　　④ **굴근**

> 굴근은 굽힘근으로 손목과 손가락을 굽히는 굴곡 작용을 담당하는 근육임

42

네일숍에서 관리가 불가능한 손톱 병변에 해당하는 것은?

① **조갑박리증(오니코리시스)**
② 조갑위축증(오니카트로피아)
③ 조갑비대증(오니콕시스)
④ 조갑익상편(테리지움)

> 조갑박리증(오니코리시스): 네일이 네일 베드에서 분리되는 증상으로 네일숍 관리가 불가능한 병변임

43

자율신경에 대한 설명으로 틀린 것은?

① 복재신경 - 종아리 뒤 바깥쪽을 내려와 발뒤꿈치의 바깥쪽 뒤에 분포
② 비복신경 - 종아리 뒤쪽으로 연결되는 장딴지에 분포
③ 요골신경 - 손등의 외측과 요골에 분포
④ 수지신경 - 손가락에 분포

복재신경: 정강이 안쪽과 발등 안쪽 피부에 분포함

44

'마누스(Manus)'와 '큐라(Cura)'라는 말에서 유래된 용어는?

① 네일 팁(Nail Tip)
② 매니큐어(Manicure)
③ 페디큐어(Pedicure)
④ 아크릴(Acrylic)

매니큐어의 어원: 라틴어 마누스(Manus)와 큐라(Cura)의 합성어임

45

다음 중 조갑종렬증(오니코렉시스)에 관한 설명으로 옳은 것은?

① 손톱의 색이 푸르스름하게 변하는 증상이다.
② 멜라닌색소가 착색되어 일어나는 증상이다.
③ 손톱이 갈라지거나 부서지는 증상이다.
④ 큐티클이 과잉 성장하여 네일 플레이트 위로 자라는 증상이다.

조갑종렬증(오니코렉시스): 네일이 세로로 골이 파져 갈라지거나 부서지는 증상임

46

다음 중 고객관리카드의 작성 시 기록해야 할 내용과 가장 거리가 먼 것은?

① 손발의 질병 및 이상 증상
② 작업 시 주의사항
③ 고객이 원하는 서비스의 종류 및 작업 내용
④ 고객의 학력 여부 및 가족사항

고객의 학력 및 가족사항은 고객관리카드 기록 대상에 해당하지 않음

47

큐티클에 대한 설명으로 옳은 것은?

① 살아 있는 각질세포이다.
② 완전히 제거가 가능하다.
③ 네일 베드에서 자라 나온다.
④ 손톱 주위를 덮고 있다.

큐티클: 에포니키움이 각질화되어 형성된 죽은 각질세포로 출혈이 발생할 수 있으므로 완전히 제거해서는 안 됨

48

손톱의 구조에 대한 설명으로 가장 거리가 먼 것은?

① 네일 플레이트(조판)는 단단한 각질 구조물로 신경과 혈관이 없다.
② 네일 루트(조근)는 손톱이 자라나기 시작하는 곳이다.
③ 프리에지(자유연)는 손톱의 끝부분으로 네일 베드와 분리되어 있다.
④ 네일 베드(조상)는 네일 플레이트(조판) 위에 위치하며 손톱의 신진대사를 돕는다.

네일 베드는 네일 보디(네일 플레이트) 아래에 위치하며 손톱의 신진대사를 돕는 부분임

49

다음 중 손톱 밑의 구조에 포함되지 않는 것은?

① 조반월(루눌라)　　② 조모(매트릭스)
③ **조근(네일 루트)**　④ 조상(네일 베드)

손톱 밑 피부조직: 매트릭스, 루눌라, 네일 베드, 옐로 라인, 스트레스 포인트가 해당하며 네일 루트는 손톱 자체 구조임

50

에포니키움과 관련된 설명으로 틀린 것은?

① 매트릭스를 보호한다.
② **에포니키움 위에는 큐티클이 존재한다.**
③ 에포니키움 아래편은 끈적한 형질로 되어있다.
④ 에포니키움의 부상은 영구적인 손상을 초래한다.

에포니키움: 매트릭스를 보호하는 피부조직으로 그 위에 큐티클이 형성됨

51

페디큐어 작업 순서로 가장 적합한 것은?

① **소독하기 – 네일 폴리시 지우기 – 발톱 형태 만들기 – 큐티클 오일 바르기 – 큐티클 정리하기**
② 네일 폴리시 지우기 – 소독하기 – 발톱 표면 정리하기 – 큐티클 오일 바르기 – 큐티클 정리하기
③ 소독하기 – 발톱 표면 정리하기 – 네일 폴리시 지우기 – 발톱 형태 만들기 – 큐티클 정리하기
④ 네일 폴리시 지우기 – 소독하기 – 발톱 형태 만들기 – 큐티클 오일 바르기 – 큐티클 정리하기

페디큐어의 작업 순서: 소독하기 – 네일 폴리시 지우기 – 발톱 형태 만들기 – 큐티클 오일 바르기 – 큐티클 정리하기

52

팁 위드 랩 작업 시 사용하지 않는 재료는?

① 글루 드라이어　　② 실크
③ 젤 글루　　　　　④ **아크릴 파우더**

팁 위드 랩 주요 재료
네일 팁, 네일 접착제(스틱 글루, 젤 글루 등), 경화 촉진제(글루 드라이어), 네일 랩(실크, 리넨 등), 필러 파우더 등이며 아크릴 파우더는 사용하지 않음

53

컬러링의 설명으로 틀린 것은?

① 베이스코트는 네일 폴리시의 착색을 방지한다.
② **네일 폴리시 브러시의 각도는 90°로 잡는 것이 가장 적합하다.**
③ 네일 폴리시는 얇게 바르는 것이 빨리 건조되고 색상도 오래 유지된다.
④ 톱코트는 네일 폴리시의 광택을 더해 주고 지속력을 높인다.

네일 폴리시 브러시 각도: 약 45°

54

네일 종이 폼의 적용 설명으로 틀린 것은?

① 다양한 스컬프처 네일 작업 시에 사용한다.
② 자연스런 네일의 연장을 만들 수 있다.
③ **디자인 UV 젤 팁 오버레이 시에 사용한다.**
④ 일회용이며 프렌치 스컬프처에 적용한다.

네일 폼은 스컬프처 작업에 사용하며 팁 오버레이에는 네일 팁을 사용함

55

큐티클 푸셔로 큐티클을 밀어 올릴 때 가장 적합한 각도는?

① 15°
② 30°
③ 45°
④ 60

> 큐티클 푸셔 각도: 약 45°

56

프렌치 컬러링에 대한 설명으로 옳은 것은?

① 옐로 라인에 맞추어 완만한 U자 형태로 컬러링한다.
② 프리에지의 컬러링의 너비는 규격화되어 있다.
③ 프리에지의 컬러링 색상은 흰색으로 규정되어 있다.
④ 프리에지 부분만을 제외하고 컬러링한다.

> 프렌치 컬러링: 옐로 라인에 맞추어 완만한 U자 형태로 프리에지 부분만 컬러링하는 기법이며, 컬러링의 너비는 손톱 형태에 따라 조절하고 색상도 흰색으로만 제한되지 않음

57

아크릴 작업에서 핀칭(Pinching)을 하는 주된 이유는?

① 리프팅(Lifting) 방지에 도움이 된다.
② C 커브에 도움이 된다.
③ 하이 포인트 형성에 도움이 된다.
④ 에칭(Etching)에 도움이 된다.

> 아크릴 네일 작업에서 핀칭(Pinching)을 하는 이유는 이상적인 C 커브형성이 목적임

58

아크릴 네일의 제거 방법으로 가장 적합한 것은?

① 드릴머신으로 갈아 준다.
② 탈지면에 아세톤을 적셔 포일로 감싸 30분 정도 불린 후 오렌지 우드스틱으로 밀어서 떼어 준다.
③ 100그릿의 네일 파일로 네일 파일링하여 제거한다.
④ 탈지면에 알코올을 적셔 포일로 감싸 30분 정도 불린 후 오렌지 우드스틱으로 떼어 준다.

> 아크릴 네일은 아세톤으로 용해되기 때문에 포일로 감싸 불린 후 제거하는 것이 가장 적절함

59

UV 젤의 특징이 아닌 것은?

① 올리고머 형태의 분자 구조를 가지고 있다.
② 톱 젤의 광택은 인조네일 중 가장 좋다.
③ 젤은 농도에 따라 묽기가 약간씩 다르다.
④ UV 젤은 상온에서 경화가 가능하다.

> UV 젤은 UV(자외선) 젤 램프 기기에서만 경화됨

60

페디큐어 작업 시 굳은살을 제거하는 도구의 명칭은?

① 큐티클 푸셔
② 토 세퍼레이터
③ 콘 커터
④ 네일 클리퍼

> 콘 커터: 페디큐어 작업 시 면도날을 장착하여 발의 굳은살을 제거하는 도구

2015년 제5회 공개기출문제

01

영양소의 3대 작용으로 틀린 것은?

① 신체의 생리 기능 조절
② **에너지 열량 감소**
③ 신체의 조직 구성
④ 열량 공급 작용

> 영양소의 3대 작용: 열량 공급, 신체 조직 구성, 생리적 기능 조절

02

다음 중 식물에게 가장 피해를 많이 줄 수 있는 기체는?

① 일산화탄소   ② 이산화탄소
③ 탄화수소   ④ **이산화황**

> 이산화황(아황산가스): 인체에 강한 자극을 주고 식물을 고사시키는 유독가스

03

(   ) 안에 들어갈 알맞은 것은?

> (   )(이)란 감염병 유행지역의 입국자에 대하여 감염병 감염이 의심되는 사람의 강제격리로서 '건강격리'라고도 한다.

① **검역**   ② 감금
③ 감시   ④ 전파 예방

> 검역: 감염병 유행지역의 입국자에 대하여 감염병 감염이 의심되는 사람을 강제 격리시키는 것으로 '건강격리'라고도 함

04

다음 감염병 중 호흡기계 감염병에 속하는 것은?

① 발진티푸스   ② 파라티푸스
③ **디프테리아**   ④ 황열

> 디프테리아: 공기를 통한 비말 감염으로 전파되는 호흡기계 감염병

05

사회보장의 종류에 따른 내용의 연결이 옳은 것은?

① 사회보험 – 기초생활보장, 의료보장
② **사회보험 – 소득보장, 의료보장**
③ 공적부조 – 기초생활보장, 보건의료서비스
④ 공적부조 – 의료보장, 사회복지서비스

> • 사회보험: 소득보장, 의료보장
> • 공공부조: 기초생활보장, 의료 급여

06

소독약의 살균력 지표로 가장 많이 이용되는 것은?

① 알코올   ② 크레졸
③ **석탄산**   ④ 포름알데하이드

> 석탄산: 소독약의 살균력을 비교하는 기준으로 가장 많이 사용되는 살균력지표임

07

감염병을 옮기는 질병과 그 매개곤충을 연결한 것으로 옳은 것은?

① 말라리아 – 진드기
② 발진티푸스 – 모기
③ **쯔쯔가무시증 – 진드기**
④ 일본뇌염 – 체체파리

- 말라리아 – 모기
- 발진티푸스 – 이
- 일본뇌염 – 모기

08

이·미용업소에서 공기 중 비말 감염으로 가장 쉽게 옮겨질 수 있는 감염병은?

① **인플루엔자**　　　② 대장균
③ 뇌염　　　　　　　④ 장티푸스

인플루엔자: 말이나 기침 등 오염된 공기로 전파되는 비말 감염병

09

일명 도시형, 인구 유입형이라고도 하며 생산층 인구가 전체 인구의 50% 이상이 되는 인구 구성 유형은?

① **별형**　　　　　　② 항아리형
③ 농촌형　　　　　　④ 종형

- 항아리형: 인구 감소형, 14세 이하 인구가 65세 이상 인구의 2배가 되지 않음
- 농촌형: 인구 유출형, 생산층 인구가 전체 인구의 50% 미만
- 종형: 인구 정지형, 14세 이하 인구가 65세 이상 인구의 2배 정도

10

소독제의 구비조건과 가장 거리가 먼 것은?

① 높은 살균력을 가질 것
② 인축에 해가 없을 것
③ 저렴하고 구입과 사용이 간편할 것
④ **냄새가 강할 것**

소독제는 안정성과 용해성이 높고 냄새가 없어야 함

11

다음 소독 방법 중 완전 멸균으로 가장 빠르고 효과적인 방법은?

① 유통증기 멸균법　　② 간헐 멸균법
③ **고압증기 멸균법**　　④ 건열 멸균법

- 고압증기 멸균법: 짧은 시간에 완전 멸균이 가능한 가장 빠르고 효과적인 방법
- 유통증기 멸균법은 30~60분 가열, 간헐 멸균법은 30~60분씩 24시간가다 3회 반복, 건열 멸균법은 1~2시간 가열 후 냉각

12

인체에 질병을 일으키는 병원체 중 대체로 살아 있는 세포에서만 증식하고 크기가 가장 작아 전자현미경으로만 관찰할 수 있는 것은?

① 구균　　　　　　　② 간균
③ **바이러스**　　　　④ 원생동물

바이러스: 살아 있는 세포에서만 증식하며 크기가 가장 작아 전자현미경으로만 관찰됨

13

다음 중 아포(포자)까지도 사멸시킬 수 있는 멸균 방법은?

① 자외선 조사법
② **고압증기 멸균법**
③ PO(Propylene Oxide)가스 멸균법
④ 자비 소독법

고압증기 멸균법: 아포(포자)까지 사멸시킬 수 있는 완전 멸균 방법

14

이 · 미용업소의 쓰레기통, 하수도 소독으로 효과적인 것은?

① 과산화수소   ② 승홍수
③ **생석회**   ④ 역성비누액

- 생석회: 쓰레기통과 하수도, 화장실, 분변 소독에 효과적임
- 과산화수소는 구강 · 피부 상처, 승홍수는 피부 · 아포, 역성비누액은 손 · 기구 소독에 사용됨

15

여드름을 유발하는 호르몬은?

① 인슐린(Insulin)
② **안드로겐(Androgen)**
③ 에스트로겐(Estrogen)
④ 티록신(Thyroxine)

안드로겐(남성호르몬): 테스토스테론과 함께 여드름을 유발함

16

멜라닌세포가 주로 위치하는 곳은?

① 각질층   ② **기저층**
③ 유극층   ④ 망상층

멜라닌세포: 표피의 기저층에 주로 분포하여 피부 색상을 결정함

17

사춘기 이후 성호르몬의 영향을 받아 분비되기 시작하는 땀샘으로 체취선이라고 하는 것은?

① 소한선   ② **대한선**
③ 갑상선   ④ 피지선

대한선(아포크린 한선): 사춘기 이후에 주로 분비되며 세균 작용으로 체취를 발생시키는 땀샘

18

피지, 각질세포, 박테리아가 서로 엉겨서 모공이 막힌 상태를 무엇이라 하는가?

① 구진   ② **면포**
③ 반점   ④ 결절

- 면포: 피지 · 각질세포 · 박테리아가 엉겨 모공이 막힌 상태
- 구진은 붉은 융기, 반점은 색조 변화, 결절은 진피까지 염증이 침범한 상태임

19

노화 피부에 대한 전형적인 증세는?

① 피지가 과다 분비되어 번들거린다.
② 항상 촉촉하고 매끈하다.
③ 수분이 80% 이상이다.
④ **유분과 수분이 부족하다.**

> 노화 피부는 유분과 수분이 부족한 상태가 됨

20

다음 중 뼈와 치아의 주성분이며, 결핍되면 혈액의 응고 현상이 나타나는 영양소는?

① 인(P)
② 요오드(I)
③ **칼슘(Ca)**
④ 철분(Fe)

> 칼슘(Ca): 뼈와 치아 형성에 관여, 신경 전달과 근육 수축·이완 기능을 하며 혈액 응고 과정에도 필수적인 영양소

21

보건복지부장관 또는 시장·군수·구청장이 과태료의 금액을 줄여줄 수 있는 경우에 해당하지 않는 것은?

① 위반행위가 사소한 부주의로 인정되는 경우
② 위반의 내용·정도가 경미하다고 인정되는 경우
③ **개인적인 사정으로 과태료를 체납하고 있는 경우**
④ 위반행위자가 법 위반상태를 시정하거나 해소하기 위해 노력

> 개인적인 사정으로 과태료를 체납한 경우는 법적 경감 사유에 해당하지 않음

22

일광화상의 주된 원인이 되는 자외선은?

① UV − A
② **UV − B**
③ UV − C
④ 가시광선

> 자외선 B(UV·B): 진피의 상부에 도달하며 일광화상, 피부 홍반, 수포를 유발

23

면허의 정지명령을 받은 자가 반납한 면허증은 정지 기간 동안 누가 보관하는가?

① 관할 시·도지사
② **관할 시장·군수·구청장**
③ 보건복지부장관
④ 관할 경찰서장

> 면허 정지 및 취소 처분: 관할 시장·군수·구청장이 면허 행정을 집행하며 정지 기간 동안 면허증을 보관함

24

이·미용업 영업신고 신청 시 필요한 구비서류에 해당하는 것은?

① 이·미용사 자격증 원본
② **면허증 원본**
③ 호적등본 및 주민등록등본
④ 건축물 대장

> • 영업신고 구비서류: 영업신고서와 영업시설·설비개요서, 위생교육 수료증, 면허증 원본을 제출해야 함
> • 자격증, 주민등록등본, 건축물 관련 서류는 해당되지 않음

25

다음 중 청문의 대상이 아닌 때는?

① 면허취소 처분을 하고자 하는 때
② 면허정지 처분을 하고자 하는 때
③ 영업소 폐쇄명령의 처분을 하고자 하는 때
④ **벌금으로 처벌하고자 하는 때**

청문 실시: 이·미용사 면허정지 및 면허취소, 영업소 영업정지·사용중지·폐쇄명령에 해당함

26

신고를 하지 아니하고 영업소의 소재지를 변경한 때에 대한 1차 위반 시 행정처분 기준은?

① **영업정지 1개월**
② 영업정지 6개월
③ 영업정지 3개월
④ 영업정지 2개월

신고를 하지 않고 영업소의 소재지를 변경한 경우
• 1차 위반: 영업정지 1개월
• 2차 위반: 영업정지 2개월
• 3차 위반: 영업장 폐쇄명령

27

공중위생업자가 매년 받아야 하는 위생교육 시간은?

① 5시간　　　　② 4시간
③ **3시간**　　　　④ 2시간

위생교육 이수 기준: 공중위생업자는 매년 3시간의 위생교육을 받아야 함

28

공중위생관리법상 이·미용기구의 소독기준 및 방법으로 틀린 것은?

① **건열 멸균 소독: 섭씨 100℃ 이상의 건조한 열에 10분 이상 쐬어 준다.**
② 증기 소독: 섭씨 100℃ 이상의 습한 열에 20분 이상 쐬어 준다.
③ 열탕 소독: 섭씨 100℃ 이상의 물 속에서 10분 이상 끓여 준다.
④ 석탄산수 소독: 석탄산수(석탄산 3%, 물 97%의 수용액)에 10분 이상 담가 둔다.

건열 멸균 소독: 섭씨 100℃ 이상의 건조한 열에 20분 이상 쐬어 줌

29

화장품 성분 중 기초 화장품이나 메이크업 화장품에 널리 사용되는 고형의 유성 성분으로 화학적으로는 고급지방산에 고급알코올이 결합된 에스테르이며, 화장품의 굳기를 증가시켜 주는 원료에 속하는 것은?

① **왁스(Wax)**
② 폴리에틸렌글리콜(Polyethylene Glycol)
③ 피자마유(Caster Oil)
④ 바셀린(Vaseline)

왁스: 고급지방산과 고급알코올이 결합된 에스테르로 화장품의 굳기 조절과 광택 부여에 사용됨

30

다음 중 미백 기능과 가장 거리가 먼 것은?

① 비타민 C　　　　② 코직산
③ **캠퍼**　　　　④ 감초

캠퍼: 수렴 작용과 피지 조절, 항염 및 여드름 억제에 작용하는 성분으로 미백 기능과는 관련이 적음

31

린스의 기능으로 틀린 것은?

① 정전기를 방지한다.
② 모발 표면을 보호한다.
③ 자연스러운 광택을 준다.
④ **세정력이 강하다.**

> 린스 기능: 모발 보호, 정전기 방지, 윤기 부여가 목적이며 세정 작용은 샴푸의 기능임

32

화장품의 4대 요건에 속하지 않는 것은?

① 안전성   ② 안정성
③ **치유성**   ④ 유효성

> 화장품의 4대 요건: 안전성, 안정성, 사용성, 유효성

33

향수에 대한 설명으로 옳은 것은?

① **퍼퓸(Perfume Extract) - 알코올 70%와 향수 원액을 30%를 포함하여, 향이 3일 정도 지속될 수 있다.**
② 오데퍼퓸(Eau de Perfume) - 알코올 95% 이상, 향수 원액 2~3%로 30분 정도 향이 지속된다.
③ 샤워코롱(Shower Cologne) - 알코올 80%와 물 및 향수 원액 15%가 함유된 것으로 5시간 정도 향이 지속된다.
④ 헤어 토닉(Hair Tonic) - 알코올 85~95%와 향수 원액 8%가량이 함유된 것으로 향이 2~3시간 정도 지속된다.

> 퍼퓸: 향료 함량이 높아 일반적으로 6~7시간 지속되며 고농도일 경우 잔향이 장시간 유지될 수 있음

34

화장수에 대한 설명 중 올바르지 않은 것은?

① 수렴 화장수는 아스트린젠트라고 불린다.
② 수렴 화장수는 지성, 복합성 피부에 효과적으로 사용된다.
③ 유연 화장수는 건성 또는 노화 피부에 효과적으로 사용된다.
④ **유연 화장수는 모공을 수축시켜 피부결을 섬세하게 정리해 준다.**

> • 수렴 화장수: 모공을 수축시키고 피부결을 정돈하는 역할을 함
> • 유연 화장수: 보습과 유연 작용을 담당함

35

아줄렌(Azulene)은 어디에서 얻어지는가?

① **카모마일(Camomile)**
② 로얄젤리(Royal Jelly)
③ 아르니카(Arnica)
④ 조류(Algae)

> 아줄렌: 카모마일에서 추출되는 성분으로 진정·항염 및 여드름 완화에 효과적임

36

네일숍(Shop)의 안전관리를 위한 대처 방법으로 가장 적합하지 않은 것은?

① 화학물질을 사용할 때는 반드시 뚜껑이 있는 용기를 이용한다.
② 작업 시 마스크를 착용하여 가루의 흡입을 막는다.
③ 작업 공간에서는 음식물 섭취 및 흡연을 금한다.
④ **가능하면 스프레이 형태의 화학물질을 사용한다.**

> 화학물질은 공기 중 분사를 피하고 스프레이보다 스포이트나 솔 형태로 사용하는 것이 안전함

37

손톱의 구조 중 조근에 대한 설명으로 가장 적합한 것은?

① 손톱 모양을 만든다.
② 연분홍의 반달 모양이다.
③ **손톱이 자라기 시작하는 곳이다.**
④ 손톱의 수분 공급을 담당한다.

> 조근(네일 루트): 손톱이 성장하기 시작하는 뿌리 부위

38

네일 질환 중 교조증(오니코파지, Onychophagy)의 원인과 관리 방법으로 가장 적합한 것은?

① 유전에 의하여 손톱의 끝이 두껍게 자라는 것이 원인으로 매니큐어나 페디큐어가 증상을 완화시킨다.
② 멜라닌색소가 착색되어 일어나는 증상이 원인이며 손톱이 자라면서 없어지기도 한다.
③ **손톱을 심하게 물어뜯을 경우 원인이 되며 인조 손톱을 붙여서 보정할 수 있다.**
④ 식습관이나 질병에서 비롯된 증상이 원인이며 부드러운 네일 파일을 사용하여 관리한다.

> 교조증(오니코파지): 손톱을 심하게 물어뜯을 경우 원인이 되며, 아크릴 네일로 보정하여 관리할 수 있음

39

다음 중 네일미용 관리가 가능한 경우는?

① 사상균증
② 조갑구만증
③ 조갑탈락증
④ **행 네일**

> • 행 네일: 거스러미가 일어나는 증상으로 관리 가능
> • 사상균증 · 조갑구만증 · 조갑탈락증은 감염 또는 심한 변형으로 관리 대상이 아님

40

네일미용관리 중 고객관리에 대한 응대로 지켜야 할 사항이 아닌 것은?

① 작업의 우선순위에 대한 논쟁을 막기 위해서 예약 고객을 우선으로 한다.
② 고객이 도착하기 전에 필요한 물건과 도구를 준비해야 한다.
③ **관리 중에는 고객과 대화를 나누지 않는다.**
④ 고객에게 소지품과 옷 보관함을 제공하고 고객끼리 소지품과 옷 등이 바뀌는 일이 없도록 한다.

> 관리 중에도 고객과 대화를 나누어 요구 사항을 파악해야 함

41

한국의 네일미용 역사에 관한 설명 중 틀린 것은?

① 우리나라 네일 장식의 시작은 봉선화 꽃물을 들이던 것이라 할 수 있다.
② **한국의 네일 산업이 본격화되기 시작한 것은 1960년대 중반으로 미국과 일본의 영향으로 네일 산업이 급성장하면서 대중화되기 시작했다.**
③ 1990년대부터 대중화되어 왔고, 1998년에는 민간 자격증이 도입되었다.
④ 화장품 회사에서 다양한 색상의 네일 폴리시를 판매하면서 일반인들이 네일에 대한 관심을 갖기 시작했다.

> 미국 · 일본의 영향으로 본격적인 성장과 보급이 이루어진 것은 1990년대임

42

다음 중 발의 근육에 해당하는 것은?

① 비복근
② 대퇴근
③ 장골근
④ **족배근**

> 발의 근육: 족배근(발등), 족척근(발바닥), 중간근(발허리뼈 사이)

43

화학물질로부터 자신과 고객을 보호하는 방법으로 틀린 것은?

① 화학물질은 피부에 닿아도 되기 때문에 신경 쓰지 않아도 된다.
② 통풍이 잘 되는 작업장에서 작업을 한다.
③ 스프레이 제품보다 찍어 바르거나 솔로 바르는 제품을 선택한다.
④ 콘택트렌즈의 사용을 제한한다.

> 화학물질은 피부 접촉을 피하고 환기가 잘되는 환경에서 안전하게 사용해야 함

44

손가락과 손가락 사이가 붙지 않고 벌어지게 하는 외향에 작용하는 손등의 근육은?

① 외전근
② 내전근
③ 대립근
④ 회외근

> • 외전근: 손가락을 벌리는 작용을 하는 손등 근육
> • 내전근은 모으는 작용, 대립근은 잡는 작용, 회외근은 손등 회전 작용 담당함

45

고객관리에 대한 설명으로 옳은 것은?

① 피부 습진이 있는 고객은 처치를 하면서 서비스한다.
② 진한 메이크업을 하고 고객을 응대한다.
③ 네일 제품으로 인한 알레르기 반응이 생길 수 있으므로 원인이 되는 제품의 사용을 멈추도록 한다.
④ 문제성 피부를 지닌 고객에게 주어진 업무 수행을 자유롭게 한다.

> 알레르기 발생 시 원인 제품 사용을 중단하고 문제성 피부는 주의하여 관리해야 함

46

네일미용의 역사에 대한 설명으로 틀린 것은?

① 최초의 네일미용은 기원전 3000년경에 이집트에서 시작되었다.
② 고대 이집트에서는 헤나를 이용하여 붉은 오렌지색으로 손톱을 물들였다.
③ 그리스에서는 달걀 흰자와 아라비아산 고무나무 수액을 섞어 손톱에 칠하였다.
④ 15세기 중국의 명 왕조에서는 흑색과 적색을 손톱에 칠하여 장식하였다.

> 중국: 달걀 흰자와 아라비아산 고무나무 수액을 섞어 손톱에 칠하였음

47

손톱의 구조에서 자유연(프리에지) 밑부분의 피부를 무엇이라 하는가?

① 하조피(하이포니키움)
② 조구(네일 그루브)
③ 큐티클
④ 조상연(페리오니키움)

> 하조피(하이포니키움): 프리에지 아래 위치하여 이물질과 세균 침입을 막아 손톱을 보호함

48

다음 중 손톱의 역할과 가장 거리가 먼 것은?

① 손끝과 발끝을 외부 자극으로부터 보호한다.
② 미적 · 장식적 기능이 있다.
③ 방어와 공격의 기능이 있다.
④ 분비 기능이 있다.

> 손톱의 기능: 보호 · 미용 · 보조 기능을 담당하며 분비 기능은 없음

49

네일 도구의 설명으로 틀린 것은?

① 큐티클 니퍼: 네일 위에 거스러미가 생긴 살을 제거할 때 사용한다.
② 아크릴 브러시: 아크릴 파우더로 볼을 만들어 인조 네일을 만들 때 사용한다.
③ 네일 클리퍼: 네일 팁을 잘라 길이를 조절할 때 사용한다.
④ 아크릴 폼: 네일 팁 없이 아크릴 파우더만을 가지고 네일을 연장할 때 일종의 받침대로 사용한다.

네일 클리퍼: 손·발톱을 자르는 도구이며 네일 팁 재단은 팁 커터를 사용함

50

다음 중 손가락의 수지골의 명칭이 아닌 것은?

① 기절골   ② 말절골
③ 중절골   ④ 요골

요골: 손가락 뼈가 아닌 아래팔을 구성하는 뼈에 해당함

51

네일 폴리시를 바르는 방법 중 손톱이 길고 가늘게 보이도록 하기 위해 양쪽 사이드 부위를 남겨 두는 컬러링 방법은?

① 프리에지(Free Edge)
② 풀코트(Full Coat)
③ 슬림라인(Slim Line)
④ 루눌라(Lunula)

슬림라인(프리 월): 양쪽 사이드를 남겨 손톱이 길고 가늘어 보이도록 하는 컬러링 기법

52

UV - 젤 네일의 설명으로 옳지 않은 것은?

① 젤은 끈끈한 점성을 가지고 있다.
② 파우더와 믹스되었을 때 단단해진다.
③ 네일 리무버로 제거되지 않는다.
④ 투명도와 광택이 뛰어나다.

UV 젤 네일은 UV 젤 램프 기기에 경화했을 때 단단해지는 시스템으로 파우더와 혼합하지 않음

53

페디큐어의 작업 방법으로 맞는 것은?

① 파고드는 발톱의 예방을 위하여 발톱의 형태는 일자형으로 한다.
② 혈압이 높거나 심장병이 있는 고객은 마사지를 더 강하게 해준다.
③ 모든 각질 제거에는 콘 커터를 사용하여 완벽하게 제거한다.
④ 발톱의 형태는 무조건 고객이 원하는 형태로 잡아준다.

발톱은 파고드는 발톱의 예방을 위하여 프리에지 끝부분이 일자 형태인 스퀘어 형태로 조형해야 함

54

습식 매니큐어 작업에 관한 설명으로 틀린 것은?

① 고객의 취향과 기호에 맞게 손톱의 형태를 다듬는다.
② 자연손톱 네일 파일링 시 한 방향으로 작업한다.
③ 손톱 질환이 심각할 경우 의사의 진료를 권한다.
④ 큐티클은 죽은 각질 피부이므로 반드시 모두 제거하는 것이 좋다.

큐티클은 깊게 모두 제거하면 출혈 발생의 위험이 있으므로 지저분한 부분만 정리해야 함

55

페디 파일의 사용 방향으로 가장 적합한 것은?

① 바깥쪽에서 안쪽으로
② 왼쪽에서 오른쪽으로
③ 족문 방향으로
④ 사선 방향으로

페디 파일 사용 방향: 족문 방향인 안쪽에서 바깥쪽으로 사용해야 함

56

네일 팁에 대한 설명으로 틀린 것은?

① 네일 팁 접착 시 손톱의 1/2 이상 커버해서는 안 된다.
② 네일 팁은 손톱의 크기에 너무 크거나 작지 않은 가장 잘 맞는 사이즈의 팁을 사용한다.
③ 웰 부분의 형태에 따라 풀 웰(Full Well)과 하프 웰(Half Well)이 있다.
④ 자연손톱이 크고 납작한 경우 커브 타입의 네일 팁이 좋다.

자연네일이 크고 납작한 경우에는 끝이 좁아지는 내로(Narrow) 네일 팁을 적용해야 함

57

큐티클을 정리하는 도구의 명칭으로 가장 적합한 것은?

① 핑거볼   ② 큐티클 니퍼
③ 핀셋   ④ 네일 클리퍼

- 큐티클 니퍼는 큐티클을 제거하거나 정리하는 도구임
- 핑거볼은 큐티클을 불리는 용기이며, 핀셋은 장식물을 잡는 도구이고, 네일 클리퍼는 네일의 길이를 조절하는 도구임

58

팁 오버레이의 작업 과정에 대한 설명으로 틀린 것은?

① 네일 팁 접착 시 자연손톱 길이의 1/2 이상 덮지 않는다.
② 자연손톱이 넓은 경우, 좁게 보이기 위해 작은 사이즈의 네일 팁을 붙인다.
③ 네일 팁의 접착력을 높여 주기 위해 자연손톱의 에칭 작업을 한다.
④ 프리네일 프라이머를 자연손톱에만 도포한다.

자연네일이 넓은 경우에는 좁게 보이기 위해 끝이 좁아지는 내로(Narrow) 네일 팁을 적용해야 접착함

59

아크릴 작업 시 바르는 네일 프라이머에 대한 설명 중 틀린 것은?

① 단백질을 화학 작용으로 녹여 준다.
② 아크릴 네일이 손톱에 잘 부착되도록 도와 준다.
③ 피부에 닿으면 화상을 입힐 수 있다.
④ 충분한 양으로 여러 번 도포해야 한다.

네일 프라이머는 자연네일에만 소량으로 도포해야 함

60

아크릴 네일의 보수 과정에 대한 설명으로 가장 거리가 먼 것은?

① 들뜬 부분의 경계를 네일 파일링한다.
② 아크릴 표면이 단단하게 굳은 후에 네일 파일링한다.
③ 새로 자라난 자연손톱 부분에 네일 프라이머를 바른다.
④ 들뜬 부분에 오일 도포 후 큐티클을 정리한다.

아크릴 네일 보수 시 큐티클 오일을 사용하면 리프팅이 발생할 수 있으므로 사용해서는 안 됨

2016년 제1회 공개기출문제

01

야채를 고온에서 요리할 때 가장 파괴되기 쉬운 비타민은?

① 비타민 A　　　　② 비타민 C
③ 비타민 D　　　　④ 비타민 K

> 비타민 C는 높은 온도에서 쉽게 파괴되는 영양소임

02

다음 중 병원소에 해당하지 않는 것은?

① 흙　　　　② 물
③ 가축　　　　④ 보균자

> 병원소: 토양(흙), 인간, 동물(가축)

03

모유수유에 대한 설명으로 옳지 않은 것은?

① 수유 전 산모의 손을 씻어 감염을 예방하여야 한다.
② 모유수유를 하면 배란을 촉진시켜 임신을 예방하는 효과가 없다.
③ 모유에는 림프구, 대식세포 등의 백혈구가 들어 있어 각종 감염으로부터 장을 보호하고 설사를 예방하는 데 큰 효과를 갖고 있다.
④ 초유는 영양가가 높고 면역체가 있으므로 아기에게 반드시 먹이도록 한다.

> 모유수유를 하면 젖 분비 호르몬 작용으로 배란이 억제되어 자연적인 피임 효과가 있음

04

인구통계에서 5~9세 인구란?

① 만 4세 이상~만 8세 미만 인구
② 만 5세 이상~만 10세 미만 인구
③ 만 4세 이상~만 9세 미만 인구
④ 4세 이상~9세 이하 인구

> 5~9세 인구: 만 5세 이상에서 만 10세 미만의 인구

05

일반폐기물 처리 방법 중 가장 위생적인 방법은?

① 매립법　　　　② 소각법
③ 투기법　　　　④ 비료화법

> 소각법: 폐기물을 불에 태워 처리하는 방법으로 가장 위생적인 처리 방법임

06

감염병 감염 후 얻어지는 면역의 종류는?

① 인공 능동면역　　　　② 인공 수동면역
③ 자연 능동면역　　　　④ 자연 수동면역

> • 인공 능동면역: 예방접종으로 형성되는 면역
> • 인공 수동면역: 혈청을 투입하여 형성되는 면역
> • 자연 수동면역: 모체로부터 받아 형성되는 면역

07

다음 중 출생 후 아기에게 가장 먼저 실시하게 되는 예방접종은?

① 파상풍   ② **B형 간염**
③ 홍역   ④ 폴리오

출생 직후 예방접종: B형 간염

08

바이러스(Virus)의 특성으로 가장 거리가 먼 것은?

① 생체 내에서만 증식이 가능하다.
② 일반적으로 병원체 중에서 가장 작다.
③ 황열바이러스가 인간 질병 최초의 바이러스이다.
④ **항생제에 감수성이 있다.**

바이러스는 항생제에 감수성이 없어 약물 치료 효과가 없음

09

소독제의 적정 농도로 틀린 것은?

① 석탄산 3%
② 승홍수 0.1%
③ 크레졸수 1~3%
④ **알코올 1~3%**

알코올 농도: 약 70%임

10

병원성·비병원성 미생물 및 포자를 가진 미생물 모두를 사멸 또는 제거하는 것은?

① 소독   ② **멸균**
③ 방부   ④ 정균

멸균: 병원성·비병원성 미생물과 아포까지 모두 사멸 또는 제거하는 것임

11

다음 중 이·미용업소에서 가장 쉽게 옮겨질 수 있는 질병은?

① 폴리오
② 뇌염
③ 비활동성 결핵
④ **감염성 안질**

감염성 안질(트라코마): 위생 관리가 불충분한 이·미용실에서 오염된 수건을 통해 눈으로 전파되는 접촉성 감염병으로, 환자의 눈물·콧물 등 분비물이 주요 감염원이 됨

12

다음 중 음용수 소독에 사용되는 소독제는?

① 석탄산   ② **액체염소**
③ 승홍수   ④ 알코올

염소: 채소, 음용수, 상·하수도, 아포 소독에 사용

13

다음 중 미생물학의 대상에 속하지 않는 것은?

① 세균(Bacteria)
② 바이러스(Virus)
③ 원충(Protoza)
④ **원시동물**

원시동물은 미생물학의 대상에 속하지 않음

14

소독제의 사용 및 보존상의 주의점으로 틀린 것은?

① 일반적으로 소독제는 밀폐시켜 일광이 직사되지 않는 곳에 보존해야 한다.
② **부식과 상관이 없으므로 보관 장소의 제한이 없다.**
③ 승홍이나 석탄산 같은 것은 인체에 유해하므로 특별히 주의 취급하여야 한다.
④ 염소제는 일광과 열에 의해 분해되지 않도록 냉암소에 보존하는 것이 좋다.

소독제는 밀폐시켜 열과 빛을 차단한 냉암소 보관해야 하므로 보관 장소에 제한이 있음

15

진균에 의한 피부 병변이 아닌 것은?

① 족부백선   ② **대상포진**
③ 무좀   ④ 두부백선

대상포진은 바이러스성 질환으로 진균에 의한 피부 병변에 해당하지 않음

16

피부에 대한 자외선의 영향으로 인한 피부의 급성 반응과 가장 거리가 먼 것은?

① 홍반 반응   ② 화상
③ 비타민 D 합성   ④ **광노화**

광노화는 자외선 누적으로 발생하는 환경적 노화로 피부의 급성 반응에 해당하지 않음

17

멜라닌색소 결핍의 선천적 질환으로 쉽게 일광화상을 입는 피부 병변은?

① 주근깨
② 기미
③ **백색증**
④ 노인성 반점(검버섯)

백색증은 멜라닌 합성 이상으로 자외선 방어 능력이 약해 쉽게 일광화상을 입는 선천성 질환임

18

리보플래빈이라고도 하며, 녹색 채소류, 밀의 배아, 효모, 달걀, 우유 등에 함유되어 있고 결핍되면 피부염을 일으키는 것은?

① **비타민 B_2**   ② 비타민 E
③ 비타민 K   ④ 비타민 A

비타민 B_2(리보플래빈)는 결핍 시 피부염과 구순염을 유발함

19

다음 태양광선 중 파장이 가장 짧은 것은?

① UV - A   ② UV - B
③ **UV - C**   ④ 가시광선

> UV - C는 자외선 중 파장이 가장 짧은 단파장임

20

얼굴에서 피지선이 가장 발달된 곳은?

① 이마 부분   ② **코 옆 부분**
③ 턱 부분   ④ 뺨 부분

> 피지선은 얼굴 중 코 주위에 가장 발달되어 있음

21

다음 중 영업소 외에서 이용 또는 미용 업무를 할 수 있는 경우는?

> ㄱ. 중병에 걸려 영업소에 나올 수 없는 자의 경우
> ㄴ. 혼례, 기타 의식에 참여하는 자에 대한 경우
> ㄷ. 이용장의 감독을 받은 보조원이 업무를 하는 경우
> ㄹ. 미용사가 손님 유치를 위하여 통행이 빈번한 장소에서 업무를 하는 경우

① ㄷ   ② **ㄱ, ㄴ**
③ ㄱ, ㄴ, ㄷ   ④ ㄱ, ㄴ, ㄷ, ㄹ

> 영업소 외의 장소에서 이·미용 업무가 가능한 사유
> • 질병·고령·장애 등의 사유로 영업소에 나올 수 없는 자의 경우
> • 혼례 등 의식에 참여자로 의식 직전인 경우
> • 사회복지시설에서 봉사활동을 하는 경우
> • 방송 등의 참여자로 촬영 직전인 경우
> • 특별한 사정으로 시장·군수·구청장이 인정하는 경우

22

에크린 땀샘(소한선)이 가장 많이 분포된 곳은?

① **발바닥**   ② 입술
③ 음부   ④ 유두

> 에크린 땀샘(소한선)은 입술, 생식기, 손톱을 제외한 신체 전신에 분포하며 손바닥, 발바닥에 가장 많이 분포되어 있음

23

다음 중 이·미용업의 시설 및 설비기준으로 옳은 것은?

① **소독기, 자외선 살균기 등의 소독 장비를 갖추어야 한다.**
② 이용업소 안에는 별실 그 밖에 이와 유사한 시설을 설치할 수 있다.
③ 응접 장소와 작업 장소를 구분해야 하는 경우에는 반드시 벽으로 분리해야한다.
④ 탈의실, 욕실, 욕조 내 샤워기를 반드시 설치한다.

> 이·미용업소에는 소독기 등 소독 장비를 갖추어야 함

24

풍속 관련 법령 등 다른 법령에 의하여 관계행정기관 장의 요청이 있을 때 공중위생영업자를 처벌할 수 있는 자는?

① 시·도지사   ② **시장·군수·구청장**
③ 보건복지부장관   ④ 행정안전부장관

> 시장·군수·구청장은 공중위생영업자가 「풍속영업의 규제에 관한 법률」 등을 위반하여 관계행정기관의 장의 요청이 있는 때에는 공중위생영업자를 처벌할 수 있음

25

1차 위반 시의 행정처분이 면허취소가 아닌 것은?

① 국가기술자격법에 따라 이·미용사 자격이 취소된 때
② 이중으로 면허를 취득한 때
③ 면허정지 처분을 받고 정지 기간 중 업무를 행한 때
④ **국가기술자격법에 의하여 이·미용사 자격정지 처분을 받은 때**

1차 위반 시 면허취소 사유에는 이중 면허 취득, 자격 취소, 면허 정지 기간 중 업무 수행 등이 포함되며 자격정지 처분은 해당되지 않음

26

처분기준이 2백만 원 이하의 과태료가 아닌 것은?

① 규정을 위반하여 영업소 이외 장소에서 이·미용 업무를 행한 자
② 위생교육을 받지 아니한 자
③ 위생관리의무를 지키지 아니한 자
④ **관계공무원의 출입·검사·기타 조치를 거부·방해 또는 기피한 자**

관계공무원의 출입·검사 등을 거부·방해·기피한 경우에는 300만 원 이하 과태료임

27

이·미용업소 내에 반드시 게시하지 않아도 되는 것은?

① 이·미용업 신고증
② 개설자의 면허증 원본
③ 최종지불요금표
④ **이·미용사 자격증**

영업소 내 게시 사항: 이·미용업 신고증, 개설자의 면허증 원본, 최종지불요금표를 게시하여야 하며, 이·미용사 자격증은 게시 대상에 해당하지 않음

28

공중위생영업의 승계에 대한 설명으로 틀린 것은?

① 공중위생영업자가 그 공중위생영업을 양도하거나 사망한 때 또는 법인의 합병이 있는 때에는 그 양수인·상속인 또는 합병 후 존속하는 법인이나 합병에 의하여 설립되는 법인은 그 공중위생영업자의 지위를 승계한다.
② 이용업 또는 미용업의 경우에는 규정에 의한 면허를 소지한 자에 한하여 공중위생영업자의 지위를 승계할 수 있다.
③ 민사집행법에 의한 경매, 채무자 회생 및 파산에 관한 법률에 의한 환가나 국세징수법·관세법 또는 지방세기본법에 의한 압류재산의 매각, 그 밖에 이에 준하는 절차에 따라 공중위생영업 관련 시설 및 설비의 전부를 인수한 자는 이 법에 의한 그 공중위생영업자의 지위를 승계한다.
④ **공중위생영업자의 지위를 승계한 자는 1개월 이내에 보건복지부령이 정하는 바에 따라 보건복지부장관에게 신고하여야 한다.**

지위를 승계한 자는 시장·군수·구청장에게 신고해야 함

29

양모에서 추출한 동물성 왁스는?

① **라놀린**   ② 스콸렌
③ 레시틴   ④ 리바이탈

라놀린: 양모에서 추출한 동물성 왁스임

30

자외선 차단 성분의 기능이 아닌 것은?

① 노화를 막는다.
② 과색소를 막는다.
③ 일광화상을 막는다.
④ **미백 작용을 한다.**

미백 작용은 자외선 차단 성분의 기능이 아님

31

향수의 부향률이 높은 순에서 낮은 순으로 바르게 정렬된 것은?

① 퍼퓸 > 오데퍼퓸 > 오데토일렛 > 오데코롱
② 퍼퓸 > 오데토일렛 > 오데퍼퓸 > 오데코롱
③ 오데코롱 > 오데퍼퓸 > 오데토일렛 > 퍼퓸
④ 오데코롱 > 오데토일렛 > 오데퍼퓸 > 퍼퓸

> 향수의 부향률: 퍼퓸 > 오데퍼퓸 > 오데토일렛 > 오데코롱

32

화장품의 요건 중 제품이 일정 기간 동안 변질되거나 분리되지 않는 것을 의미하는 것은 무엇인가?

① 안전성　　　　　**② 안정성**
③ 사용성　　　　　④ 유효성

> • 안전성: 피부에 대한 자극, 알레르기, 독성이 없어야 함
> • 사용성: 흡수성, 발림성 등 피부에 사용감이 좋아야 함
> • 유효성: 미백, 주름 개선, 자외선 차단 등의 효과가 있어야 함

33

세정제(Cleanser)에 대한 설명으로 옳지 않은 것은?

① 가능한 한 피부의 생리적 균형에 영향을 미치지 않는 제품을 사용하는 것이 바람직하다.
② 대부분의 비누는 알칼리성의 성질을 가지고 있어서 피부의 산·염기 균형에 영향을 미치게 된다.
③ 피부 노화를 일으키는 활성 산소로부터 피부를 보호하기 위해 비타민 C, 비타민 E를 사용한 기능성 세정제를 사용할 수도 있다.
④ 세정제는 피지선에서 분비되는 피지와 피부장벽의 구성 요소인 지질성분을 제거하기 위하여 사용된다.

> 세정제는 피지와 지질 성분을 과도하게 제거하기보다 피부의 생리적 균형을 유지하도록 보호해야 함

34

다음 중 화장수의 역할이 아닌 것은?

① 피부의 수렴 작용을 한다.
② 피부 노폐물의 분비를 촉진시킨다.
③ 각질층에 수분을 공급한다.
④ 피부의 pH 균형을 유지시킨다.

> 화장수는 피부에 수분을 공급하고 pH 균형을 유지하며 수렴 작용을 통해 노폐물 분비를 억제하는 역할을 하므로 노폐물 분비를 촉진시키는 것은 해당하지 않음

35

보디 샴푸(Body Shampoo)가 갖추어야 할 이상적인 성질과 가장 거리가 먼 것은?

① 각질의 제거 능력
② 적절한 세정력
③ 풍부한 거품과 거품의 지속성
④ 피부에 대한 높은 안정성

> 각질 제거 능력은 딥 클렌징 제품의 기능으로 보디 샴푸의 이상적 성질과는 거리가 있음

36

네일이 전체적으로 부드럽고 가늘며 하얗게 되어 네일 끝이 굴곡진 상태의 증상으로 질병, 다이어트, 신경성 등에서 기인되는 네일 병변으로 옳은 것은?

① 위축된 네일(Onychatrophia)
② 파란 네일(Onychocyanosis)
③ 달걀껍질 네일(Onychomalacia)
④ 거스러미 네일(Hang Nail)

> 달걀껍질 네일(Onychomalacia)은 네일이 부드럽고 가늘며 하얗게 변해 끝이 굴곡지는 병변임

37

네일 파일의 거칠기 정도를 구분하는 기준은?

① 네일 파일의 두께
② **그릿(Grit) 숫자**
③ 소프트(Soft) 숫자
④ 네일 파일의 길이

> 그릿(Grit) 숫자는 네일 파일 표면의 연마재 수를 나타내며 수치가 높을수록 부드럽고 낮을수록 거칠어짐

38

인체를 구성하는 생태학적 단계를 바르게 나열한 것은?

① **세포 - 조직 - 기관 - 계통 - 인체**
② 세포 - 기관 - 조직 - 계통 - 인체
③ 세포 - 계통 - 조직 - 기관 - 인체
④ 인체 - 계통 - 기관 - 세포 - 조직

> 인체 구성 단계: 세포 → 조직 → 기관 → 계통 → 인체

39

네일의 역사에 대한 설명으로 틀린 것은?

① 최초의 네일관리는 기원전 3000년경에 이집트와 중국의 상류층에서 시작되었다.
② 고대 이집트에서는 헤나(Henna)라는 관목에서 빨간색과 오렌지색을 추출하였다.
③ **고대 이집트에서는 조홍이라고 하는 입술 연지를 만드는 홍화를 손톱에 물들였다.**
④ 네일관리는 지금까지 5000년에 걸쳐 변화되어 왔다.

> 조홍이라 불리는 홍화를 손톱에 물들인 것은 고대 중국임

40

고객의 홈 케어 용도로 큐티클 오일을 사용 시 주된 사용 목적으로 옳은 것은?

① 네일 표면에 광택을 주기 위해서
② **네일과 네일 주변의 피부에 트리트먼트 효과를 주기 위해서**
③ 네일 표면에 변색과 오염을 방지하기 위해서
④ 찢어진 네일을 보강하기 위해서

> 큐티클 오일은 네일과 네일 주변 피부의 건조를 예방하고 보호하기 위해 사용함

41

네일 폴리시를 도포하는 방법 중 네일을 가늘어 보이게 하는 것은?

① 프리에지   ② 루눌라
③ 프렌치   ④ **프리 월**

> 프리 월(슬림 라인): 프리에지 양옆의 컬러를 남기고 중앙만 컬러링하여 손톱이 가늘고 길어 보이게 하는 기법임

42

다음 중 네일의 병변과 그 원인의 연결이 잘못된 것은?

① 흑색 반점(멜라노니키아) - 네일의 멜라닌색소 작용
② 과잉 성장으로 두꺼운 네일 - 유전, 질병, 감염
③ 고랑 파인 네일 - 아연 결핍, 과도한 푸셔링, 순환계 이상
④ **붉거나 검붉은 네일 - 비타민, 레시틴 부족, 만성질환 등**

> 붉거나 검붉은 네일은 혈액순환 악화나 모세혈관 파열과 관련되며 비타민 결핍과는 직접적인 원인이 아님

43

매트릭스에 대한 설명 중 틀린 것은?

① 손·발톱의 세포가 생성되는 곳이다.
② 매트릭스의 세로 길이는 네일 보디(네일 플레이트)의 두께를 결정한다.
③ 매트릭스의 가로 길이는 네일 베드의 길이를 결정한다.
④ 매트릭스는 네일세포를 생성시키는 데 필요한 산소를 모세혈관을 통해서 공급받는다.

> 매트릭스의 길이는 네일의 두께를 결정함

44

다음 중 손의 중간근에 속하는 것은?

① 엄지맞섬근(무지대립근)
② 엄지모음근(무지내전근)
③ 벌레근(충양근)
④ 작은원근(소원근)

> 손의 중간근: 지신근, 시지신근, 천지굴근, 심지굴근, 충양근, 배측골간근, 장측골간근

45

건강한 네일의 조건으로 틀린 것은?

① 12~18%의 수분을 함유하여야 한다.
② 네일 베드에 단단히 부착되어 있어야 한다.
③ 루눌라(조반월)가 선명하고 커야 한다.
④ 유연성과 강도가 있어야 한다.

> 루눌라(조반월)의 선명도와 크기는 건강한 네일의 기준과 직접적인 관련이 없음

46

페디큐어의 정의로 옳은 것은?

① 발톱을 관리하는 것을 말한다.
② 발과 발톱을 관리, 손질하는 것을 말한다.
③ 발을 관리하는 것을 말한다.
④ 손상된 발톱을 교정하는 것을 말한다.

> 페디큐어: 발톱의 형태 다듬기, 큐티클 정리, 컬러링 등의 전체적인 발 관리를 의미함

47

일반적인 손·발톱의 성장에 관한 설명 중 틀린 것은?

① 소지 손톱이 가장 빠르게 자란다.
② 여성보다 남성의 경우 성장 속도가 빠르다.
③ 여름철에 더 빨리 자란다.
④ 발톱의 성장 속도는 손톱의 성장 속도보다 1/2 정도 늦다.

> 일반적으로 중지 손톱이 가장 빠르게 자라며 소지 손톱의 성장이 가장 느림

48

다음 중 소독 방법에 대한 설명으로 틀린 것은?

① 과산화수소 3%의 용액을 피부 상처의 소독에 사용한다.
② 포르말린 1~1.5%의 수용액을 도구 소독에 사용한다.
③ 크레졸 3%, 물 97%의 수용액을 도구 소독에 사용한다.
④ 알코올 30%의 용액을 손, 피부 상처에 사용한다.

> 알코올은 약 70% 농도로 손과 피부 소독에 사용함

49

자연네일에 네일 팁을 붙일 때 유지하는 가장 적합한 각도는?

① 35°
② 45°
③ 90°
④ 95°

네일 팁 접착 각도: 45°가 가장 적합함

50

네일 도구를 제대로 위생 처리하지 않고 사용했을 때 생기는 질병으로, 관리할 수 없는 네일의 병변은?

① 오니코렉시스(조갑종렬증)
② 오니키아(조갑염)
③ 에그셸 네일(조갑연화증)
④ 니버스(흑조증)

조갑염(오니키아): 네일 도구 등의 위생 처리 미흡으로 박테리아 감염이 발생하여 나타나는 네일 염증성 병변으로 관리가 어려움

51

젤 경화 시 발생하는 히팅 현상과 관련된 내용으로 가장 거리가 먼 것은?

① 네일이 얇거나 상처가 있을 경우에 히팅 현상이 나타날 수 있다.
② 젤 작업이 두껍게 되었을 경우에 히팅 현상이 나타날 수 있다.
③ 히팅 현상 발생 시 경화가 잘 되도록 잠시 참는다.
④ 젤 작업 시 얇게 여러 번 도포하고 경화하여 히팅 현상에 대처한다.

히팅 현상 발생 시에는 잠시 손을 빼고 천천히 경화하는 것이 효과적임

52

스마일 라인에 대한 설명 중 틀린 것은?

① 네일의 상태에 따라 라인의 깊이를 조절할 수 있다.
② 깨끗하고 선명한 라인을 만들어야 한다.
③ 좌우대칭의 밸런스보다 자연스러움을 강조해야 한다.
④ 빠른 시간에 작업해서 얼룩지지 않도록 해야 한다.

스마일 라인은 좌우대칭의 밸런스가 중요함

53

네일 프라이머의 특징이 아닌 것은?

① 아크릴 작업 시 자연네일에 잘 부착되도록 돕는다.
② 피부에 닿으면 화상을 입힐 수 있다.
③ 자연네일 표면의 단백질을 녹인다.
④ 알칼리 성분으로 자연네일을 강하게 한다.

네일 프라이머는 산성 성분을 포함하고 있으며 네일을 강화하는 기능과는 관련 없음

54

가장 기본적인 네일관리법으로 손톱 형태 만들기, 큐티클 정리, 마사지, 컬러링 등을 포함하는 네일관리법은?

① 습식 매니큐어
② 페디아트
③ UV 젤 네일
④ 아크릴 오버레이

습식 매니큐어: 손톱 형태 조형, 큐티클 정리, 컬러링 등 전체적인 손과 손톱 관리

55

다음 중 아크릴 원톤 스컬프처 제거에 대한 설명으로 틀린 것은?

① 큐티클 니퍼로 뜯는 행위는 자연네일에 손상을 주므로 피한다.
② 표면에 에칭을 주어 아크릴 제거가 수월하도록 한다.
③ 100% 아세톤을 사용하여 아크릴을 녹여 준다.
④ **네일 파일링만으로 제거하는 것이 원칙이다.**

> 아크릴 원톤 스컬프처 제거는 아세톤을 사용하여 녹여 제거하는 방식이 일반적임

56

페디큐어 과정에서 필요한 재료로 가장 거리가 먼 것은?

① 큐티클 니퍼
② 콘 커터
③ **액티베이터**
④ 토 세퍼레이터

> 액티베이터(경화 촉진제)는 네일 접착제를 빠르게 경화시키는 제품으로 기본적인 페디큐어 과정에서 필요하지 않음

57

한국 네일미용의 역사와 가장 거리가 먼 것은?

① 고려시대부터 시작하였다.
② 1990년대부터 네일 산업이 점차 대중화되어 갔다.
③ 1998년 민간자격시험 제도가 시행되었다.
④ **상류층 여성들은 네일 뿌리 부분에 문신 바늘로 색소를 주입하여 상류층임을 과시하였다.**

> 네일 뿌리에 색소를 주입하는 것은 한국이 아닌 17세기 인도 상류층의 풍습임

58

원톤 스컬프처의 완성 시 인조네일의 아름다운 구조 설명으로 틀린 것은?

① 옆선이 네일의 사이드 월 부분과 자연스럽게 연결되어야 한다.
② 콘 벡스와 콘 케이브의 균형이 균일해야 한다.
③ 하이포인트의 위치가 스트레스 포인트 부근에 위치해야 한다.
④ **인조네일의 길이는 길어야 아름답다.**

> 인조네일의 길이는 길다고 해서 반드시 아름다운 것은 아님

59

네일 폼의 사용에 관한 설명으로 옳지 않은 것은?

① **측면에서 볼 때 네일 폼은 항상 20° 하향하도록 장착한다.**
② 자연네일과 네일 폼 사이가 벌어지지 않도록 장착한다.
③ 하이포니키움이 손상되지 않도록 주의하며 장착한다.
④ 네일 폼이 틀어지지 않도록 균형을 잘 조절하여 장착한다.

> 네일 폼은 자연네일과 틈이 생기지 않고 자연네일과 연결이 자연스럽게 이어지도록 장착해야 함

60

다음 중 뼈의 구조가 아닌 것은?

① 골막
② **골질**
③ 골수
④ 골조직

> 뼈의 구조: 골막, 골조직, 골수강, 골수

01

제1급 감염병에 해당하는 것은?

① **두창, 페스트**　　② 파라티푸스, 홍역
③ 세균성 이질, 폴리오　　④ A형 간염, 결핵

> • 제1급 감염병: ①
> • 제2급 감염병: ② ③ ④

02

역학에 대한 내용으로 옳은 것은?

① 인간 개인을 대상으로 질병 발생 현상을 설명하는 학문 분야이다.
② 원인과 경과보다 결과 중심으로 해석하여 질병 발생을 예방한다.
③ 질병 발생 현상을 생물학적 환경적으로 이분하여 설명한다.
④ **인간 집단을 대상으로 질병 발생과 그 원인을 탐구하는 학문이다.**

> 역학: 인간 집단을 대상으로 질병 발생 현상과 원인을 연구하는 학문임

03

자연적 환경요소에 속하지 않는 것은?

① 기온　　② 기습
③ 소음　　④ **위생시설**

> 위생시설은 자연적 환경요소가 아닌 인위적 환경요소에 속함

04

식생활이 탄수화물이 주가 되며, 단백질과 무기질이 부족한 음식물을 장기적으로 섭취함으로써 발생되는 단백질 결핍증은?

① 펠라그라(Pellagra)
② 각기병
③ **콰시오르코르(Kwashiorkor)**
④ 괴혈병

> 콰시오르코르: 단백질 섭취 부족으로 발생하는 단백질 결핍성 영양실조임

05

흡연이 인체에 미치는 영향으로 가장 적합한 것은?

① **구강암, 식도암 등의 원인이 된다.**
② 피부혈관을 이완시켜서 피부 온도를 상승시킨다.
③ 소화촉진, 식욕 증진 등에 영향을 미친다.
④ 폐기종에는 영향이 없다.

> 흡연은 구강암과 식도암 등의 주요 원인이 됨

06

파리가 매개할 수 있는 질병과 거리가 먼 것은?

① 아메바성 이질　　② 장티푸스
③ **발진티푸스**　　④ 콜레라

> • 파리: 장티푸스, 이질, 콜레라, 파라티푸스, 결핵
> • 이: 발진티푸스, 재귀열, 참호열

07

인구 구성 유형 중 14세 이하가 65세 이상 인구의 2배 정도이며 출생률과 사망률이 모두 낮은 형태는?

① 피라미드형(Pyramid Form)
② 종형(Bell Form)
③ 항아리형(Pot Form)
④ 별형(Accessive Form)

종형: 출생률과 사망률이 모두 낮고 14세 이하 인구가 65세 이상 인구의 약 2배 수준인 형태임

08

대장균이 사멸되지 않는 경우는?

① 고압증기 멸균
② 저온 소독
③ 방사선 멸균
④ 건열 멸균

저온 소독은 대장균을 완전히 사멸시키지 못함

09

여러 가지 물리 화학적 방법으로 병원성 미생물을 가능한 제거하여 사람에게 감염의 위험이 없도록 하는 것은?

① 멸균
② 소독
③ 방부
④ 살충

• 멸균: 미생물, 아포를 모두 사멸시킨 무균 상태
• 방부: 미생물의 부패, 발효를 억제하는 것
• 살충: 벌레나 해충을 죽임

10

다음 중 자외선 소독기의 사용으로 소독 효과를 기대할 수 없는 경우는?

① 여러 개의 머리빗
② 날이 열린 가위
③ 염색용 보올
④ 여러 장의 겹쳐진 수건

겹쳐진 수건은 자외선에 직접 노출되지 않아 소독 효과를 기대하기 어려움

11

다음 중 미생물의 종류에 해당하지 않는 것은?

① 진균
② 바이러스
③ 박테리아
④ 편모

편모는 미생물의 종류가 아닌 세균의 운동기관임

12

다음 중 가위를 끓이거나 증기 소독한 후 처리 방법으로 가장 적합하지 않은 것은?

① 소독 후 수분을 잘 닦아낸다.
② 수분 제거 후 엷게 기름칠을 한다.
③ 자외선 소독기에 넣어 보관한다.
④ 소독 후 탄산나트륨을 발라준다.

탄산나트륨: 자비 소독 시 살균력 강화를 위해 첨가하는 물질로 소독 후 금속에 바르지 않음

13

금속성 식기, 면 종류의 의류, 도자기의 소독에 적합한
소독 방법은?

① 화염 멸균법
② 건열 멸균법
③ 소각 소독법
④ **자비 소독법**

> 자비 소독: 수건, 의류, 금속 기구, 도자기 소독에 적합한 방법임

14

100°C에서 30분간 가열하는 처리를 24시간마다 3회
반복하는 멸균법은?

① 고압증기 멸균법
② 건열 멸균법
③ 고온 멸균법
④ **간헐 멸균법**

> 간헐 멸균법: 100°C에서 30분 가열을 24시간 간격으로 3회 반복
> 하는 멸균 방법임

15

단순포진이 나타나는 증상으로 가장 거리가 먼 것은?

① **통증이 심하여 다른 부위로 통증이 퍼진다.**
② 홍반이 나타나고 곧이어 수포가 생긴다.
③ 상체에 나타나는 경우 얼굴과 손가락에 잘 나타난다.
④ 하체에 나타나는 경우 성기와 둔부에 잘 나타난다.

> 단순포진은 한 부위에 국한된 수포성 질환으로 통증이 다른 부위
> 로 퍼지지 않음

16

얼굴에 있어 T존 부위는 번들거리고, 볼 부위는 당기
는 피부 유형은?

① 건성 피부
② 정상(중성) 피부
③ 지성 피부
④ **복합성 피부**

> 복합성 피부: 이마와 코의 T존은 피지 분비가 많고 볼과 턱선의
> U존은 피지 분비가 적은 두 가지 이상 피부 특성이 함께 나타나는
> 상태임

17

피지선에 대한 설명으로 틀린 것은?

① 피지를 분비하는 선으로 진피 중에 위치한다.
② 피지선은 손바닥에는 없다.
③ **피지의 1일 분비량은 10~20g 정도이다.**
④ 피지선이 많은 부위는 코 주위이다.

> 피지 분비량은 성인 기준 하루 약 1~2g 수준임

18

적외선이 피부에 미치는 작용이 아닌 것은?

① 온열 작용
② **비타민 D 형성 작용**
③ 세포 증식 작용
④ 모세혈관 확장 작용

> 비타민 D 형성은 자외선의 작용으로 적외선의 피부 작용이 아님

19

다음 중 입모근과 가장 관련 있는 것은?

① 수분 조절   ② 체온 조절
③ 피지 조절   ④ 호르몬 조절

> 입모근: 수축 작용을 통해 체온 손실을 방지하는 체온 조절 기능을 담당함

20

지용성 비타민이 아닌 것은?

① Vitamin D   ② Vitamin A
③ Vitamin E   ④ Vitamin B

> • 지용성 비타민: A, D, E, K
> • 수용성 비타민: B, C, H, P

21

공중위생관리법에서 사용하는 용어의 정의로 틀린 것은?

① "공중위생영업"이라 함은 다수인을 대상으로 위생관리서비스를 제공하는 영업으로서 숙박업, 목욕장업, 이용업, 미용업, 세탁업, 건물위생관리업을 말한다.
② "숙박업"이라 함은 손님이 잠을 자고 머물 수 있도록 시설 및 설비 등의 서비스를 제공하는 영업을 말한다.
③ "건물위생관리업"이라 함은 공중이 이용하는 건축물·시설물 등의 청결 유지와 실내공기 정화를 위한 청소 등을 대행하는 영업을 말한다.
④ "미용업"이라 함은 손님의 머리카락 또는 수염을 깎거나 다듬는 등의 방법으로 손님의 용모를 단정하게 하는 영업을 말한다.

> 미용업: 손님의 얼굴·머리·피부 및 손톱·발톱 등을 손질하여 손님의 외모를 아름답게 꾸미는 영업을 말함

22

다음 중 기미의 유형이 아닌 것은?

① 표피형 기미
② 진피형 기미
③ 피하조직형 기미
④ 혼합형 기미

> 기미는 표피형, 진피형, 혼합형으로 구분됨

23

손님에게 도박, 그 밖에 사행행위를 하게 한 때에 대한 1차 위반 시 행정처분기준은?

① 영업정지 1개월   ② 영업정지 2개월
③ 영업정지 3개월   ④ 영업장 폐쇄명령

> 손님에게 도박, 그 밖에 사행행위를 하게 한 경우
> • 1차 위반: 영업정지 1개월
> • 2차 위반: 영업정지 2개월
> • 3차 위반: 영업장 폐쇄명령

24

개선을 명할 수 있는 경우에 해당하지 않는 사람은?

① 공중위생영업의 종류별 시설을 위반한 공중위생영업자
② 위생관리의무 등을 위반한 공중위생영업자
③ 공중위생영업자의 지위를 승계한 자로서 이관한 신고를 하지 아니한 자
④ 공중위생영업의 종류별 설비기준을 위반한 공중위생영업자

> 개선을 명할 수 있는 경우
> • 공중위생영업의 종류별 시설 및 설비기준을 위반한 공중위생영업자
> • 위생관리의무 등을 위반한 공중위생영업자

25

공중위생관리법상의 규정에 위반하여 위생교육을 받지 아니한 때 부과되는 과태료의 기준은?

① 300만 원 이하
② 500만 원 이하
③ 400만 원 이하
④ **200만 원 이하**

> 위생교육 미이수: 200만 원 이하의 과태료

26

위생서비스 평가결과 위생서비스의 수준이 우수하다고 인정되는 영업소에 대하여 포상을 실시할 수 있는 자에 해당하지 않는 것은?

① 구청장
② 시 · 도지사
③ 군수
④ **보건소장**

> 위생서비스 우수업소 포상: 시 · 도지사 또는 시장 · 군수 · 구청장

27

이 · 미용업자의 위생관리기준에 대한 내용 중 틀린 것은?

① **요금표 외의 요금을 받지 않을 것**
② 의료행위를 하지 않을 것
③ 의료용구를 사용하지 않을 것
④ 1회용 면도날은 손님 1인에 한하여 사용할 것

> 이 · 미용업 위생관리기준 중 요금표 외 요금 수수는 위생관리기준에 해당하지 않음

28

이 · 미용사의 면허가 취소되거나 면허의 정지명령을 받은 자는 누구에게 면허증을 반납하여야 하는가?

① 보건복지부장관
② 시 · 도지사
③ **시장 · 군수 · 구청장**
④ 보건소장

> 면허의 취소 또는 정지 시 면허증은 시장 · 군수 · 구청장에게 반납해야 함

29

에멀션의 형태를 가장 잘 설명한 것은?

① 지방과 물이 불균일하게 섞인 것이다.
② 두 가지 액체가 같은 농도의 한 액체로 섞여 있다.
③ 고형의 물질이 아주 곱게 혼합되어 균일한 것처럼 보인다.
④ **두 가지 또는 그 이상의 액상 물질이 균일하게 혼합되어 있는 것이다.**

> 에멀션: 물과 오일이 균일하게 혼합된 유화 상태의 제형임

30

기능성 화장품에 사용되는 원료와 그 기능의 연결이 틀린 것은?

① 비타민 - 미백 효과
② AHA(Alpha-Hydroxy Acid) - 각질 제거
③ **DHA(DiHydroxy Acetone) - 자외선 차단**
④ 레티노이드(Retinoid) - 콜라겐과 엘라스틴의 회복을 촉진

> DHA: 자외선 차단 성분이 아니라 태닝 시 피부 착색 기능을 하는 원료임

31

에센셜 오일의 보관 방법에 관한 내용으로 틀린 것은?

① 뚜껑을 닫아 보관해야 한다.
② 직사광선을 피하는 것이 좋다.
③ 통풍이 잘 되는 곳에 보관해야 한다.
④ 투명하고 공기가 통할 수 있는 용기에 보관해야 한다.

에센셜 오일 보관 방법: 빛과 산소로 인한 변질을 방지하기 위해 갈색병에 밀폐 보관함

32

기초화장품의 기능이 아닌 것은?

① 피부 세정
② 피부 정돈
③ 피부 보호
④ 피부 결점 커버

피부 결점 커버는 기초화장품이 아닌 메이크업 화장품의 기능임

33

방부제가 갖추어야 할 조건이 아닌 것은?

① 독특한 색상과 냄새를 지녀야 한다.
② 적용 농도에서 피부에 자극을 주어서는 안 된다.
③ 방부제로 인하여 효과가 상실되거나 변해서는 안 된다.
④ 일정 기간 동안 효과가 있어야 한다.

방부제 조건: 독특한 색상과 냄새가 없어야 하며 피부 자극 없이 일정 기간 효과를 유지해야 함

34

다음 중 피부 상재균의 증식을 억제하는 항균 기능을 가지고 있고, 발생한 체취를 억제하는 기능을 가진 것은?

① 보디 샴푸
② 데오도란트
③ 샤워코롱
④ 오데토일렛

데오도란트: 피부 상재균 증식을 억제하고 체취를 감소시키는 제품임

35

화장품법상 화장품이 인체에 사용되는 목적 중 틀린 것은?

① 인체를 청결하게 한다.
② 인체를 미화한다.
③ 인체의 매력을 증진시킨다.
④ 인체의 용모를 치료한다.

화장품은 인체의 용모를 치료하는 목적이 아님

36

외국의 네일미용 변천과 관련하여 그 시기와 내용의 연결이 옳은 것은?

① 1885년: 네일 폴리시의 필름 형성제인 니트로셀룰로오스가 개발되었다.
② 1892년: 손톱 끝이 뾰족한 포인트(아몬드)형 네일이 유행하였다.
③ 1917년: 도구를 이용한 케어가 시작되었으며 유럽에서 네일관리가 본격적으로 시작되었다.
④ 1960년: 인조손톱 작업이 본격적으로 시작되었으며 네일관리와 아트가 유행하기 시작하였다.

- 1800년: 포인트(아몬드)형 네일이 유행
- 1900년: 도구를 이용한 케어가 시작
- 1970년: 인조네일의 활성기

37

손가락 마디에 있는 뼈로서 총 14개로 구성되어 있는 뼈는?

① **손가락뼈(수지골)**
② 손목뼈(수근골)
③ 노뼈(요골)
④ 자뼈(척골)

수지골: 엄지는 2개, 둘째부터 다섯째 손가락은 각 3개씩으로 총 14개로 구성됨

38

발허리뼈(중족골) 관절을 굴곡시키고 외측 4개 발가락의 지절간관절을 신전시키는 발의 근육은?

① **벌레근(충양근)**
② 새끼발가락벌림근(소지외전근)
③ 짧은소지굽힘근(단소지굴근)
④ 짧은엄지굽힘근(단무지굴근)

충양근: 중족골 관절 굴곡과 둘째부터 다섯째 발가락의 지절간관절 신전에 관여함

39

손톱의 특성에 대한 설명으로 가장 거리가 먼 것은?

① **조체(네일 보디)는 약 5% 수분을 함유하고 있다.**
② 아미노산과 시스테인이 많이 함유되어 있다.
③ 조상(네일 베드)은 혈관에서 산소를 공급받는다.
④ 피부의 부속물로 신경, 혈관, 털이 없으며 반투명의 각질판이다.

건강한 손톱: 약 12~18% 수분을 함유함

40

네일미용관리 후 고객이 불만족할 경우 네일미용인이 우선적으로 해야 할 대처 방법으로 가장 적합한 것은?

① 만족할 수 있는 주변의 네일숍 소개
② **불만족 부분을 파악하고 해결방안 모색**
③ 숍 입장에서의 불만족 해소
④ 할인이나 서비스 티켓으로 상황 마무리

고객 불만 발생 시 대처 방법: 불만족한 부분을 파악하고 해결방안을 모색해야 함

41

손톱 밑의 구조가 아닌 것은?

① **조근(네일 루트)**
② 조반월(루눌라)
③ 조모(매트릭스)
④ 조상(네일 베드)

매트릭스 · 루눌라 · 네일 베드는 손톱 밑 구조에 해당하며 네일 루트는 네일 자체 구조임

42

한국 네일미용에서 부녀자와 처녀들 사이에서 염지갑화(染指甲化)라고 하는 봉선화 물들이기 풍습이 이루어졌던 시기로 옳은 것은?

① 신라시대
② 고구려시대
③ **고려시대**
④ 조선시대

고려시대: 봉선화 물들이기 풍습이 이루어진 한국 네일미용의 기원 시기임

43

자연네일이 매끄럽게 되도록 손톱 표면의 거칠음과 기복을 제거하는 데 사용하는 도구로 가장 적합한 것은?

① 100그릿 네일 파일　② 에머리 보드
③ 네일 클리퍼　　　④ **샌딩 파일**

> 샌딩 파일: 손톱 표면의 거칠음과 굴곡을 매끄럽게 정리하는 도구임

44

다음 중 손의 근육이 아닌 것은?

① 손바닥쪽뼈사이근(장측골간근)
② 손등쪽뼈사이근(배측골간근)
③ 새끼맞섬근(소지대립근)
④ **반힘줄근(반건양근)**

> 반힘줄근: 손 근육이 아닌 다리 근육으로 무릎 굴곡과 다리 신전에 관여함

45

손톱의 이상 증상 중 손톱을 심하게 물어뜯어 생기는 증상으로 인조손톱 관리나 매니큐어를 통해 습관을 개선할 수 있는 것은?

① 고랑 파인 손톱　　② **교조증**
③ 조갑위축증　　　④ 조갑감입증

> 교조증: 손톱을 물어뜯는 습관으로 발생하며 인조손톱 관리로 교정 가능함

46

매트릭스(Matrix)에 대한 설명으로 옳은 것은?

① 네일 베드를 보호하는 기능을 한다.
② 네일 보디를 받쳐 주는 역할을 한다.
③ **모세혈관, 림프, 신경조직이 있다.**
④ 손톱이 자라기 시작하는 곳이다.

> 매트릭스: 네일을 생성 · 성장시키는 세포가 분포되어 있으며 모세혈관 · 림프 · 신경조직이 존재해 손상 시 네일이 변형됨

47

손톱과 발톱을 너무 짧게 자를 경우 발생할 수 있는 것은?

① 오니코릭시스
② 오니카트로피아
③ 오니코파이마
④ **오니코크립토시스**

> 오니코크립토시스(조갑감입증): 유전적 요인이나 꽉 끼는 신발 착용 및 발톱을 지나치게 짧게 잘라 발생하며 네일이 살 속으로 파고드는 증상임

48

손톱의 주요한 기능 및 역할과 가장 거리가 먼 것은?

① 물건을 잡거나 긁을 때 또는 성상을 구별하는 기능이 있다.
② 방어와 공격의 기능이 있다.
③ **노폐물의 분비 기능이 있다.**
④ 손끝을 보호한다.

> 손톱은 노폐물을 분비하는 기능을 하지 않음

49

손톱에 대한 설명 중 옳은 것은?

① 손톱에는 혈관이 있다.
② 손톱의 주성분은 인이다.
③ **손톱의 주성분은 단백질이며, 죽은 세포로 구성되어 있다.**
④ 손톱에는 신경과 근육이 존재한다.

손톱: 혈관 · 신경 · 근육이 없으며 주성분은 케라틴 단백질이고 죽은 세포로 구성됨

50

손톱의 성장과 관련된 내용 중 틀린 것은?

① 겨울보다 여름에 빨리 자란다.
② 임신 기간 동안에는 호르몬의 변화로 손톱이 빨리 자란다.
③ **피부 유형 중 지성 피부의 손톱이 더 빨리 자란다.**
④ 연령이 젊을수록 손톱이 더 빨리 자란다.

지성 피부와 손톱의 성장 속도는 관련 없음

51

라이트 큐어드 젤(Light Cured Gel)에 대한 설명으로 옳은 것은?

① 공기 중에 노출되면 자연스럽게 응고된다.
② **특수한 빛에 노출시켜 젤을 경화시키는 방법이다.**
③ 경화 시 실내 온도와 습도에 민감하게 반응한다.
④ 네일 접착제(글루) 사용 후 액티베이터(글루 드라이어)를 분사시켜 말리는 방법이다.

라이트 큐어드 젤: UV 또는 LED 빛에 노출시켜 젤을 경화시키는 방식임

52

남성 매니큐어 시 자연네일의 손톱 형태 중 가장 적합한 형태는?

① 오벌형
② 포인트형(아몬드형)
③ **라운드형(둥근형)**
④ 스퀘어형(사각형)

라운드 형태: 남성 매니큐어에 가장 적합한 자연네일 형태임

53

인조네일을 보수하는 이유로 틀린 것은?

① 깨끗한 네일미용의 유지
② 녹황색균의 방지
③ 인조네일의 견고성 유지
④ **인조네일의 원활한 제거**

인조네일 보수 목적: 제거가 아니라 인조네일을 유지 · 보강하기 위함임

54

아크릴 프렌치 스컬프처 작업 시 형성되는 스마일 라인의 설명으로 틀린 것은?

① 선명한 라인 형성
② **일자 라인 형성**
③ 균일한 라인 형성
④ 좌우 라인 대칭

스마일 라인: 일자가 아닌 손톱 형태에 맞춘 둥근 곡선으로 형성해야 함

55

페디큐어 작업 과정 중 (   )에 해당하는 것은?

> 손·발 소독 - 네일 폴리시 제거 – 길이 및 형태 조형하기
> - (   ) - 큐티클 정리 - 각질 제거하기

① 매뉴얼 테크닉
② 족욕기에 발 담그기
③ 페디 파일링
④ 톱코트 도포하기

족욕 단계: 큐티클 정리 전 발을 담가 연화시키는 과정임

56

베이스코트와 톱코트의 주된 기능에 대한 설명으로 가장 거리가 먼 것은?

① 베이스코트는 손톱에 색소가 착색되는 것을 방지한다.
② 베이스코트는 네일 폴리시가 곱게 도포되는 것을 도와준다.
③ 톱코트는 네일 폴리시 광택을 더하여 컬러를 돋보이게 한다.
④ 톱코트는 손톱에 영양을 주어 손톱을 튼튼하게 해준다.

손톱 영양 공급 기능은 톱코트가 아닌 네일 강화제의 역할임

57

자연네일을 오버레이하여 보강할 때 사용할 수 없는 재료는?

① 실크   ② 아크릴
③ 젤   ④ 네일 파일

네일 파일: 자연네일 오버레이 재료가 아닌 형태 조형 도구임

58

페디큐어 컬러링 시 작업 공간 확보를 위해 발가락 사이에 끼워 주는 도구는?

① 페디 파일
② 큐티클 푸셔
③ 토 세퍼레이터
④ 콘 커터

토 세퍼레이터: 페디큐어 컬러링 시 발가락 간격을 벌려 작업 공간을 확보하는 도구임

59

습식 매니큐어 작업 과정에서 가장 먼저 해야 할 절차는?

① 컬러 제거하기
② 손톱 형태 조형하기
③ 손 소독하기
④ 핑거볼에 손 담그기

네일미용 작업의 첫 단계: 손 소독을 우선적으로 실시함

60

네일 팁을 접착하는 올바른 방법은?

① 자연네일보다 한 사이즈 정도 작은 네일 팁을 접착한다.
② 큐티클어 최대한 가깝게 접착한다.
③ 45° 각도로 네일 팁을 접착한다.
④ 자연네일의 절반 이상을 덮도록 한다.

네일 팁 접착 방법: 자연네일 크기에 맞추고 45° 각도로 접착해야 함

2016년 제4회 공개기출문제

01

다음 중 제2급 감염병이 아닌 것은?

① 홍역　　　　　② 성홍열
③ 폴리오　　　　④ **디프테리아**

> 디프테리아: 제1급 감염병에 해당함

02

다음 5대 영양소 중 신체의 생리 기능 조절에 주로 작용하는 것은?

① 단백질, 지방
② **비타민, 무기질**
③ 지방, 비타민
④ 탄수화물, 무기질

> 비타민과 무기질: 신체의 생리 기능 조절에 주로 작용함

03

다음 중 감염병이 아닌 것은?

① 폴리오　　　　② 풍진
③ 성병　　　　　④ **당뇨병**

> 당뇨병: 인슐린 결핍으로 발생하는 질환으로 감염병이 아님

04

다음 중 실내공기 오염의 지표로 널리 사용되는 것은?

① **CO_2**　　　② CO
③ Ne　　　　④ NO

> 이산화탄소(CO_2)는 실내공기 오염의 대표적 지표임

05

보건행정의 특성과 거리가 먼 것은?

① 공공성과 사회성
② 과학성과 기술성
③ 조장성과 교육성
④ **독립성과 독창성**

> 보건행정의 특성: 공공성, 사회성, 봉사성, 교육성, 조장성, 과학성, 기술성

06

출생 시 모체로부터 받는 면역은?

① 인공 능동면역
② 인공 수동면역
③ 자연 능동면역
④ **자연 수동면역**

> • 인공 능동면역: 예방접종으로 형성되는 면역
> • 인공 수동면역: 혈청을 투입하여 형성되는 면역
> • 자연 능동면역: 감염 후 저항력이 형성되는 면역

07

오늘날 인류의 생존을 위협하는 대표적인 3요소는?

① 인구문제 – 환경오염 – 교통문제
② 인구문제 – 환경오염 – 인간관계
③ 인구문제 – 환경오염 – 빈곤
④ 인구문제 – 환경오염 – 전쟁

인류 생존 위협 요소: 인구문제 · 환경오염 · 빈곤에 해당함

08

다음 중 이학적(물리적) 소독법에 속하는 것은?

① 크레졸 소독
② 생석회 소독
③ 열탕 소독
④ 포르말린 소독

열탕 소독(자비 소독): 물에 끓여 가열하여 소독하는 방법으로 이학적, 즉 물리적 소독법에 해당함

09

다음 중 살균 효과가 가장 높은 소독 방법은?

① 염소 소독
② 일광 소독
③ 저온 소독
④ 고압증기 멸균

고압증기 멸균법: 아포까지 사멸시키는 가장 강력한 살균 방법임

10

이 · 미용 작업 시 작업자의 손 소독 방법으로 가장 거리가 먼 것은?

① 흐르는 물에 비누로 깨끗이 씻는다.
② 락스액에 충분히 담갔다가 깨끗이 헹군다.
③ 시술 전 70% 농도의 알코올을 적신 솜으로 깨끗이 씻는다.
④ 세척액을 넣은 미온수와 솔을 이용하여 깨끗하게 닦는다.

락스액에 손을 담그는 방법은 작업자 손 소독법으로 부적절함

PART
02

11

소독용 과산화수소(H_2O_2) 수용액의 적당한 농도는?

① 2.5~3.5%
② 3.5~5.0%
③ 5.0~6.0%
④ 6.5~7.5%

과산화수소 수용액 적정 농도: 약 3% 수준임

12

세균의 단백질 변성과 응고 작용에 의한 기전을 이용하여 살균하고자 할 때 주로 이용하는 방법은?

① 가열   ② 희석
③ 냉각   ④ 여과

가열: 단백질 변성과 응고 작용을 이용한 대표적 살균 방법임

13

이 · 미용실의 기구(가위, 레이저) 소독으로 가장 적합한 소독제는?

① 70%의 알코올
② 100~200배 희석 역성비누
③ 5% 크레졸 비누액
④ 50%의 페놀액

이 · 미용실에서 사용하는 가위, 큐티클 니퍼 등의 금속 기구는 70% 알코올 수용액으로 소독함

14

살균 작용의 기전 중 산화에 의하지 않는 소독제는?

① 오존
② 알코올
③ 과망가니즈산칼륨(과망간산칼륨)
④ 과산화수소

알코올: 산화 작용이 아닌 단백질 변성 작용에 의한 소독제임

15

흡연이 인체에 미치는 영향에 대한 설명으로 적절하지 않은 것은?

① 간접 흡연은 인체에 해롭지 않다.
② 흡연은 암을 유발할 수 있다.
③ 흡연은 피부의 표피를 얇아지게 해서 피부의 잔주름 생성을 증가시킨다.
④ 흡연은 비타민 C를 파괴한다.

간접 흡연도 인체에 해로운 영향을 미침

16

피부 관리가 가능한 여드름의 단계로 가장 적절한 것은?

① 결절
② 구진
③ 흰 면포
④ 농포

백면포: 비염증성 여드름의 초기 단계로 피부 관리가 가능하며, 여드름은 백면포 · 흑면포의 비염증성 단계에서 구진 · 농포 · 결절 · 낭종의 염증성 단계로 진행됨

17

다음 중 체모의 색상을 좌우하는 멜라닌이 가장 많이 함유되어 있는 곳은?

① 모표피
② 모피질
③ 모수질
④ 모유두

모피질: 체모 색상을 결정하는 멜라닌 색소가 가장 많이 분포된 부위임

18

다음에서 설명하는 피부 병변은?

신진대사의 저조가 원인으로 중년 여성 피부의 유핵층에 자리하며, 안면의 상반부에 위치한 기름색과 땀구멍에 주로 생성되며 모래알 크기의 각질세포로서 특히 눈 아래 부분에 생긴다.

① 매상 혈관종
② 비립종
③ 섬망성 혈관종
④ 섬유종

비립종: 신진대사 저하로 중년 여성의 안면 상부 특히 눈 아래에 잘 발생하며 피지와 각질이 모여 형성되는 모래알 크기의 백색 구진성 병변임

19

인체에 있어 피지선이 존재하지 않는 곳은?

① 이마 ② 코
③ 귀 ④ **손바닥**

손바닥: 피지선이 존재하지 않는 부위임

20

다한증과 관련된 설명으로 가장 거리가 먼 것은?

① **더위에 견디기 어렵다.**
② 땀이 지나치게 많이 분비된다.
③ 스트레스가 악화 요인이 될 수 있다.
④ 손바닥의 다한증은 악수 등의 일상생활에서 불편함을 초래한다.

다한증은 과도한 땀 분비 증상으로 더위에 잘 견디는 것과는 관련 없음

21

공중위생감시원의 업무에 해당하지 않는 것은?

① 공중위생영업 신고 시 시설 및 설비의 확인에 관한 사항
② 공중위생영업자 준수사항 이행 여부의 확인에 관한 사항
③ 위생지도 및 개선명령 이행 여부의 확인에 관한 사항
④ **세금납부 걱정 여부의 확인에 관한 사항**

공중위생감시원의 업무 범위
• 시설 및 설비 확인 및 위생상태 확인 · 검사
• 위생관리의무 및 영업자 준수사항 이행 여부의 확인
• 위생지도 및 개선명령 이행 여부의 확인
• 영업정지, 사용중지, 폐쇄명령 이행 여부의 확인
• 위생교육 이행 여부의 확인

22

피부 상피세포 조직의 성장과 유지 및 점막 손상 방지에 필수적인 비타민은?

① **비타민 A** ② 비타민 B_2
③ 비타민 E ④ 비타민 K

비타민 A(레티놀): 항산화 작용, 점막 손상 방지, 피부 각화 정상화, 주름 개선에 효과가 있음

23

이 · 미용업 영업자가 시설 및 설비기준을 위반한 경우 1차 위반에 대한 행정처분 기준은?

① 경고 ② **개선명령**
③ 영업중지 5일 ④ 영업정지 10일

시설 및 설비기준을 위반한 경우
• 1차 위반: 개선명령
• 2차 위반: 영업정지 15일
• 3차 위반: 영업정지 1개월
• 4차 위반: 영업장 폐쇄명령

24

법에 따라 이 · 미용업 영업소 안에 게시하여야 하는 게시물에 해당하지 않는 것은?

① 이 · 미용업 신고증
② 개설자의 면허증 원본
③ 최종지불요금표
④ **이 · 미용사 국가기술자격증**

이 · 미용업소 내 게시사항
• 이 · 미용업 신고증
• 개설자의 면허증 원본
• 최종지불요금표

25

과태료의 부과기준은 다음 중 어느 것으로 정하고 있는가?

① 보건복지부령　　② 국무총리령
③ 고용노동부령　　④ **대통령령**

> 과태료 부과 기준: 대통령령에 따라 보건복지부장관 또는 시장·군수·구청장이 부과·징수함

26

이·미용업 위생교육에 관한 내용이 맞는 것은?

① **위생교육 대상자는 이·미용업 영업자이다.**
② 이·미용사의 면허를 받은 사람은 모두 위생교육을 받아야 한다.
③ 위생교육은 시·군·구청장이 실시한다.
④ 위생교육 시간은 매년 4시간으로 한다.

> 위생교육: 대상자는 이·미용업 영업자이며 보건복지부장관이 허가한 단체가 실시하고 매년 3시간 이수함

27

이·미용사의 면허를 받을 수 없는 자는?

① 전문대학에서 이용 또는 미용에 관한 학과를 졸업한 자
② 교육부장관이 인정하는 이·미용 고등학교에서 이용 또는 미용에 관한 학과를 졸업한 자
③ **교육부장관이 인정하는 고등기술학교에서 6개월 과정의 이용 또는 미용에 관한 소정의 과정을 이수한 자**
④ 국가기술자격법에 의한 이·미용사의 자격을 취득한 자

> 면허 발급 조건: 각종 학교에서 1년 이상 이·미용 관련 과정을 이수한 경우에 가능함

28

영업정지 처분을 받고 그 영업정지 기간 중 영업을 한 때, 1차 위반 시 행정처분 기준은?

① 경고 또는 개선명령
② 영업정지 1개월
③ **영업장 폐쇄명령**
④ 영업정지 2개월

> 영업정지 기간 중 영업 시 1차 위반: 영업장 폐쇄명령에 해당함

29

다음 중 립스틱의 성분으로 가장 거리가 먼 것은?

① 색소　　　　② 라놀린
③ 알란토인　　④ **알코올**

> 립스틱 성분: 색소·라놀린·알란토인이 포함되며 알코올은 해당하지 않음

30

비타민 A 유도체로 콜라겐 생성을 촉진, 케라티노사이트의 증식 촉진, 표피의 두께 증가, 히아루론산 생성을 촉진하여 피부 주름을 개선시키고 탄력을 증대시키는 성분은?

① 코엔자임Q10　　② **레티놀**
③ 알부틴　　　　　④ 세라마이드

> 레티놀: 비타민 A 유도체로 콜라겐 생성과 표피 재생을 촉진하여 주름 개선과 탄력 증진에 작용함

31

화장품 제조와 판매 시 품질의 특성으로 틀린 것은?

① **효과성**   ② 유효성
③ 안전성   ④ 안정성

> 화장품의 4대 요건: 안전성, 안정성, 사용성, 유효성

32

화장품의 사용 목적과 가장 거리가 먼 것은?

① 인체를 청결, 미화하기 위하여 사용한다.
② 용모를 변화시키기 위하여 사용한다.
③ 피부, 모발의 건강을 유지하기 위하여 사용한다.
④ **인체에 대한 약리적인 효과를 주기 위해 사용한다.**

> 화장품은 약리적 효과를 목적으로 사용하지 않고, 인체에 대한 작용이 경미해야 함

33

계면활성제에 대한 설명으로 옳은 것은?

① 계면활성제는 일반적으로 둥근 머리 모양의 소수성기와 막대꼬리 모양의 친수성기를 가진다.
② 계면활성제의 피부에 대한 자극은 양쪽성 > 양이온성 > 음이온성 > 비이온성의 순으로 감소한다.
③ **비이온성 계면활성제는 피부에 대한 안전성이 높고 유화력이 우수하여 에멀션의 유화제로 사용된다.**
④ 양이온성 계면활성제는 세정 작용이 우수하여 비누, 샴푸 등에 사용된다.

> 비이온성 계면활성제: 피부 자극이 적고 유화력이 우수하여 화장수 가용화제, 에멀션 유화제로 사용됨

34

향수의 구비조건으로 가장 거리가 먼 것은?

① 향에 특징이 있어야 한다.
② 향은 적당히 강하고 지속성이 좋아야 한다.
③ **향은 확산성이 낮아야 한다.**
④ 시대성어 부합되는 향이어야 한다.

> 향수는 확산성이 높아야 함

35

자외선 차단제의 올바른 사용법은?

① 자외선 차단제는 아침에 한 번만 바르는 것이 중요하다.
② **자외선 차단제는 도포 후 시간이 경과되면 덧바르는 것이 좋다.**
③ 자외선 차단제는 피부에 자극이 되므로 되도록 사용하지 않는다.
④ 자외선 차단제는 자외선이 강한 여름에만 사용하면 된다.

> 자외선 차단제 사용법: 일정 시간 경과 후 덧발라 피부 보호 효과를 유지함

36

마누스(Manus)와 큐라(Cura)라는 단어에서 유래된 용어는?

① 네일 팁(Nail Tip)
② **매니큐어(Manicure)**
③ 페디큐어(Pedicure)
④ 아크릴(Acrylic)

> 매니큐어: 라틴어 마누스(손)와 큐라(관리)에서 유래된 손 관리 용어임

37

각 나라 네일미용 역사의 설명으로 틀리게 연결된 것은?

① 그리스 · 로마 - 네일관리로서 '마누스 큐라'라는 단어가 시작되었다.
② 미국 - 노크 행위는 예의에 어긋난 행동으로 여겨 손톱을 길게 길러 문을 긁도록 하였다.
③ 인도 - 상류 여성들은 손톱의 뿌리 부분에 문신 바늘로 색소를 주입하여 상류층임을 과시하였다.
④ 중국 - 특권층의 신분을 드러내기 위해 '홍화'의 재배가 유행하였고, 손톱에도 바르며 이를 '조홍'이라 하였다.

프랑스: 손톱을 길러 문을 긁어 방문을 알림

38

네일미용 작업 시 실내공기 환기 방법으로 틀린 것은?

① 작업장 내에 설치된 커튼은 장기적으로 관리한다.
② 자연 환기와 신선한 공기의 유입을 고려하여 창문을 설치한다.
③ 공기보다 무거운 성분이 있으므로 환기구를 아래쪽에도 설치한다.
④ 겨울과 여름에는 냉, 난방을 고려하여 공기청정기를 준비한다.

작업장 내에 설치된 커튼은 장기 방치가 아닌 자주 세탁하여 위생적으로 관리함

39

손 · 발톱에서 함유량이 가장 높은 성분은?

① 칼슘
② 철분
③ 케라틴
④ 콜라겐

손 · 발톱 주성분: 케라틴 경단백질임

40

네일 기본 관리 작업 과정으로 옳은 것은?

① 손 소독 → 프리에지 모양 만들기 → 네일 폴리시 제거 → 큐티클 정리하기 → 컬러 도포하기 → 마무리하기
② 손 소독 → 네일 폴리시 제거 → 프리에지 모양 만들기 → 큐티클 정리하기 → 컬러 도포하기 → 마무리하기
③ 손 소독 → 프리에지 모양 만들기 → 큐티클 정리하기 → 네일 폴리시 제거 → 컬러 도포하기 → 마무리하기
④ 프리에지 모양 만들기 → 네일 폴리시 제거 → 마무리하기 → 손 소독

네일 기본 관리순서: 손 소독 → 네일 폴리시제거 → 프리에지 모양 만들기 → 큐티클 정리하기 → 컬러 도포하기 → 마무리하기

41

손의 근육과 가장 거리가 먼 것은?

① 벌림근(외전근)
② 모음근(내전근)
③ 맞섬근(대립근)
④ 엎침근(회내근)

엎침근(회내근): 손 근육이 아닌 팔에 속하는 근육임

42

매니큐어 작업 시 알코올 소독 용기에 담가 소독하는 기구로 적절하지 못한 것은?

① 네일 파일
② 네일 클리퍼
③ 오렌지 우드스틱
④ 네일 더스트 브러시

에탄올 소독 용기에는 네일 파일을 제외한 금속 기구와 네일 더스트 브러시, 오렌지 우드스틱 등을 담가 소독함

43

네일숍에서의 감염 예방 방법으로 가장 거리가 먼 것은?

① 작업 장소에서 음식을 먹을 때는 환기에 유의해야 한다.
② 네일 서비스를 할 때는 상처를 내지 않도록 항상 조심해야 한다.
③ 감기 등 감염 가능성이 있거나 감염이 된 상태에서는 작업하지 않는다.
④ 작업 전, 후에는 70% 알코올이나 소독 용액으로 작업자와 고객의 손을 닦는다.

> 감염 예방을 위해 네일숍 내에서는 음식물 섭취를 피해야 함

44

네일 서비스 고객관리카드에 기재하지 않아도 되는 것은?

① 예약 가능한 날짜와 시간
② 손톱의 상태와 선호하는 색상
③ 은행 계좌정보와 고객의 월수입
④ 고객의 기본 인적사항

> 은행 계좌정보와 월수입 등 민감한 정보는 고객관리카드에 기재하지 않음

45

잘못된 습관으로 손톱을 물어뜯어 손톱이 자라지 못하는 증상은?

① 교조증(Onychophagy)
② 조갑비대증(Onychauxis)
③ 조갑위축증(Onychatrophia)
④ 조갑감입증(Onychocryptosis)

> 교조증(오니코파지): 손톱을 물어뜯는 습관으로 손톱 성장이 저해되어 프리에지가 없는 증상임

46

건강한 손톱에 대한 조건으로 틀린 것은?

① 반투명하며 아치형을 이루고 있어야 한다.
② 조반월(루눌라)이 크고 두께가 두꺼워야 한다.
③ 표면이 굴곡이 없고 매끈하며 윤기가 나야 한다.
④ 단단하고 탄력 있어야 하며 끝이 갈라지지 않아야 한다.

> 건강한 손톱: 조반월의 크기와 두께는 손톱 건강과 직접적 관련이 없음

47

기기 및 도구류의 위생관리로 틀린 것은?

① 수건은 1회 사용 후 세탁, 소독한다.
② 소독 및 세제용 화학 제품은 서늘한 곳에 밀폐 보관한다.
③ 큐티클 니퍼 및 네일 푸셔는 자외선 소독기에 소독할 수 없다.
④ 철제 도구(금속 도구)는 70% 알코올을 이용하며 20분 동안 담근 후 건조시켜 사용한다.

> 큐티클 니퍼와 네일 푸셔는 자외선 소독기로 소독 및 보관 가능함

48

네일 폴리시의 작업 방법으로 가장 적합한 것은?

① 네일 폴리시는 1회 도포가 이상적이다.
② 네일 폴리시를 섞을 때에는 위, 아래로 흔들어 준다.
③ 네일 폴리시가 굳었을 때에는 네일 리무버를 혼합한다.
④ 네일 폴리시는 손톱 가장자리 피부에 최대한 가깝게 도포한다.

> 네일 플리시는 일반적으로 2회 도포하며 분리되었을 때에는 흔들지 말고 옆으로 돌려 섞고 굳었을 경우 시너를 1~2방울 첨가함

49

매니큐어 과정으로 (   ) 안에 들어갈 가장 적합한 작업 과정은?

소독하기 - 네일 폴리시 지우기 - (   ) - 샌딩 파일 사용하기 - 핑거볼 담그기 - 큐티클 정리하기

① **손톱 모양 만들기**
② 큐티클 오일 바르기
③ 거스러미 제거하기
④ 네일 표백하기

손톱 조형 단계: 폴리시 제거 후 손톱 형태를 먼저 만들어 줌

50

손 근육의 역할에 대한 설명으로 틀린 것은?

① 물건을 잡는 역할을 한다.
② 손으로 세밀하고 복잡한 작업을 한다.
③ 손가락을 벌리거나 모으는 역할을 한다.
④ **자세를 유지하기 위해 지지대 역할을 한다.**

자세 유지 기능은 손 근육이 아닌 뼈의 역할임

51

UV 젤 스컬프처 보수 방법으로 가장 적합하지 않은 것은?

① UV 젤과 자연네일의 경계 부분을 파일링한다.
② **투웨이 젤을 이용하여 두께를 만들고 큐어링한다.**
③ 네일 파일링 시 너무 부드럽지 않은 파일을 사용한다.
④ 거친 네일 표면 위에 UV 젤 톱코트를 바른다.

UV 젤 보수 시 클리어 젤을 사용하여 두께를 형성하고 큐어링해야 함

52

큐티클 정리 시 유의사항으로 가장 적합한 것은?

① 큐티클 푸셔는 90°의 각도를 유지해 준다.
② 에포니키움의 밑부분까지 깨끗하게 정리한다.
③ **큐티클은 외관상 지저분한 부분만을 정리한다.**
④ 에포니키움과 큐티클 부분은 힘을 주어 밀어 준다.

큐티클은 45° 각도를 유지하고 깊게 자르거나 강한 압력을 가하지 않고 정리해야 함

53

네일 팁의 사용과 관련하여 가장 적합한 것은?

① 네일 팁 접착 부분에 공기가 들어갈수록 손톱의 손상을 줄일 수 있다.
② 네일 팁을 부착할 시 유지력을 높이기 위해 모든 네일에 하프 웰 팁을 적용한다.
③ 네일 팁을 부착할 시 네일 팁이 자연손톱의 1/2 이상 덮어야 유지력을 높이는 기준이 된다.
④ **네일 팁을 선택할 때에는 자연손톱의 사이즈와 동일하거나 한 사이즈 큰 것을 선택한다.**

네일 팁은 공기 유입을 방지하여 일반적으로 자연손톱의 1/2 미만으로 접착함

54

손톱에 네일 폴리시가 착색되었을 때 착색을 제거하는 제품은?

① 시너   ② **네일 표백제**
③ 네일 강화제   ④ 네일 폴리시리무버

네일 표백제: 변색 또는 착색된 손톱 색을 제거하는 제품임

55

내추럴 프렌치 스컬프처의 설명으로 틀린 것은?

① 자연스러운 스마일 라인을 형성한다.
② 네일 프리에지가 내추럴 파우더로 조형된다.
③ **네일 보디 전체가 내추럴 파우더로 오버레이된다.**
④ 네일 베드는 핑크 파우더 또는 클리어 파우더로 작업한다.

내추럴 프렌치 스컬프처: 프렌치 라인은 내추럴 컬러로 형성하고 네일 베드는 핑크 또는 클리어 파우더로 작업함

56

자외선 램프 기기에 조사해야만 경화되는 네일 재료는?

① 아크릴 모노머   ② 아크릴 폴리머
③ 아크릴 올리고머   ④ **UV 젤**

UV 젤: 자외선 램프 조사로만 경화되는 네일 재료임

57

새로 성장한 손톱과 아크릴 네일 사이의 공간을 보수하는 방법으로 옳은 것은?

① 들뜬 부분은 니퍼나 다른 도구를 이용하여 강하게 뜯어 낸다.
② 손톱과 아크릴 네일 사이의 턱을 거친 네일 파일로 강하게 네일 파일링한다.
③ 아크릴 네일 보수 시 네일 프라이머를 손톱과 인조 네일 전체에 바른다.
④ **들뜬 부분을 네일 파일로 갈아내고 손톱 표면에 네일 프라이머를 도포한 후 아크릴 화장물을 올려 준다.**

아크릴 네일 보수: 들뜬 부분을 약하게 제거 후 자라난 손톱에만 프라이머를 바르고 아크릴을 올려 보강함

58

손가락뼈의 기능으로 틀린 것은?

① 지지 기능   ② **흡수 기능**
③ 보호 기능   ④ 운동 기능

뼈의 기능: 지지 기능, 보호 기능, 저장 기능, 운동 기능, 조혈 기능

59

네일숍 고객관리 방법으로 틀린 것은?

① 고객의 질문에 경청하며 성의 있게 대답한다.
② **고객의 잘못된 관리 방법을 제품 판매로 연결한다.**
③ 고객의 대화를 바탕으로 고객 요구사항을 파악한다.
④ 고객의 직무와 취향 등을 파악하여 관리 방법을 제시한다.

고객의 잘못된 관리 방법은 제품 판매가 아니라 올바른 관리법으로 지도함

60

매니큐어와 관련된 설명으로 틀린 것은?

① 일반 매니큐어와 파라핀 매니큐어는 함께 병행할 수 있다.
② **큐티클 니퍼와 큐티클 푸셔는 하루에 한 번 오전에 소독해서 사용한다.**
③ 손톱의 네일 파일링은 한 방향으로 해야 자연네일의 손상을 줄일 수 있다.
④ 과도한 큐티클 정리는 고객에게 통증을 유발하거나 출혈이 발생하므로 주의한다.

큐티클 니퍼와 큐티클 푸셔는 고객마다 매회 소독하여 사용해야 함

네 일 미 용 사   필 기   C B T   기 출   프 리 패 스 + 무 료 특 강

제1회 CBT 기출복원문제

PART

03

최신 8개년
CBT 기출복원문제
(2018년~2025년)

01

다음 중 감염형 식중독에 해당하는 것은?

① **살모넬라균 식중독**
② 보툴리누스균 식중독
③ 포도상구균 식중독
④ 웰치균 식중독

- 감염형 식중독: 살모넬라균, 병원성 대장균, 장염비브리오균
- 독소형 식중독: 포도상구균, 보툴리누스균, 웰치균

02

직업병과 직업의 연결로 옳은 것은?

① **난청 – 항공정비사**
② 규폐증 – 용접공
③ 열사병 – 채석공
④ 잠함병 – 방사선 기사

난청: 항공정비사와 같이 지속적인 소음 환경에 노출되는 직업에서 발생함

03

다음 중 보건수준 평가에 가장 대표적으로 사용되는 것은?

① 성인사망률
② **영아사망률**
③ 노인사망률
④ 사인별 사망률

영아사망률: 보건수준 향상 정도를 판단하는 대표적 지표임

04

인구 1,000명당 1년간 전체 사망자 수를 나타내는 지표는?

① 평균수명
② **조사망률**
③ 영아사망률
④ 비례사망지수

조사망률: 인구 1,000명당 연간 사망자 수를 나타내는 지표임

05

전체 인구 중 65세 이상 인구가 차지하는 비율이 몇 % 이상일 때 초고령화 사회인가?

① 10% 이상
② **20% 이상**
③ 10~15% 이상
④ 15~20% 이상

초고령화 사회: 65세 이상 인구가 20% 이상인 사회임

06

자연적인 인구 증가로 옳은 것은?

① 출생 – 전입
② 전입 – 전출
③ **출생 – 사망**
④ 사망 – 전출

자연 증가: 출생과 사망에 의해 인구 변동이 이루어짐

07

접촉자의 색출 및 치료가 가장 중요한 질병은?

① **성병**   ② 암
③ 당뇨병   ④ 일본뇌염

> 성병: 성 접촉으로 감염되므로 접촉자 관리가 중요함

08 ⭐️빈출

큐티클을 과도하게 밀어 올려서 발생할 수 있는 손톱 이상은?

① 조갑백선(오니코마이코시스)
② **고랑 파인 네일(퍼로우)**
③ 손거스러미(행 네일)
④ 교조증(오니코파지)

> 고랑 파인 네일: 과도한 압력으로 큐티클을 밀어 올리면 네일에 굴곡이 발생함

09

둘째에서 다섯째 발가락을 벌리는 작용을 하는 발의 근육은?

① **배측골간근(발등쪽뼈사이근)**
② 저측골간근(발바닥뼈사이근)
③ 장무지신근(긴엄지폄근)
④ 무지내전근(엄지모음근)

> • 저측골간근: 셋째~다섯째 발가락을 모으는 근육
> • 장무지신근: 엄지발가락을 펴는 근육
> • 무지내전근: 엄지발가락을 모으는 근육

10

네일미용사의 바람직한 자세로 적절하지 않은 것은?

① 예약 시간을 지킨다.
② 청결한 용모와 복장을 유지하도록 한다.
③ **고객 착석 후 그때부터 작업 준비를 한다.**
④ 꾸준하지 지식 습득을 위해 노력한다.

> 작업 준비는 고객이 작업대에 앉기 전에 미리 완료해야 함

11

신경계의 기본 구조 단위인 신경세포는 무엇인가?

① **뉴런**   ② DNA
③ 뇌   ④ 혈액

> 뉴런: 신경계의 구조적 최소 단위임

12

손톱이 가로로 깊은 골이 파져 있는 경우 가장 효과적인 관리 방법은?

① 굴곡진 부분 중 돌출 된 부분의 두께를 네일 파일로 제거한다.
② **움푹 들어간 부분을 인조네일로 보강한다.**
③ 네일 강화제를 도포한다.
④ 관리할 수 없는 네일이다.

> 깊은 굴곡 관리는 인조네일로 보강하는 방법이 가장 효과적임

13

다음 중 건강한 네일의 상태로 틀린 것은?

① 12~18% 수분을 함유하여야 한다.
② 네일 베드에 단단히 부착되어야 한다.
③ 세균의 침범이 있고 진균의 감염이 없어야 한다.
④ 연한 핑크색을 띠고 둥근 아치 모양을 형성하여야 한다.

건강한 네일은 세균의 침범이 없고 진균 감염이 없어야 함

14

네일 도구 및 네일 재료가 네일 산업에 도입된 순서를 바르게 나열한 것은?

① 오렌지 우드스틱 → 네일 폼 → 라이트 큐어드 젤 → 네일 광택제
② 오렌지 우드스틱 → 네일 광택제 → 네일 폼 → 라이트 큐어드 젤
③ 오렌지 우드스틱 → 네일 폼 → 네일 광택제 → 라이트 큐어드 젤
④ 오렌지 우드스틱 → 라이트 큐어드 젤 → 네일 광택제 → 네일 폼

오렌지 우드스틱(1830년) → 네일 광택제(1885년) → 네일 폼 (1957년) → 라이트 큐어드 젤(1994년)

15

발허리뼈라고 하며 발등과 발바닥을 이루는 5개 형태의 뼈는 무엇인가?

① 족근골
② 중족골
③ 족지골
④ 수근골

중족골: 발허리뼈로 발등과 발바닥을 이루는 5개의 뼈에 해당함

16

네일 산업 발달 과정에서 연도와 내용의 연결이 옳은 것은?

① 1925년: 네일 폴리시 시장이 본격화
② 1935년: 근대적 페디큐어 등장
③ 1967년: 포인트(아몬드)형의 네일 유행
④ 1992년: 실크를 이용한 네일 랩 작업 시도

근대적 페디큐어는 1957년, 포인트형 유행은 1800년, 네일 랩 작업은 1960년경 시작됨

17

하지신경이 아닌 것은?

① 좌골신경(궁둥신경)
② 척골신경(자뼈신경)
③ 경골신경(정강신경)
④ 대퇴신경(넙다리신경)

척골신경은 상지신경에 해당하며 하지신경이 아님

18

손톱의 성장에 관한 설명이 틀린 것은?

① 손톱은 남성보다 여성이 빨리 자란다.
② 발톱은 손톱 성장 속도의 1/2 정도로 늦게 자란다.
③ 중지 손톱이 가장 빨리, 소지 손톱이 가장 늦게 자란다.
④ 손톱은 겨울보다 여름에 빨리 자란다.

손톱은 여성보다 남성이 더 빨리 자람

19

오벌 형태에 대한 설명으로 틀린 것은?

① 네일이 타원형의 곡선 형태이다.
② 손이 길어 보이며 우아한 느낌을 준다.
③ 좌우대칭을 맞추어 가며 네일 파일링한다.
④ **스트레스 포인트부터 일정 부분 직선이 유지되어야 한다.**

오벌 형태는 스트레스 포인트부터 곡선으로 이어지며 직선 유지 특징은 라운드 형태에 해당함

20

피지에 대한 설명으로 틀린 것은?

① 피지는 피부나 털을 보호하는 작용을 한다.
② 피지가 외부로 분출이 안 되면 여드름 요소인 면포로 발전한다.
③ 일반적으로 남자는 여자보다도 피지의 분비가 많다.
④ **피지는 아포크린 한선에서 분비된다.**

피지는 피지선에서 분비되며 모낭과 연결된 모공을 통해 배출됨

21

바이러스성 질환으로 수포가 입술 주위에 잘 발생하고 흉터 없이 치유되나 재발이 잦은 것은?

① 습진   ② 태선화
③ **단순포진**   ④ 대상포진

단순포진은 헤르페스 바이러스 감염으로 수포가 반복 재발하며 흉터 없이 치유되는 특징이 있음

22

피부 조직 중 색소세포가 가장 많이 분포하는 부위는?

① 표피의 각질층   ② **표피의 기저층**
③ 진피의 유두층   ④ 진피의 망상층

멜라닌세포는 표피의 기저층에 가장 많이 존재하여 피부 색 형성에 관여함

23

다음 중 속발진에 해당하는 것은?

① **비듬**   ② 농포
③ 팽진   ④ 종양

비듬은 인설로 속발진에 해당하며 농포 · 팽진 · 종양은 원발진에 해당함

24

산과 합쳐지면 레티노산이 되고, 피부의 각화 작용을 정상화시키며, 피지 분비를 억제하는 각질 연화제로 많이 사용되는 비타민은?

① **비타민 A**   ② 비타민 B 복합체
③ 비타민 C   ④ 비타민 D

비타민 A는 산과 결합해 레티노산이 되며 각화 정상화 및 피지 억제 작용으로 각질 연화제로 활용됨

25

피부 구조에 대한 설명 중 틀린 것은?

① 피부는 표피, 진피, 피하지방층의 3개 층으로 구성된다.
② 표피는 일반적으로 내측으로부터 기저층, 유극층, 과립층, 투명층, 각질층의 5층으로 나뉜다.
③ **멜라닌세포는 표피의 유극층에 산재한다.**
④ 멜라닌세포 수는 민족과 피부색에 관계없이 일정하다.

> 멜라닌세포는 표피의 기저층에 존재하여 색소를 생성함

26

각질 이상 증식으로 발생하는 피부질환은?

① 주근깨
② 기미
③ **티눈**
④ 반점

> 티눈: 지속적인 압박으로 각질층이 비정상적으로 증식하여 발생함

27 ⭐비출

그러데이션 컬러링에 대한 설명으로 틀린 것은?

① **프리에지는 제외하고 컬러를 도포한다.**
② 컬러의 경계를 없애 자연스러운 그러데이션이 되도록 한다.
③ 다양한 색상을 사용할 수 있다.
④ 프리에지로 갈수록 자연스럽게 컬러가 진해진다.

> 그러데이션 컬러링도 프리에지까지 컬러를 도포하여 자연스럽게 표현함

28

젤 자연네일 보강에서 사용되는 재료로 옳은 것은?

① 네일 폼
② **올리고머**
③ 필러 파우더
④ 네일 랩

> 젤 자연네일 보강은 젤 재료를 사용하며 젤은 올리고머라 함

29

다음 중 매니큐어 과정에 반드시 필요하지 않은 것은?

① 손톱의 형태 조형
② 네일 폴리시 도포
③ **네일 프라이머 도포**
④ 유분기 제거

> 네일 프라이머는 인조네일 시 사용하는 재료로 매니큐어 과정에는 필수 아님

30

네일 화장물 제거에 대한 설명으로 틀린 것은?

① **100Grit 거친 네일 파일로 표면을 제거한다.**
② 큐티클 오일을 도포하여 네일 주변 피부를 보호한다.
③ 고객의 손을 소독한다.
④ 네일 클리퍼를 사용하여 길이를 재단한다.

> 자연네일 손상 방지를 위해 180Grit 이상의 부드러운 네일 파일을 사용하여 표면을 다듬어야 함

31

다음 중 네일 랩의 장점이 아닌 것은?

① 실크는 조직이 얇고 섬세하게 짜여져 부드럽고 가볍다.
② 파이버 글라스는 가느다란 인조섬유로 짜여 있기에 접착제가 잘 스며든다.
③ 리넨은 실크보다 굵은 소재의 천으로 짜여 있어 두껍고 강하다.
④ 페이퍼 랩은 네일 접착제를 잘 흡수하여 실크보다 훨씬 튼튼하다.

> 페이퍼 랩은 섬유로 만든 아주 얇은 종이로, 일회용으로만 사용하며 튼튼하지 않기 때문에 거의 사용하지 않음

32

네일 폴리시에 대한 설명으로 틀린 것은?

① 색상을 주고 광택을 보이게 하는 화장제이다.
② 휘발성 물질이다.
③ 굳는 것을 방지하기 위해 병 입구를 닦아 보관한다.
④ 비인화성 물질로 되어 있다.

> 네일 폴리시는 인화성 물질로 화기 취급에 주의함

33

매니큐어에 대한 설명으로 틀린 것은?

① 부드러운 네일 파일을 사용하여 네일 파일링한다.
② 네일 폴리시는 2회 반복하여 도포한다.
③ 베이스코트는 여러 번 도포하는 것이 좋다.
④ 관리가 끝난 후 사용한 도구는 소독한다.

> 베이스코트는 얇게 1회 도포하는 것이 적절함

34

랩 네일에 대한 설명으로 틀린 것은?

① 네일 랩은 큐티클 라인에서 1mm 정도 남기고 접착한다.
② 네일 랩을 사용하여 길이를 연장하는 방법을 네일 랩 익스텐션이라고 한다.
③ 찢어진 네일을 보강하는 방법을 랩핑이라고 한다.
④ 길이를 연장하는 경우 네일 랩을 1장만 사용하면 얇을 수 있어 2장을 사용하여 두께를 준다.

> 네일 랩을 사용하여 길이를 연장하는 경우 네일 랩을 접착한 후 필러 파우더와 네일 접착제를 사용하여 두께를 보강함

35

큐티클을 부드럽게 연화시키는 제품은?

① 네일 폴리시리무버
② 논 아세톤 리무버
③ 큐티클 리무버
④ 아이 리무버

> 큐티클 리무버: 큐티클을 연화시켜 정리를 용이하게 함

36 빈출

페디큐어에 대한 설명으로 틀린 것은?

① 페디 파일은 바깥쪽에서 안쪽으로 사용한다.
② 족탕기에 항균비누를 넣고 사용한다.
③ 족탕기는 반드시 소독한다.
④ 토 세퍼레이터 대신 페이퍼타월을 사용해도 된다.

> 페디 파일은 족문 방향으로 안쪽에서 바깥쪽으로 사용해야 함

37 ⭐빈출

네일숍의 안전관리에 대한 설명으로 틀린 것은?

① 소방서, 종합병원, 응급실 119 구급차의 전화번호를 누구나 볼 수 있도록 한다.
② 경찰이나 사설 경비회사와 연결될 수 있는 비상 버튼을 설치한다.
③ 소화기를 비치하고 스모크 알람을 설치한다.
④ 외부와의 접촉이 쉬운 카운터는 출입구와 먼 곳으로 배치한다.

> 고객 응대와 안전 확보를 위해 카운터는 출입구와 가까운 위치에 배치함

38

매니큐어 중 출혈 발생 시 잘못된 대처 방법은?

① 지혈제를 출혈 부위에 떨어뜨린다.
② 출혈이 멈추도록 문지른다.
③ 출혈 부위에 지혈한다.
④ 분말형 지혈제도 사용 가능하다.

> 출혈이 발생했을 때 출혈 부위를 문지르면 조직 손상과 출혈 악화를 초래함

39

젤 네일에 대한 설명으로 틀린 것은?

① 젤 램프 기기에 경화하기 전까지는 자유롭게 다룰 수 있다.
② 톱 젤이 있어 쉽게 고광택을 낼 수 있다.
③ 아크릴 성분도 포함되어 있다.
④ 톱 젤은 경화하지 않아도 된다.

> 톱 젤도 젤 램프 기기로 반드시 경화해야 함

40

세균이 가장 잘 증식하는 최적 수소이온농도는?

① 강산성　　　　② 약산성
③ 중성　　　　　④ 강알칼리성

> 세균은 pH 6.0~8.0인 환경에서 가장 활발히 증식함

41

소독장비 사용 시 올바른 방법은?

① 건열 멸균기 – 멸균된 물건을 소독기에서 꺼낸 즉시 냉각시켜야 살균 효과가 크다.
② 자비 소독기 – 금속성 기구들은 물이 끓기 전부터 넣고 끓인다.
③ 간헐 멸균기 – 가열과 가열 사이에 20℃ 이상의 온도를 유지한다.
④ 자외선 소독기 – 날이 예리한 기구 소독 시 수건 등으로 싸서 넣는다.

> • 건열 멸균기: 서서히 냉각해야 살균 효과 유지됨
> • 자비 소독기: 물이 끓은 후 기구를 넣어야 함
> • 자외선 소독기: 물품을 직접 노출시켜야 효과적임

42

자비 소독 시 살균력 강화와 금속의 상함을 방지하기 위해 첨가하는 물질은?

① 승홍수　　　　② 알코올
③ 염화칼슘　　　④ 탄산나트륨

> 자비 소독(열탕 소독) 시 탄산나트륨 1~2% 첨가로 살균력 증가와 금속 부식이 방지됨

43

바이러스에 대한 설명으로 옳은 것은?

① 항생제에 감수성이 있다.
② 광학현미경으로 관찰이 가능하다.
③ 핵산 DNA와 RNA를 둘 다 가지고 있다.
④ **바이러스는 살아 있는 세포 내에서만 증식 가능하다.**

바이러스: 숙주 세포 내에서만 증식 가능한 절대기생체임

44

곤충을 매개로 인체에 침입해 질환을 일으키는 병원성 미생물은?

① 바이러스   ② 세균
③ **리케차**   ④ 효모

리케차: 곤충을 통해 전파되며 세포 내 증식 특성을 가짐

45

유리 제품의 소독 방법으로 가장 적절한 것은?

① 끓는 물에 넣고 10분간 가열한다.
② **건열 멸균기에 넣고 소독한다.**
③ 끓는 물에 넣고 5분간 가열한다.
④ 찬물에 넣고 75℃까지만 가열한다.

건열 멸균은 유리와 도자기에 효과적인 소독법임

46

산화 작용에 의한 소독법이 아닌 것은?

① 과망가니즈산칼륨   ② 과산화수소
③ 염소   ④ **크레졸**

크레졸은 단백질 변성 작용에 의한 소독제에 해당함

47

다음 설명에 적합한 유화 형태의 대표적인 제품은?

> 유화 형태를 판별하기 위해 물을 첨가한 결과 잘 섞여 O/W형으로 판별되었다.

① 데오도란트   ② **핸드 로션**
③ 보디 크림   ④ 파우더

O/W 에멀션은 수분이 많은 로션류 제품에 해당함

48

기능성 화장품의 주요 효과가 아닌 것은?

① 피부 주름 개선에 도움을 준다.
② 자외선으로부터 보호한다.
③ **피지와 노폐물을 제거하는 데 도움을 준다.**
④ 피부 미백에 도움을 준다.

피지와 노폐물 제거는 기초 화장품 중 클렌징 제품의 기능에 해당함

49

보디 샴푸의 특징으로 틀린 것은?

① 세포 간에 존재하는 지질을 가능한 보호
② 부드럽고 치밀한 기포 부여
③ 세균의 증식 억제
④ **각질층 내 세정제의 침투로 지질 용출**

보디 샴푸는 각질층 지질을 제거하지 않고 세포 간 지질을 보호하는 것이 원칙임

50

여드름의 발생 가능성이 가장 적은 화장품 성분은?

① **호호바 오일** 　② 바셀린
③ 미네랄 오일 　④ 유동 파라핀

호호바 오일은 인체 피지와 유사한 성분으로 피부 친화성이 높아 여드름 유발 가능성이 적음

51

왁스에 대한 설명으로 틀린 것은?

① 고급지방산에 고급알코올이 결합된 에스테르를 의미한다.
② 실온에서 고형화제인 유성 성분이며, 제품의 변질이 적다.
③ **동물성 왁스에는 카르나우바 왁스, 칸데릴라 왁스 등이 있다.**
④ 화장품의 굳기를 조절, 광택을 부여하는 역할을 한다.

카르나우바 왁스와 칸데릴라 왁스는 식물성 왁스에 해당함

52

기초 화장품을 사용하는 목적이 아닌 것은?

① **체취 방지** 　② 노폐물 제거
③ 피부 보호 　④ 영양공급

체취 방지는 데오도란트의 사용 목적임

53

자외선 차단제에 대한 설명으로 틀린 것은?

① 자외선 차단제에는 물리적 차단제와 화학적 차단제가 있다.
② **물리적 차단제에는 벤조페논, 옥시벤존, 옥틸디메틸파바 등이 있다.**
③ 화학적 차단제는 피부에 유해한 자외선을 흡수하여 피부 침투를 차단하는 방법이다.
④ 물리적 차단제는 자외선이 피부에 흡수되지 못하도록 피부 표면에서 빛을 반사 또는 산란시키는 방법이다.

벤조페논, 옥시벤존, 옥틸디메틸파바 등은 화학적 차단제 성분에 해당함

54

「공중위생관리법」에서 규정하고 있는 공중위생영업의 종류에 해당하지 않는 것은?

① 숙박업 　② 목욕장업
③ **요식업** 　④ 미용업

공중위생영업: 숙박업, 목욕장업, 이용업, 미용업, 세탁업, 건물위생관리업

55

이·미용업에 있어 청문을 실시해야 하는 경우가 아닌 것은?

① 영업소 폐쇄명령을 하고자 하는 경우
② 위생서비스 평가를 하고자 하는 경우
③ 일부의 사용중지 처분을 하고자 하는 경우
④ 면허정지 처분을 하고자 하는 경우

청문 실시: 이·미용사 면허정지 및 면허취소, 영업소 영업정지·사용중지·폐쇄명령에 해당함

56

다음 중 이·미용 업무에 종사할 수 있는 자는?

① 공인 이·미용학원에서 3개월 이상 이·미용에 관한 강습을 받은 자
② 이·미용업소에 취업하여 6개월 이상 이·미용에 관한 기술을 수습한 자
③ 이·미용업소에서 이·미용사의 감독하에 이·미용 업무를 보조하고 있는 자
④ 시장·군수·구청장이 보조원이 될 수 있다고 인정하는 자

이·미용사의 감독을 받아 업무를 보조하는 경우에만 종사 가능함

57

다음 중 이·미용사 면허를 취득할 수 없는 자는?

① 면허 취소 후 1년 경과 자
② 독감환자
③ 마약중독자
④ 전과기록자

약물중독자(마약중독자)는 면허 발급 결격사유에 해당함

58

공중위생 감시원을 둘 수 없는 곳은?

① 특별시
② 광역시, 도
③ 시, 군, 구
④ 읍, 면, 동

공중위생 감시원은 특별시·광역시·도 및 시·군·구에 둘 수 있음

59

공중위생영업자가 위생관리의무사항을 위반할 때의 당국의 조치사항으로 옳은 것은?

① 영업정지
② 자격정지
③ 업무정지
④ 개선명령

위생관리의무를 위반할 때에는 개선명령을 실시함

60

다음 중 이·미용사 면허를 받을 수 있는 경우가 아닌 것은?

① 전문대학 또는 같은 수준 이상의 학력이 있다고 교육부장관이 인정하는 학교에서 이용 또는 미용에 관한 학과 졸업자
② 교육부장관이 인정하는 인문계 고등학교에서 6개월 이상 이·미용에 관한 소정의 과정을 이수한 자
③ 「국가기술자격법」에 의한 이·미용사 자격을 취득한 자
④ 초·중등교육법령에 따른 고등기술학교에서 1년 이상 이용 또는 미용에 관한 소정의 과정을 이수한 자

고등학교 또는 고등기술학교에 준하는 각종 학교에서 1년 이상 이용 또는 미용에 관한 소정의 과정을 이수한 자가 이·미용사 면허를 받을 수 있음

제2회 CBT 기출복원문제

01 ⭐

다음 중 공기오염으로 전파되는 감염병은?

① 인플루엔자　　② 세균성 이질
③ 일본뇌염　　　④ 파라티푸스

> 인플루엔자: 비말과 공기를 통해 전파되는 호흡기 감염병에 해당함

02

하수 처리에서 활성오니법이 이용한 작용은?

① 부패 작용　　　② 산화 작용
③ 희석 작용　　　④ 침전 작용

> 활성오니법: 미생물의 산화 작용으로 유기물을 분해함

03

2차 오염 물질로 광화학 옥시던트를 발생하며 가슴 통증과 메스꺼움, 기침 증상으로 기관지염의 피해를 유발하는 대기오염 물질은?

① 오존　　　　　② 이산화질소
③ 일산화탄소　　④ 이산화탄소

> 오존: 2차 오염 물질로 호흡기 자극과 가슴 통증을 유발함

04

국가 간이나 지역사회 간의 보건수준 비교에 사용되는 3대 지표는?

① 평균수명, 모성사망률, 비례사망지수
② 영아사망률, 비례사망지수, 평균수명
③ 유아사망률, 사인별 사망률, 영아사망률
④ 영아사망률, 사인별 사망률, 평균수명

> 보건수준 3대 지표: 영아사망률, 비례사망지수, 평균수명

05

DPT 예방접종에 포함되지 않는 것은?

① 디프테리아　　② 결핵
③ 백일해　　　　④ 파상풍

> DPT: 디프테리아·백일해·파상풍 예방 백신임

06

피부를 통해 감염되는 기생충은?

① 요충　　　　　② 십이지장충
③ 편충　　　　　④ 회충

> 십이지장충은 피부를 통해 침투하여 감염됨

07

건강의 정의를 가장 잘 설명한 것은?

① 신체적으로 안녕한 상태
② **육체적·정신적·사회적으로 안녕한 상태**
③ 질병이 없고, 허약하지 않은 상태
④ 정신적으로 안녕한 상태

> 건강의 정의: 단순히 질병이 없거나 허약하지 않은 상태가 아닌, 육체적·정신적·사회적으로 완전히 안녕한 상태를 의미함

08 ⭐빈출

1830년 의사인 시트가 개발한 것은?

① **오렌지 우드스틱**
② 니트로셀룰로오스
③ 네일 파일
④ 큐티클 크림

> 오렌지 우드스틱은 1830년 시트에 의해 개발됨

09

오니코크립토시스(조갑감입증)에 대한 설명으로 틀린 것은?

① 네일의 양쪽 옆면이 살 속으로 파고드는 증상이다.
② **발톱을 동그랗게 잘라 주어야 한다.**
③ 네일미용사가 관리 가능한 이상 증세이다.
④ 꽉 끼는 신발 착용으로 발생할 수 있다.

> 발톱은 스퀘어 형태로 짧지 않게 잘라 관리해야 함

10

뼈의 길이 성장에 관여하며 골단연골의 성장이 멈추면서 완전한 뼈가 형성되는 장골의 양쪽 둥근 끝부분을 무엇이라고 하는가?

① 골화　　　　　　② **골단**
③ 골막　　　　　　④ 골수

> 골단: 완전한 뼈가 형성되는 장골의 양쪽 둥근 끝부분

11

손과 손목은 몇 개의 뼈로 구성되어 있는가?

① 24개　　　　　　② 25개
③ 26개　　　　　　④ **27개**

> 손목과 손의 뼈: 수지골 14개, 중수골 5개, 수근골 8개로 총 27개로 구성됨

12

에포니키움에 대한 설명으로 옳은 것은?

① **매트릭스를 병원균으로부터 보호한다.**
② 네일 아래 살과 연결된 끝부분으로 박테리아의 침입을 막아준다.
③ 모양과 길이를 자유롭게 조절할 수 있는 부분이다.
④ 매트릭스 윗부분으로 네일의 근원이다.

> 에포니키움: 큐티클 위에 있어 있는 피부로 매트릭스 보호하는 역할을 하며, 감염되면 영구적으로 손상될 수 있는 부위임

13

손바닥 일부의 감각과 손목의 뒤집힘 등 운동 기능을 담당하며 팔의 중앙부를 관통해서 손가락으로 들어가며 엄지근육 및 손바닥의 피부에 분포하는 신경은?

① 정중신경(중앙신경)
② 좌골신경(궁둥신경)
③ 근피신경(근육피부신경)
④ 액와신경(겨드랑이신경)

> 정중신경: 팔 중앙부를 관통하여 손바닥으로 분포하며 엄지 근육 운동과 손바닥 감각을 담당함

14

손톱의 성장속도가 가장 빠른 손가락은?

① 소지   ② 약지
③ 중지   ④ 엄지

> 일반적으로는 중지의 손톱이 가장 빠르게 자람

15

네일이 전체적으로 부드럽고 가늘며 하얗게 되어 네일 끝이 굴곡진 상태로 달걀껍질같이 얇게 벗겨지는 증상으로 질병, 다이어트, 신경성 등에서 기인되는 네일의 증상은?

① 표피조막   ② 조갑위축증
③ 조갑연화증   ④ 파란 네일

> 조갑연화증은 손톱이 부드럽고 가늘어지며 얇게 벗겨지는 증상으로 질병·다이어트·신경성 원인에 의해 발생함

16

페디큐어의 어원으로 발을 지칭하는 라틴어는?

① 페디스(Pedis)
② 마누스(Manus)
③ 큐라(Cura)
④ 매니스(Manis)

> 페디스: 발을 의미하는 라틴어로 페디큐어 어원에 해당함

17

주로 발톱에 나타나며 네일이 두꺼워지며 손이나 발가락 밖으로 돌출되며 심한 변형을 동반하는 증상은?

① 루코니키아   ② 오니코그리포시스
③ 오니코파지   ④ 행 네일

> 오니코그리포시스(조갑구만증): 치매나 정신질환 등으로 발생하며 발톱이 심하게 돌출·변형되어 관리할 수 없음

18 ⭐빈출

고대 그리스 로마에 대한 설명으로 옳은 것은?

① 마누스와 큐라라는 단어가 생겨났고 자연스럽고 건강한 아름다움을 이상적으로 여겼다.
② 주술적인 의미로 헤나를 사용하여 손톱을 염색하였다.
③ 보석, 금, 대나무 부목으로 손톱을 보호하였다.
④ 손톱의 색으로 사회적 계급을 분류하였고 금색, 은색을 사용하였다.

> 그리스 로마: 자연스럽고 건강한 아름다움을 이상적으로 여기며 매니큐어 어원인 마누스와 큐라가 형성됨

19

다음 중 상지신경에 해당하지 않는 것은?

① **비복신경**　　　　② 정중신경
③ 근피신경　　　　　④ 요골신경

- 비복신경: 하지신경에 해당하며 상지신경이 아님
- 상지신경: 액와신경, 근피신경, 정중신경, 요골신경, 척골신경, 수지신경

20

다음 중 적외선에 대한 설명으로 틀린 것은?

① 혈류의 증가를 촉진시킨다.
② 피부의 생성물을 흡수되도록 돕는 역할을 한다.
③ **노화를 촉진시킨다.**
④ 피부에 열을 가하여 피부를 이완시키는 역할을 한다.

노화 촉진 작용은 적외선이 아닌 자외선에 의해 발생함

21

피부 표면의 구조와 생리를 설명한 것으로 옳은 것은?

① **각질층에 존재하는 친수성분을 천연보습인자라 한다.**
② 피부의 이상적인 산성도(pH)는 6.2~7.8이다.
③ 피부의 pH는 성별·계절별로 변화가 거의 없다.
④ 피부의 피지막은 건강 상태 및 위생과는 상관없다.

천연보습인자는 각질층에 존재하며 피부의 이상적인 pH는 4.5~6.5로 성별·계절에 따라 변하며 피지막은 건강 상태와 위생에 따라 달라짐

22

한선(땀샘)에 대한 설명 중 틀린 것은?

① 체온 조절 기능을 한다.
② 진피와 피하지방 조직의 경계에 위치한다.
③ **입술을 포함한 전신에 존재한다.**
④ 에크린 한선과 아포크린 한선이 있다.

입술에는 한선(땀샘)이 존재하지 않음

23

자외선에 대한 설명으로 틀린 것은?

① 자외선 C는 오존층에 의해 차단될 수 있다.
② 자외선 A의 파장은 320~400nm이다.
③ 자외선 B는 유리에 의해 차단할 수 있다.
④ **피부에 가장 깊게 침투하는 것은 자외선 B이다.**

피부에 가장 깊게 침투하는 자외선은 자외선 A임

24

항산화제에 속하지 않는 것은?

① 베타 - 카로틴(β - carotene)
② 수퍼옥사이드 디스뮤타제(SOD)
③ 비타민 E
④ **비타민 F**

비타민 F는 필수지방산으로 항산화제에 속하지 않음

25

다음 중 자외선이 피부에 미치는 영향에 해당하지 않는 것은?

① 색소 침착
② 살균 효과
③ 홍반 형성
④ 비타민 A 합성

자외선은 피부에서 비타민 D를 합성함

26

자외선 B는 자외선 A보다 홍반 발생 능력이 몇 배 높은가?

① 10배
② 100배
③ 1,000배
④ 10,000배

자외선 B는 자외선 A보다 홍반 발생 능력이 약 1,000배 높음

27

네일 프라이머에 대한 설명으로 틀린 것은?

① 네일 표면의 유·수분을 제거해 주고 아크릴의 접착력을 높여 준다.
② 산성 제품으로 피부에 화상을 입힐 수 있으므로 최소량만 사용한다.
③ 인조네일 전체에 사용하며 방부제 역할을 해 준다.
④ 네일 표면의 pH 밸런스를 맞춘다.

네일 프라이머는 자연네일에만 최소량 사용하며 인조네일 전체에 도포하지 않음

28 ⭐

젤 네일에 대한 설명으로 틀린 것은?

① 분자량이 큰 올리고머 물질로 경화 후 유연성이 증가한다.
② 젤은 대부분 소프트 젤이다.
③ LED 램프와 UV 램프를 사용하여 경화한다.
④ 분자량이 작은 올리고머의 물질로 경화 후 분자량이 촘촘해진다.

젤은 저분자·중분자의 올리고머로 경화 후 단단해짐

29

다음 중 아크릴 네일의 재료에 해당하지 않는 것은?

① 모노머
② 폴리머
③ 네일 프라이머
④ 올리고머

올리고머는 젤 네일 재료에 해당함

30

네일 폴리시의 구비조건으로 옳지 않은 것은?

① 네일에 독성이 없을 것
② 네일 폴리시리무버로 쉽게 제거되지 않을 것
③ 네일에 바르기 적당한 점도가 있을 것
④ 안료가 균일하게 분산되고 일정한 컬러를 유지할 것

네일 폴리시는 네일 폴리시리무버로 쉽게 제거되어야 함

31

젤 램프 기기에 대한 설명으로 틀린 것은?

① UV 램프는 UV-B 파장 정도를 사용한다.
② LED 램프는 400~700nm 정도의 파장을 사용한다.
③ 젤 네일에 사용되는 광선은 자외선과 가시광선이다.
④ 젤 네일의 경화 속도가 떨어지면 램프를 교체한다.

UV 램프는 UV-A 약 320~400nm 파장을 사용함

32

아크릴 네일의 제거 방법으로 틀린 것은?

① 아크릴 네일이 용해된 후 네일 파일을 사용하여 떼어 낸다.
② 아크릴 네일이 용해된 후 큐티클 푸셔를 사용하여 떼어 낸다.
③ 아크릴 네일이 용해된 후 오렌지 우드스틱을 사용하여 떼어 낸 후 잔여물을 부드러운 네일 파일로 제거한다.
④ 아크릴 네일이 용해된 후 콘 커터를 사용하여 떼어 낸다.

콘 커터는 발의 굳은살 제거하는 도구로 아크릴 네일 제거에 사용하지 않음

33

네일 도구 중 일회용으로 사용해야 하는 것은?

① 큐티클 푸셔　　② 큐티클 니퍼
③ 토 세퍼레이터　　④ 핑거볼

토 세퍼레이터는 발가락끼리 닿지 않게 해주는 제품으로 사용 후 폐기하는 일회용 도구임

34

네일 랩 자연네일 보강에서 사용되는 재료가 아닌 것은?

① 네일 랩
② 경화 촉진제
③ 네일 접착제
④ 네일 팁

네일 팁은 길이를 연장하는 재료로 보강 작업에는 사용하지 않음

35 빈출

팁 위드 젤의 작업 중 네일 파일링 방법으로 틀린 것은?

① 스마일 라인이 손상되지 않도록 주의한다.
② 젤 네일에서는 가볍게 네일 파일링한다.
③ 네일 파일링 시 큐티클 주변 피부의 손상이 없도록 주의한다.
④ 콘 벡스와 콘 케이브의 두께를 일정하게 네일 파일링한다.

팁 위드 젤은 프렌치가 아니므로 스마일 라인이 존재하지 않음

36

조직이 얇고 섬세하게 짜여 부드럽고 가벼운 네일 랩은?

① 리넨　　　　② 실크
③ 멘딩 티슈　　④ 파이버 글라스

실크: 명주실로 제작된 직물로 촉감이 부드럽고 가벼우며 조직이 얇고 섬세해 네일 랩 소재로 활용도가 높음

37

네일 랩 접착 방법으로 가장 가장 부적절한 것은?

① 접착할 네일의 면적을 재고 재단한다.
② 네일 랩의 모서리는 큐티클 옆 라인과 맞게 약간 둥글게 자른다.
③ 큐티클 라인에서 약 1mm를 남기고 접착한다.
④ **큐티클 라인을 꽉 채워서 접착시킨다.**

> 네일 랩은 큐티클에서 약 1mm 남기고 접착해야 함

38

토 세퍼레이터에 대한 설명으로 틀린 것은?

① 기성제품 이외에 페이퍼타월이나 솜 등을 사용할 수 있다.
② 베이스코트 도포 전에 사용한다.
③ **한 고객에게 사용한 후 반드시 소독하여 자외선 소독기에 넣어 보관한다.**
④ 컬러링을 할 때 발가락끼리 닿지 않게 해주는 제품이다.

> 토 세퍼레이터는 일회용으로 재사용하지 않음

39 ⭐빈출

아크릴 네일에서 사용하는 재료는?

① 네일 팁　　　　② 네일 랩
③ 젤　　　　　　④ **모노머**

> 모노머는 아크릴 리퀴드로 아크릴 네일 핵심 재료임

40

산소보다 낮은 농도 2~10% 범위에서만 증식이 가능한 세균은?

① 호기성균　　　　② 혐기성균
③ 통성 혐기성균　　④ **미호기성균**

> • 호기성균: 산소가 필요한 세균
> • 혐기성균: 산소가 필요하지 않은 세균
> • 통성 혐기성균: 산소의 유·무에 관계없이 생육이 가능한 세균

41 ⭐빈출

감염병환자의 퇴원 시 소독 방법으로 가장 효과적인 것은?

① 지속소독　　　　② 수시소독
③ 반복소독　　　　④ **종말소독**

> 종말소독: 환자의 퇴원·사망 등으로 감염원을 완전히 제거하기 위해 실시하는 최종 소독 방법임

42

건열 멸균에 대한 설명으로 가장 적절한 것은?

① 300℃ 이상으로 하여 멸균한다.
② 고압솥을 사용한다.
③ **주로 유리 기구 등의 멸균에 이용된다.**
④ 건열 멸균기에 많은 기구를 쌓아서 내부를 완전히 채운 다음 멸균시키는 것이 좋다.

> 건열 멸균: 드라이 오븐으로 유리·도자기 멸균에 이용함

43

다음 중 소독약의 구비조건으로 틀린 것은?

① 안정성 및 용해성이 높아야 한다.
② 소독 물품에 손상이 있어도 확실히 소독되어야 한다.
③ 인체에는 자극이 없어야 한다.
④ 살균력이 있고 소독의 효력은 즉시 나타나야 한다.

> 소독약은 소독 물품에 손상을 주지 않아야 함

44

살균력은 강하지만 자극성과 부식성이 강해서 상·하수의 소독에 이용되는 것은?

① 알코올　　　　② 과산화수소
③ 승홍수　　　　④ 염소

> 염소: 강한 살균력으로 상수 및 하수 소독에 이용됨

45

소독의 정의로 가장 적절한 것은?

① 모든 미생물을 열이나 약품으로 사멸
② 병원성 미생물을 사멸하든가 또는 제거하여 감염력을 잃게 하는 것
③ 병원성 미생물에 의한 부패를 방지하는 것
④ 병원성 미생물에 의한 발효를 방지하는 것

> 소독: 병원성 미생물을 제거하여 인체 감염의 위험이 없애는 것

46

비열에 의한 멸균법이 아닌 것은?

① 여과 멸균법
② 화염 멸균법
③ 초음파 멸균법
④ 방사선 멸균법

> • 화염 멸균은 건열 멸균법에 해당함
> • 비열법: 여과 멸균법, 초음파 멸균법, 방사선 멸균법

47

유연 화장수의 작용으로 틀린 것은?

① 피부의 모공을 넓혀 준다.
② 피부에 남아 있는 비누의 알칼리를 중화시킨다.
③ 유연 화장수는 보습제가 포함되어 있다.
④ 피부에 영양을 주고 윤택하게 한다.

> 유연 화장수는 모공을 확장시키지 않음

48

세정용 화장수의 일종으로 가장 유성 성분이 없으며 가벼운 화장의 제거에 사용하기에 가장 적합한 것은?

① 클렌징 오일　　　　② 클렌징 워터
③ 클렌징 로션　　　　④ 클렌징 크림

> 클렌징 워터: 유성 성분이 거의 없어 가벼운 화장 제거에 적합함

49

클렌징로션에 대한 알맞은 설명은?

① 사용 후 반드시 비누 세안을 해야 한다.
② 친유성 에멀션(W/O 타입)이다.
③ 눈 화장을 지우는 데 주로 사용한다.
④ 민감성 피부에도 적합하다.

> 클렌징 로션은 친수성 에멀션(O/W 타입)으로 자극이 적어 민감성 피부에도 적합함

50

자외선 차단제에 대한 설명으로 틀린 것은?

① 자외선 산란제는 투명하고 자외선 흡수제는 불투명 하게 표현된다.
② 자외선 산란제는 물리적인 산란 작용을 이용한 제품 이다.
③ 자외선 흡수제는 화학적인 흡수 작용을 이용한 제품 이다.
④ 자외선 차단제의 구성 성분은 크게 자외선 산란제와 자외선 흡수제로 구분된다.

> 자외선 산란제는 불투명하고 자외선 흡수제는 투명함

51

화장품의 수성원료인 알코올에 대한 설명으로 틀린 것은?

① 알코올 함량이 많으면 피부가 건조해진다.
② 알코올의 일반적 함량은 70%가 적당하다.
③ 알코올은 청량감과 휘발성이 있다.
④ 알코올은 소독 작용과 수렴 작용을 한다.

> 화장수에 사용하는 알코올의 적정 함량은 약 10% 전후임

52

향수를 구입하여 샤워 후 보디에 나만의 향으로 산뜻 함과 상쾌함을 유지시키고자 한다면, 부향률은 어느 정도로 하는 것이 좋은가?

① 1~3%   ② 3~5%
③ 6~8%   ④ 9~12%

> 샤워코롱은 향료 함량이 1~3% 수준임

53

물과 오일처럼 서로 녹지 않는 2개의 액체를 미세하게 분산시켜 놓은 상태는?

① 에멀션   ② 레이크
③ 아로마   ④ 왁스

> 에멀션은 계면활성제로 물과 오일을 균일하게 혼합한 유화 상태임

54

다음 중 1년 이하의 징역 또는 1,000만 원 이하의 벌금에 처할 수 있는 것은?

① 영업소 폐쇄명령을 받고도 계속하여 영업을 한 자
② 건전한 영업질서를 위하여 공중위생영업자가 준수해야 할 사항을 준수하지 않은 자
③ 음란행위를 알선 또는 제공하거나 이에 대한 손님의 요청에 응한 자
④ 미용사의 면허증을 빌려주거나 빌리는 것을 알선한 사람

> 1년 이하의 징역 또는 1천만 원 이하의 벌금
> • 영업의 신고를 하지 않고 영업소를 개설한 자
> • 영업정지 또는 일부 시설의 사용중지명령을 받고도 그 기간 중에 영업을 하거나 그 시설을 사용한 자
> • 영업소 폐쇄명령을 받고도 계속하여 영업한 자

55

미용사 면허증의 재발급 사유에 해당하지 않는 것은?

① 영업소의 상호가 변경되었을 때
② 주민등록번호가 변경되었을 때
③ 이름이 변경되었을 때
④ 면허증이 헐어 못 쓰게 된 때

면허증의 재발급 사유
• 면허증 기재 사항에 변경이 있는 때(성명, 주민번호)
• 면허증이 헐어 못 쓰게 된 때
• 면허증을 잃어버린 때

56

이·미용업의 업주가 받아야 하는 위생교육 기간은 몇 시간인가?

① 매년 2시간   ② 매년 3시간
③ 매년 4시간   ④ 매년 5시간

이·미용업의 영업주는 매년 3시간의 위생교육을 받아야 함

57 빈출

신고를 하지 않고 영업소의 상호를 변경한 경우 1차 위반의 행정처분은?

① 영업정지 15일
② 영업정지 15일
③ 영업장 폐쇄명령
④ 경고 또는 개선명령

신고를 하지 않고 영업소의 상호를 변경한 경우 1차 위반 행정처분은 경고 또는 개선명령임

58

이·미용 영업소 내 조명도를 준수하지 않은 경우, 1차 위반 행정처분 기준은?

① 영업정지 5일
② 영업정지 10일
③ 영업장 폐쇄명령
④ 경고 또는 개선명령

미용업 신고증 및 면허증 원본을 게시하지 않거나 업소 내 조명도를 준수하지 않은 경우
• 1차 위반: 경고 또는 개선명령
• 2차 위반: 영업정지 5일
• 3차 위반: 영업정지 10일
• 4차 위반: 영업장 폐쇄명령

59

신고한 영업장 면적이 몇 제곱미터 이상인 영업소의 경우 영업소 외부에도 손님이 보기 쉬운 곳에 최종지불요금표를 게시 또는 부착해야 하는가?

① 66제곱미터   ② 50제곱미터
③ 40제곱미터   ④ 30제곱미터

영업장 면적기 66㎡ 이상일 경우 외부 요금표 게시 의무가 있음

60

과태료의 부과기준을 규정한 법령은?

① 고용노등부령   ② 보건복지부령
③ 대통령령   ④ 법무부령

과태료 부과 기준: 대통령령으로 정함

제3회 CBT 기출복원문제

01

다음 질병 중 병원체가 세균인 것은?

① 폴리오　　　　　② 간염
③ 디프테리아　　　④ 풍진

> 박테리아(세균): 결핵, 장티푸스, 폐렴, 임질, 패혈증, 디프테리아, 파상풍, 이질, 나병, 백일해, 콜레라, 매독

02

세균 증식 시 높은 염도를 필요로 하는 호염성균에 속하는 것은?

① 장염비브리오균　　② 장티푸스
③ 콜레라　　　　　　④ 이질

> 장염비브리오균: 오염된 어패류 생식이 원인으로 높은 염도를 필요로 하는 호염성균에 해당함

03

시·군·구에 두는 보건행정의 최일선 조직으로 국민 건강 증진 및 예방 등에 관한 사항을 실시하는 기관은?

① 복지관　　　　　　② 보건소
③ 병·의원　　　　　④ 시·군·구청

> 보건소: 지역 보건행정의 최일선 기관으로 건강 증진과 예방 업무를 수행하며, 특별자치도지사, 시장·군수·구청장이 필수 예방접종을 실시함

04

산란과 동시에 감염 능력이 있으며, 건조에 대한 저항성이 커 어린 연령층이 집단으로 생활하는 공간에서 집단 감염이 가장 잘 되는 기생충은?

① 회충　　　　　　② 십이지장충
③ 광절열두조충　　④ 요충

> 요충: 건조 환경에서도 생존력이 강해 집단 감염이 쉽게 발생함

05

다음 감염병 중 환경위생의 개선과 관계가 가장 적은 것은?

① 유행성 이하선염　② 장티푸스
③ 세균성 이질　　　④ 콜레라

> 유행성 이하선염(볼거리)은 예방접종으로 관리 가능해 환경위생과의 관련성이 적음

06

자연독에 의한 식중독 원인 물질의 연결이 옳지 않은 것은?

① 테트로도톡신 – 복어
② 솔라닌 – 감자
③ 무스카린 – 버섯
④ 에르고톡신 – 조개

> 에르고톡신은 맥각류에서 발생하는 독소임

07

보건행정의 의의에 대한 설명으로 틀린 것은?

① 공중위생업소의 위생과 시설에 관한 업무를 관리한다.
② 질병 예방, 생명 연장, 신체 및 정신적 효율을 증진시킨다.
③ 공중보건학에 기초한 과학적 기술이 필요하다.
④ 개인보건의 목적을 달성하기 위해 공공의 책임하에 수행하는 행정 활동이다.

보건행정은 개인이 아닌 공중보건 목적 달성을 위한 공공의 책임 하에 수행하는 행정 활동임

08

관절에 대한 설명으로 틀린 것은?

① 신근: 관절을 펼치는 신전 작용을 한다.
② 굴근: 관절을 굽히는 굴곡 작용을 한다.
③ 외전근: 관절을 벌리는 외전 작용을 한다.
④ 대립근: 관절을 모으는 내전 작용을 한다.

대립근: 손바닥 방향으로 움직여 물건을 잡는 작용을 함

09

네일 보디가 네일 베드에서 분리되는 옐로 라인의 양쪽 끝 점으로 라운드 형태와 오벌 형태를 구분하는 부분은?

① 네일 베드
② 스트레스 포인트
③ 매트릭스
④ 네일 그루브

스트레스 포인트: 옐로 라인의 양쪽 끝 점으로 네일 형태를 결정하는 부위임

10

발목, 발, 발가락은 몇 개의 뼈들로 구성되어 있는가?

① 28개
② 32개
③ 30개
④ 26개

발목 7개, 발등과 발바닥 5개, 발가락 14개 총 26개의 뼈로 구성됨

11

네일미용사가 관리할 수 있는 네일의 증상은?

① 테리지움
② 오니코마이코시스
③ 오니키아
④ 파로니키아

테리지움(조갑익상편, 표피조막): 큐티클이 네일 위로 과잉 성장한 증상으로 핫 크림·오일 매니큐어로 관리가 가능함

12

손발톱이 없어지는 오니콥토시스의 원인과 가장 거리가 먼 것은?

① 매독, 고열, 약물의 부작용 등으로 인하여 발생한다.
② 네일 매트릭스가 일시적으로 정지되어 네일 보디와의 연결이 끊어진 경우에 발생한다.
③ 네일 폴드의 염증으로 네일 베드의 일부가 소실되거나 심한 외상으로 인해 발생한다.
④ 네일의 멜라닌색소 증가 및 색소 침착으로 인하여 발생한다.

네일의 멜라닌색소 증가 및 색소 침착으로 인하여 발생하는 증상은 멜라노니키아흑조증임

13

뉴런과 뉴런의 접촉 부위를 무엇이라고 하는가?

① 신경원
② 랑비에르 결절
③ 시냅스
④ 축삭돌기

시냅스: 뉴런(신경)과 다른 뉴런을 연결하는 접촉 부위임

14

큐티클을 밀어 올릴 때 과도한 압력이 가해질 경우 일어날 수 있는 현상은?

① 프리에지에 균열이 생긴다.
② 아무 이상이 없다.
③ 네일 보디에 굴곡이 생길 수 있다.
④ 하이포니키움이 들뜬다.

과도한 압력은 루눌라 손상을 일으켜 네일 보디에 굴곡이 생길 수 있음

15

네일미용사가 관리할 수 없는 네일의 증상은?

① 조갑비대증(오니콕시스)
② 조갑위축증(오니카트로피아)
③ 조갑감입증(오니코크립토시스)
④ 조갑박리증(오니코리시스)

오니코리시스(조갑박리증): 하이포니키움 손상으로 발생하며 네일이 네일 베드에서 분리되어 관리할 수 없음

16 빈출

네일미용의 유래에 대한 설명으로 틀린 것은?

① B.C 3000년경 이집트와 중국에서 손톱에 바른 것이 네일미용의 기원이다.
② 중세에는 금색, 은색 또는 적색, 흑적색을 손톱에 발라 특권층임을 과시하였다.
③ 17세기 인도의 상류층 여성들은 손톱 뿌리 부분에 문신 바늘로 색소를 주입하여 상류층임을 과시했다.
④ 고대 이집트에서 왕족은 짙은 색으로, 낮은 계층의 사람들은 옅은 색만을 사용하게 하였다.

중세: 군 지휘관들이 용맹 과시를 위해 입술과 손톱에 같은 색을 칠하였음

17 빈출

뼈의 골화 초기 발생 과정을 무엇이라고 하는가?

① 연골내골화
② 막성골화(막내골화)
③ 늑갑골화
④ 연유골화

연골내골화: 연골이 뼈로 변하는 뼈의 골화 초기 발생 과정, 장골 (긴 뼈) 골화 방식임

18

손가락을 모으는 역할을 하는 근육은?

① 외전근
② 내전근
③ 신근
④ 폄근

내전근: 관절을 모으는 내전 작용을 담당함

19

태아의 완전한 손톱이 형성되는 시기는?

① 임신 4주   ② 임신 9주
③ 임신 14주   ④ 임신 20주

> • 임신 9주: 손톱의 형성 · 성장이 시작됨
> • 임신 14주: 손톱이 자라는 모습을 확인할 수 있음
> • 임신 20주: 완전한 손톱이 형성됨

20 빈출

흉터가 남게 되는 피부 층은?

① 유극층   ② 과립층
③ 기저층   ④ 각질층

> 표피의 기저층이 손상되면 흉터가 남음

21

외부 충격 시 완충 작용으로 피부를 보호하는 역할을 하는 것은?

① 피하지방과 모발
② 한선과 피지선
③ 모공과 모낭
④ 외피 각질층

> 피하지방과 모발은 외부 충격을 완화하는 보호 역할을 함

22

분비선 중 모낭에 부착되어 있는 것은?

① 소한선(에크린 땀샘)
② 대한선(아포크린 땀샘)
③ 내분비선
④ 모세혈관

> 대한선: 모낭에 부착되어 땀을 분비함

23

혈액 흐름이 나빠져 모세혈관이 파손되어 코를 중심으로 양 뺨이 나비 형태로 붉어지는 증상으로, 피지선과 가장 관련이 깊은 질환은?

① 비립종   ② 섬유종
③ 주사   ④ 켈로이드

> 주사: 양 볼에 나비 모양의 홍반 발생, 모세혈관 파손과 안면 홍조, 피지선 기능과 관련이 깊은 질환임

24

피부의 천연보습인자(NMF)의 구성 성분 중 가장 많은 분포를 나타내는 것은?

① 아미노산   ② 요소
③ 피롤리든 카르본산   ④ 젖산염

> 천연보습인자의 주요 성분은 아미노산으로 가장 높은 비율을 차지함

25 ⭐빈출

종아리에 생기는 정맥류의 주요 원인이 아닌 것은?

① 운동 부족　　　　② 유전
③ 임신　　　　　　 ④ **혈액 순환 장애**

> 종아리 정맥류의 주요 원인은 운동 부족과 유전, 임신 등 정맥 순환 장애임

26

신진대사의 기능을 도와주는 영양소로, 무기질이 아닌 것은?

① 요요드　　　　　② 철분
③ **비타민**　　　　 ④ 나트륨

> 비타민은 무기질이 아닌 유기 영양소임

27

일반 네일 폴리시 아트 작업 후 톱코트 도포 방법에 대한 설명으로 틀린 것은?

① **도트는 두께감이 있으므로 톱코트를 최대한 눌러 얇게 도포해야 한다.**
② 프리에지 부분까지 감싸 발라주어 유지력을 높여야 한다.
③ 톱코트로 인해 디자인이 뭉개질 수 있으므로 디자인을 네일 폴리시 건조기에 잘 건조시킨 후 톱코트를 도포해야 한다.
④ 네일 주변에 묻은 톱코트를 제거한 후 건조해야 한다.

> 도트는 두께감이 있으므로 완성된 디자인이 번지지 않도록 톱코트를 힘을 빼고 도포해야 함

28 ⭐빈출

아크릴에 사용하는 화학 성분 중 물질을 빨리 굳게 해주는 성분은?

① 프라이머　　　　② 모노머
③ **카탈리스트**　　 ④ 폴리머

> 카탈리스트: 함유량에 따라 아크릴 네일의 경화 속도를 조절하는 촉매제임

29 ⭐빈출

네일 프라이머에 대한 설명으로 틀린 것은?

① 산성 성분이 포함되어 있다.
② 네일을 부식 시킬 수 있다.
③ **광택 향상을 위해 바른다.**
④ 최소량만 사용한다.

> 네일 프라이머는 접착력을 향상시키는 제품으로 광택 향상과는 무관함

30

매니큐어에 대한 설명으로 틀린 것은?

① 큐티클은 부드럽게 밀어 올린다.
② **큐티클 니퍼 날의 모든 부분이 닿게 조심스럽게 제거한다.**
③ 출혈이 발생할 수 있으므로 깊게 제거하지 않아야 한다.
④ 컬러링 전에는 유분기를 제거한다.

> 큐티클 니퍼 날의 전체를 밀착시키지 않고 제거해야 함

31

다음 중 페디큐어의 재료가 아닌 것은?

① 토 세퍼레이터
② 큐티클 푸셔
③ **핑거볼**
④ 큐티클 니퍼

페디큐어 작업 시에는 발을 담그는 족욕기를 사용해야 하며 핑거볼을 사용하지 않음

32

굳은 네일 폴리시를 묽게 만들어 사용하기 위해 네일 폴리시 병에 1~2방울 넣어 사용하는 제품은?

① 네일 폴리시리무버
② 네일 폴리시 퀵 드라이
③ **네일 폴리시 시너**
④ 세니타이저

네일 폴리시 시너: 굳은 폴리시를 묽게 만드는 제품임

33

젤 네일을 경화 후 젤 표면에 끈적임을 제거하는 네일 재료는?

① **젤 클렌저**   ② 오일
③ 아세톤   ④ 글리세린

젤 클렌저: 미경화 젤 잔여물을 제거함

34

아크릴 스컬프처의 재료가 아닌 것은?

① 다펜디시   ② 네일 폼
③ 모노머   ④ **네일 팁**

네일 팁은 스컬프처 작업 재료에 해당하지 않음

35 ⭐

네일 컬러링 기법에 대한 설명으로 틀린 것은?

① 헤어라인 팁: 네일 전체에 컬러링한 후 프리에지 단면을 얇게 지운다.
② 슬림라인: 좌우에서 1.5mm 남기고 컬러링한다.
③ **프리에지: 벗겨지기 쉬운 프리에지를 세심하게 컬러링한다.**
④ 하프문 컬러링: 루눌라 부분을 남기고 컬러링한다.

프리에지 컬러링: 프리에지 부분에만 컬러링하지 않는 기법임

36

네일숍의 위생관리에 대한 설명으로 틀린 것은?

① 작업 중에 발생한 폐기물은 뚜껑이 있는 쓰레기통에 담아둔다.
② 사용한 수건은 재사용하지 않고 교체한다.
③ 작업 테이블 위의 네일 제품 용기는 뚜껑을 닫아둔다.
④ **네일 제품 사용 시 재료 받침대를 사용하지 않는다.**

네일 제품은 화학물질을 포함하므로 재료 받침대를 사용하여 작업대 오염을 방지해야 함

37

젤 네일에 관한 설명으로 틀린 것은?

① 아크릴에 비해 강한 냄새가 없다.
② 네일 폴리시에 비해 광택이 오래 지속된다.
③ **소프트 젤은 아세톤으로 제거되지 않는다.**
④ 젤 네일은 강도에 따라 하드 젤과 소프트 젤로 구분된다.

소프트 젤은 아세톤으로 제거 가능함

38

네일 랩의 종류에 대한 설명으로 틀린 것은?

① **실크는 조직이 느슨하며 접착제가 잘 스며든다.**
② 페이퍼 랩은 일회용으로만 사용이 가능하다.
③ 리넨은 천의 조직이 비치고 두꺼우며 투박하다.
④ 파이버 글라스는 인조유리섬유로 짠 직물로 투명하며 매우 반짝거린다.

조직이 느슨하고 접착제가 잘 스며드는 것은 파이버 글라스에 해당함

39

아크릴 스컬프처 작업 시 필요한 지식이 아닌 것은?

① 모노머 반응에 대한 지식
② 아크릴 브러시 사용 방법에 대한 지식
③ **접착제 사용에 대한 지식**
④ 네일 구조에 대한 지식

아크릴 스컬프처는 접착제를 사용하지 않으므로 접착제 사용 지식은 필요하지 않음

40

세균의 편모는 무슨 역할을 하는가?

① 세균의 증식 기관
② 세균의 유전 기관
③ **세균의 운동 기관**
④ 세균의 영양흡수 기관

편모는 세균의 운동 기관임

41

건열 멸균에 대한 설명으로 가장 적절한 것은?

① 300℃ 이상으로 하여 멸균한다.
② 고압솥을 사용한다.
③ **주로 유리 기구 등의 멸균에 이용된다.**
④ 건열 멸균기에 많은 기구를 쌓아서 내부를 완전히 채운 다음 멸균시키는 것이 좋다.

건열 멸균은 드라이 오븐으로 유리·도자기 멸균에 이용함

42

미생물의 번식 요소와 가장 거리가 먼 것은?

① 온도　　　　　② 습도
③ **기압**　　　　　④ 영양분

미생물 번식 요소: 온도, 습도, 영양분, 산소, 수소이온 농도(pH)

43

산소의 유 · 무에 관계없이 생육이 가능한 세균은?

① 호기성균
② 혐기성균
③ **통성 혐기성균**
④ 미호기성균

> 통성 혐기성균: 산소 유무와 관계없이 생육 가능함

44

소독, 방부, 살균, 멸균 중 소독력이 강한 순서대로 바르게 나열한 것은?

① **멸균 > 살균 > 소독 > 방부**
② 살균 > 멸균 > 소독 > 방부
③ 살균 > 멸균 > 방부 > 소독
④ 멸균 > 살균 > 방부 > 소독

> 소독력의 크기: 멸균 > 살균 > 소독 > 방부

45 ⭐

에이즈나(AIDS)나 B형 간염 소독에 가장 효과적인 소독 방법은?

① 일광 소독법
② 여과 멸균법
③ **고압증기 멸균법**
④ 방사선 멸균법

> 고압증기 멸균법: 아포까지 사멸시키는 가장 강력한 방법으로 에이즈나 B형 간염 소독에 가장 효과적임

46

탄산가스의 실내 최대 허용 한계량은?

① 0.3%   ② 0.7%
③ 0.5%   ④ **0.1%**

> 이산화탄소의 기체상을 탄산가스라고 하며, 탄산가스는 공기 중 농도가 높아질수록 두통 · 호흡 장애를 유발하므로 인체 안전을 위해 실내 농도를 0.1% 이하로 제한함

47

유연 화장수에 대한 설명으로 틀린 것은?

① 보습제가 함유되어 있다.
② 수분을 공급한다.
③ **모공을 수축한다.**
④ 건성 피부에 적합하다.

> 모공 수축 작용은 수렴 화장수의 기능임

48

화장품의 피부 흡수에 대한 설명으로 옳은 것은?

① **세포 간 지질을 통하는 경로가 흡수 효과가 가장 큰 경로이다.**
② 분자량이 클수록 피부 흡수율이 높아진다.
③ 피지에 잘 녹는 지용성 성분은 피부 흡수가 안 된다.
④ 피지선이나 모낭을 통한 흡수는 시간이 지나면서 증가한다.

> 화장품의 피부 흡수는 분자량이 작고 지용성 성분일수록 높음

49

향수를 뿌린 후 마지막에 남은 잔향으로, 주로 휘발성이 낮은 향료들로 이루어져 있는 노트(Note)는?

① 톱 노트
② 하트 노트
③ 미들 노트
④ **베이스 노트**

- 톱 노트: 첫 느낌의 향, 휘발성이 강한 향료
- 미들 노트(하트 노트): 중간 느낌의 향, 휘발성이 중간인 향료
- 베이스 노트: 마지막 향, 휘발성이 낮음

50

화장품의 분류와 사용 목적, 제품이 일치하지 않는 것은?

① 네일 화장품: 색채 부여 – 네일 폴리시
② 방향 화장품: 향취 부여 – 퍼퓸
③ **메이크업 화장품: 유분기 제거 – 파운데이션**
④ 기초 화장품: 피부 정돈 – 화장수

유분 제거 목적 제품은 파운데이션이 아닌 페이스 파우더임

51

에센셜 오일에 대한 설명으로 가장 적절한 것은?

① **수증기 증류법에 의해 얻어진 에센셜 오일이 주로 사용되고 있다.**
② 에센셜 오일은 공기 중 산소나 빛에 안전하기 때문에 주로 투명 용기에 보관하여 사용한다.
③ 에센셜 오일은 주로 향기식물의 줄기나 뿌리 부위에서만 추출된다.
④ 에센셜 오일은 주로 베이스 노트이다.

수증기 증류법: 식물의 향기 성분을 가온·증발 후 냉각하여 천연 향을 추출하는 방법으로, 대량 생산에 이용됨

52 ⭐빈출

메이크업 특수분장 시 주름을 만들려고 사용하는 재료는?

① 컨실러
② 글리세린
③ 스프리트 검
④ **라텍스**

라텍스: 인조 피부와 주름 등의 분장을 만들 때 사용됨

53 ⭐빈출

화장품에서 사용하는 알코올 성분은?

① 프로판올
② 메탄올
③ 부탄올
④ **에탄올**

화장품에서는 알코올 성분으로 에탄올을 사용함

54

「공중위생관리법 시행규칙」에 규정된 이·미용기구의 소독기준으로 적합한 것은?

① $1cm^2$당 $85\mu W$ 이상의 자외선을 10분 이상 쬐어 준다.
② 100℃ 이상 건조한 열에 10분 이상 쬐어 준다.
③ **크레졸수(크레졸 3%, 물 97%)에 10분 이상 담가 둔다.**
④ 100℃ 이상 습한 열에 10분 이상 쬐어 준다.

자외선·건열·습열 소독은 모두 20분 이상 실시해야 함

55

이·미용영업자가 오염 허용 기준을 지키지 아니하여 당국의 개선명령에 따르지 않은 경우 벌칙은?

① 300만 원 이하의 벌금
② **300만 원 이하의 과태료**
③ 200만 원 이하의 벌금
④ 200만 원 이하의 과태료

개선명령 위반 시 300만 원 이하 과태료 부과됨

56 ⭐빈출

이·미용기구의 소독기준 및 방법으로 틀린 것은?

① **증기 소독: 섭씨 100℃ 이상 습한 열에 10분 이상 쐬어 준다.**
② 석탄산수 소독: 석탄산수(석탄산 3%, 물 97%)에 10분 이상 담가 둔다.
③ 열탕 소독: 섭씨 100℃ 이상 물 속에 10분 이상 끓여 준다.
④ 크레졸수 소독: 크레졸수(크레졸 3%, 물 97%)에 10분 이상 담가 둔다.

증기 소독: 섭씨 100℃ 이상 습한 열에 20분 이상 쐬어 줌

57

공중위생영업자가 준수해야 할 위생관리기준을 정하고 있는 것은?

① 대통령령   ② 국무총리령
③ 고용노동부령   ④ **보건복지부령**

위생관리기준은 보건복지부령으로 정함

58

과태료의 금액을 늘려 부과할 수 있는 경우는?

① 과태료의 금액은 늘려서 부과할 수 없음
② **법 위반상태의 기간이 6개월 이상인 경우**
③ 법 위반상태의 기간이 3개월 이상인 경우
④ 법 위반상태의 기간이 1개월 이상인 경우

보건복지부장관 또는 시장·군수·구청장은 법 위반상태의 기간이 6개월 이상인 경우 과태료 금액의 2분의 1 범위에서 가중 가능함

59

이·미용업의 양도로 인한 영업자 지위승계 신고 시 구비서류가 아닌 것은?

① 영업자 지위승계 신고서
② 양도 증명서류
③ 양수 증명서류
④ **가족관계증명서**

양도 시 승계 제출서류: 영업자 지위승계 신고서, 양도·양수 증명서류 사본

60 ⭐빈출

청문을 실시해야 하는 사항과 거리가 먼 것은?

① 이·미용사의 면허취소, 면허정지
② 공중위성영업의 정지
③ 영업소의 폐쇄명령
④ **벌금 부과**

청문 실시: 이·미용사 면허정지 및 면허취소, 영업소 영업정지·사용중지·폐쇄명령에 해당함

제4회 CBT 기출복원문제

01

수질 오염의 지표로 사용하는 생물학적 산소요구량을 나타내는 용어는?

① BOD
② DO
③ COD
④ SS

> BOD는 미생물이 유기물을 분해하면서 소비하는 산소량을 수치화한 지표로 하수오염(수질 오염) 정도를 판단하는 기준이 됨

02

사균백신 예방접종을 하는 감염병이 아닌 것은?

① 결핵
② 장티푸스
③ 콜레라
④ 폴리오

> • 사균백신: 콜레라, 장티푸스, 폴리오, 백일해
> • 결핵은 약화된 병원체를 이용한 생균백신 접종 대상에 해당함

03

인구 구성 형태가 바르게 연결되지 않은 것은?

① 피라미드형: 인구 증가형
② 종형: 인구 정지형
③ 별형: 농촌 지역 인구형
④ 항아리형: 인구 감소형

> 별형 인구 구조는 도시 유입이 많은 형태로 농촌형에 해당하지 않음

04

물의 경수와 연수에 대한 설명으로 틀린 것은?

① 경수에는 일시 경수와 영구 경수가 있다.
② 일시 경수는 끓이면 경도가 낮아져 연수가 된다.
③ 경도는 탄산칼슘 1mg이 함유되어 있을 때 10도라고 한다.
④ 연수는 비누가 잘 풀리고 거품이 잘 일어나서 세탁에 적합하다.

> 경도는 물 100mL에 탄산칼슘 1mg이 함유 시 1도라고 함

05

실내 환경 유지에 적절한 습도 범위는?

① 30~70%
② 60~80%
③ 40~70%
④ 40~80%

> 실내 쾌적 환경 유지를 위해 습도는 약 40~70%가 적절함

06

수돗물로 사용할 상수의 대표적인 오염지표는?

① BOD
② 대장균 수
③ 증발 잔류량
④ COD

> 대장균 존재 여부는 음용수 안전성을 판단하는 상수의 대표적 기준임

07

병원체가 바이러스인 질병은?

① 장티푸스　　　② 쯔쯔가무시증
③ 폴리오　　　　④ 발진열

폴리오는 바이러스 감염에 의해 발생하는 질병임

08

태아의 손톱 끝마디 뼈 윗부분부터 손톱의 성장 부위가 형성되어 피부가 휘어져 들어가기 시작하며, 손톱의 형성·성장이 시작되는 시기는?

① 임신 4주　　　　② 임신 9주
③ 임신 14주　　　④ 임신 20주

• 임신 9주: 손톱의 형성·성장이 시작됨
• 임신 14주: 손톱이 자라는 모습을 확인할 수 있음
• 임신 20주: 완전한 손톱이 형성됨

09

네일 구조에 대한 설명으로 틀린 것은?

① 네일 보디: 육안으로 보이는 네일로 신경조직은 없으며 여러 개의 얇은 층으로 이루어져 있다.
② 매트릭스: 얇고 부드러운 곳으로 네일이 자라기 시작하는 부분이다.
③ 스트레스 포인트: 네일 보디가 피부에서 떨어져 나가기 시작하는 양 옆 끝의 포인트를 말한다.
④ 프리에지: 모양과 길이를 자유롭게 조절할 수 있는 네일의 끝부분을 지칭한다.

매트릭스는 네일을 만드는 세포를 생성하며 성장을 담당하는 부분이며, 얇고 부드러운 곳으로 네일이 자라기 시작하는 부분은 네일 루트임

10

네일에 흰 반점이 나타나는 증상을 무엇이라 하는가?

① 오니콕시스(조갑비대증)
② 행 네일(손거스러미)
③ 퍼로우(그랑 파인 네일)
④ 루코니키아(조백반증)

루코니키아(즈백반증): 질병, 외상 등으로 네일에 흰색 반점이 생기는 증상

11

네일미용사의 자세에 대한 설명으로 틀린 것은?

① 고객관리카드를 전혀 활용하지 않는다.
② 모든 고객을 공평하게 관리한다.
③ 고객에게 적합한 서비스를 시행한다.
④ 안전 규정을 준수하여 청결하게 관리한다.

고객관리카드의 활용은 서비스 품질 유지에 필수임

12

네일의 가운데 부분이 움푹 들어간 증상으로 선천성 요인이나 빈혈, 갑상샘 질병 등으로 발생하는 네일의 병변은?

① 코일로니키아　　② 행 네일
③ 퍼로우　　　　　④ 오니코크립토시스

코일로니키아(스푼 네일): 선천성 요인, 빈혈, 질병으로 발생하며 네일이 숟가락 모양으로 변형되는 증상임

13

수지골(손가락뼈)은 몇 개의 뼈로 구성되어 있는가?

① 11개   ② 12개
③ 13개   ④ **14개**

> 수지골(손가락뼈): 엄지손가락 2개, 둘째~다섯째 손가락 12개 총 14개의 뼈로 구성되어 있음

14 ⭐빈출

네일 재료의 도입 순서로 옳은 것은?

① **니트로셀룰로오스 → 네일 파일 → 네일 폼 → 젤 네일**
② 니트로셀룰로오스 → 네일 폼 → 네일 파일 → 젤 네일
③ 네일 파일 → 니트로셀룰로오스 → 젤 네일 → 네일 폼
④ 네일 파일 → 네일 폼 → 니트로셀룰로오스 → 젤 네일

> 1885년(니트로셀룰로오스) → 1900년(네일 파일) → 1957년(네일 폼) → 1994년(젤 네일)

15

네일의 멜라닌색소 증가 및 색소 침착으로 인하여 발생하며 네일에 일부 또는 전부가 갈색이나 흑색으로 변하는 네일의 증상은?

① **멜라노니키아(흑조증)**
② 오니콕시스(조갑비대증)
③ 행 네일(손거스러미)
④ 퍼로우(고랑 파인 네일)

> 멜라노니키아(흑조증): 멜라닌색소 증가와 색소 침착으로 네일이 흑색이 됨

16

뼈의 기본 구조가 아닌 것은?

① 골막   ② 골조직
③ 골수   ④ **장골**

> • 뼈의 구조: 골막, 골조직, 골수강, 골수
> • 장골은 구조가 아닌 뼈의 형태 분류에 해당함

17

손바닥 안쪽의 근육을 지배하고 피부 감각을 주관하는 신경으로 손의 소지 쪽에 분포되어 있는 신경을 무엇이라고 하는가?

① 복재신경(두렁신경)
② 대퇴신경(넙다리신경)
③ **척골신경(자뼈신경)**
④ 정중신경(중앙신경)

> 척골신경: 손바닥 안쪽과 소지 부위 기능을 담당함

18

매트릭스 앞부분이 형성하는 프리에지 층은?

① 프리에지의 위층
② 프리에지의 중간층
③ **프리에지의 아래층**
④ 프리에지의 가로층

> • 매트릭스 앞부분: 프리에지의 아래층
> • 매트릭스 중간 부분: 프리에지의 중간층
> • 매트릭스 뒷부분: 프리에지의 위층

19

골격계에 대한 설명으로 틀린 것은?

① 뼈는 체중의 약 20%를 차지한다.
② 뼈는 약 206개로 구성된다.
③ 인체의 형태를 유지하고 체중을 지지하는 기능을 한다.
④ 수축과 이완에 의해 움직여 인체를 움직일 수 있도록 힘을 발휘한다.

수축 운동 기능은 근육계의 역할임

20

피부의 세포가 기저층에서 생성되어 각질세포로 변화하여 피부 표면으로부터 떨어져 나가는 데 걸리는 피부의 각화 주기는 약 얼마인가?

① 약 60일
② 약 28일
③ 약 120일
④ 약 280일

정상 피부의 각화 주기는 약 28일임

21

콜라겐 설명으로 틀린 것은?

① 섬유아세포에서 생성한다.
② 부족하면 주름이 발생한다.
③ 노화되면 콜라겐의 합성이 감소한다.
④ 피부의 표피에 주로 존재한다.

콜라겐은 피부의 진피에 존재함

22 빈출 ⭐

다음 중 기저층의 중요한 역할로 가장 적당한 것은?

① 수분 방어
② 면역
③ 팽윤
④ 새 세포 형성

기저층은 새로운 피부 세포를 생성하는 재생층임

23

다음 중 모발의 주기로 옳은 것은?

① 성장기 → 퇴화기 → 휴지기
② 성장기 → 휴지기 → 퇴화기
③ 퇴화기 → 휴지기 → 성장기
④ 휴지기 → 성장기 → 퇴화기

모발의 주기: 성장기 → 퇴화기 → 휴지기 순으로 반복됨

24

부족하면 피부가 건조해지고 세균에 쉽게 감염되며, 야맹증의 증상이 나타나는 비타민은?

① 비타민 C
② 비타민 B_2
③ 비타민 A
④ 비타민 K

비타민 A 결핍 시 피부 건조, 세균 감염, 야맹증, 모발 퇴색, 각질 이상 등이 발생함

25

적외선에 대한 설명으로 틀린 것은?

① 모세혈관을 확장한다.
② 신진대사를 촉진한다.
③ 통증을 완화한다.
④ **피부의 체온이 하강한다.**

적외선은 온열 작용으로 체온을 상승시킴

26

두피에서 비듬이 생기는 것으로 비듬과 관련 깊은 질환은?

① **지루성 피부염**　② 알레르기
③ 습진　　　　　　④ 두드러기

지루성 피부염: 피지 과다로 인한 염증성 피부질환으로 인설(비듬)이 형성됨

27

네일 팁 접착에 대한 설명으로 틀린 것은?

① **조갑박리 증상이 있는 네일은 점도가 있는 글루로 코팅을 한 후 그 위에 네일 팁을 연장한다.**
② 힘을 빼고 살며시 눌러 접착한다.
③ 글루 드라이어를 가까운 거리에서 강하게 분사하지 않는다.
④ 45°의 각도로 천천히 접착한다.

오니코리시스(조갑박리증)는 하이포니키움 손상과 감염으로 네일이 분리되는 증상으로, 네일숍에서 관리할 수 없는 네일임

28 ⭐빈출

자외선 소독기에 넣어 소독하는 재료가 아닌 것은?

① 큐티클 니퍼　　　② 큐티클 푸셔
③ 네일 클리퍼　　　④ **일회용 네일 파일**

일회용 네일 파일은 재사용하지 않음

29

아크릴 네일의 보수에 대한 설명으로 부적절한 것은?

① 자연네일 부분에 전 처리제를 도포한다.
② 적당량의 아크릴을 이용해 새로 자라난 부분을 보수한다.
③ 아크릴을 큐티클 부분에 올려 전에 있던 부분과 자연스럽게 연결시킨다.
④ **아크릴 볼을 큐티클 부위에 올려 항상 프리에지까지 덮어 준다.**

아크릴 네일의 보수는 자라난 부분만 자연스럽게 연결하는 것임

30 ⭐빈출

네일 컬러링의 대한 설명으로 틀린 것은?

① **프리에지 컬러링: 프리에지 부분에만 컬러를 도포하는 방법이다.**
② 루눌라 컬러링: 루눌라 부분만 남기고 컬러를 도포하는 방법이다.
③ 슬림라인 컬러링: 네일의 양쪽 옆면을 남기고 컬러를 도포하는 방법이다.
④ 딥 프렌치 컬러링: 네일의 전체 길이 1/2 이상에서 루눌라를 넘지 않게 컬러를 도포하는 방법이다.

프리에지 컬러링: 프리에지 부분에만 컬러를 도포하지 않는 방법임

31

다음 중 인조네일 제거의 재료가 아닌 것은?

① 아세톤
② **네일 표백제**
③ 네일 파일
④ 큐티클 오일

> 네일 표백제는 착색·변색을 개선하는 제품으로 인조네일 용해나 제거 과정에는 사용되지 않음

32

그러데이션 컬러링에 대한 설명으로 맞는 것은?

① 스펀지 아랫부분의 짙은 컬러 부분이 큐티클에 닿게 한다.
② 스펀지를 사용하여 그러데이션 컬러링을 하는 경우 톱코트는 생략 가능하다.
③ 그러데이션은 한 가지의 컬러만 사용해야 한다.
④ **그러데이션은 네일 브러시로도 할 수 있다.**

> 그러데이션 컬러링은 짙은 색을 프리에지 쪽에 배치하며 스펀지 사용 시에도 마무리 보호를 위해 톱코트를 도포해야 하며 네일 브러시로도 작업 가능함

33

아크릴 네일에 대한 설명으로 옳은 것은?

① 필러 파우더와 같이 사용한다.
② 인조네일에만 작업이 가능하다.
③ 자연네일에만 작업이 가능하다.
④ **네일의 모양을 보정할 수 있다.**

> 아크릴 네일은 파우더와 리퀴드를 이용해 자연네일과 인조네일 모두 작업이 가능함

34

젤 네일 폴리시의 장점이 아닌 것은?

① 일반 네일 폴리시보다 광택이 뛰어나다.
② **안료를 포함하고 있어 클리어 젤에 비해 경화 속도가 빠르다.**
③ 일반 네일 폴리시에 비해 유지 기간이 오래 지속된다.
④ 젤 램프 기기에 경화하기 전 아트 수정이 용이하다.

> 젤 네일 폴리시는 안료 함유로 인해 빛 투과율이 낮아 클리어 젤보다 경화 속도가 느림

35 ⭐빈출

네일 폴리시의 성분과 기능에 대한 설명으로 틀린 것은?

① 가소제: 유연성을 주어 갈라지지 않게 하기 위해 사용한다.
② 필름제: 피막을 형성하여 코팅을 주고 광택을 내기 위해 사용한다.
③ **자외선 차단제: 햇빛을 차단하여 부스러지지 않게 하기 위해 사용한다.**
④ 착색제: 무기안료, 유기안료 등의 안료를 사용하여 색상을 주기 위해 사용한다.

> 자외선 차단제: 자외선으로 인한 색상 변화와 변색을 방지하기 위해 사용하는 성분임

36

네일 팁 턱을 제거하면 안 되는 네일 팁은?

① 내추럴 네일 팁
② **화이트 네일 팁**
③ 클리어 네일 팁
④ 하프 웰 네일 팁

> 화이트 네일 팁은 프렌치 라인의 선명도 유지를 위해 팁 턱을 제거하지 않음

37

아크릴 스컬프처의 보수에 대한 설명으로 틀린 것은?

① 들뜬 경계 부분을 네일 파일링한다.
② 들뜬 부분에 큐티클 오일을 도포한 후 큐티클을 정리한다.
③ 새로 자라난 자연네일 부분에 전 처리제를 도포한다.
④ 아크릴이 단단하게 굳은 후 네일 파일링한다.

> 큐티클 오일은 유분을 남겨 접착력을 저하시켜 리프팅을 유발하므로 보수 작업에는 건식 관리를 하는 것이 적절함

38 ⭐빈출

젤 네일 화장물에 대한 설명으로 틀린 것은?

① 젤 네일 화장물은 알코올로 용해된다.
② 빛에 반응하는 광중합을 포함한다.
③ UV 램프 또는 가시광선 램프로 경화한다.
④ 올리고머가 빛에 반응하여 폴리머가 된다.

> 젤 네일 화장물은 알코올로 용해되지 않으며 제거 시 아세톤을 사용함

39

찢어진 네일에 덮어 단단하게 보강하는 네일 재료로 가장 적합한 것은?

① 네일 팁
② 네일 폼
③ 네일 랩
④ 네일 파일

> 네일 랩은 손상된 네일 표면을 덮어 구조적 강도를 높이는 보강 재료임

40

다음 중 화학적 소독법에 해당되는 것은?

① 알코올 소독법
② 자비 소독법
③ 고압증기 멸균법
④ 간헐 멸균법

> • 화학적 소독법: 소독력이 있는 약제를 사용한 소독
> • 물리적 소독법: 자외선·열·물·여과 등 물리적 방법을 이용한 소독

41

병원성 미생물을 크기에 따라 열거한 것으로 옳은 것은?

① 바이러스 < 리케차 < 세균
② 리케차 < 세균 < 바이러스
③ 세균 < 바이러스 < 리케차
④ 바이러스 < 세균 < 리케차

> 병원성 미생물의 크기: 바이러스 < 리케차 < 세균

42

고무장갑이나 플라스틱의 소독에 가장 적합한 것은?

① E.O가스 멸균법
② 고압증기 멸균법
③ 자비 소독법
④ 오존

> E.O가스 멸균법: 전자 기기, 고무, 플라스틱, 아포 소독에 적합하며 가열에 약한 물품을 저온에서 멸균함

43

일반적으로 병원성 미생물이 가장 잘 증식되는 pH는?

① 산성   ② 중성
③ 알칼리성   ④ 강산성

> 병원성 미생물(세균)은 pH 6.0~8.0의 중성 환경에서 증식이 활발함

44 ⭐비출

금속 기구 소독에 부적합한 것은?

① 역성비누액   ② 크레졸
③ 승홍수   ④ 알코올

> 승홍수는 독성과 부식성이 강해 금속 기구, 상처, 음료수 소독에 적합하지 않음

45

고압증기 멸균법을 실시할 때 온도, 압력, 소요 시간으로 가장 알맞은 것은?

① 71℃에 10lbs로 30분간 소독
② 105℃에 15lbs로 30분간 소독
③ 121℃에 15lbs로 20분간 소독
④ 211℃에 10lbs로 10분간 소독

> 고압증기 멸균법: 121℃, 15lbs 압력에서 20분간 처리함

46

자비 소독법에 대한 설명 중 틀린 것은?

① 고무, 플라스틱, 아포에 적합하다.
② 물에 탄산나트륨 1~2%를 넣으면 살균력이 강해진다.
③ 금속 기구 소독 시 날이 무디어질 수 있다.
④ 100℃ 끓는 물에 15~20분 가열하는 방법이다.

> 자비 소독법은 고무·플라스틱·아포에는 부적합함

47

캐리어 오일이 아닌 것은?

① 라벤더 오일
② 호호바 오일
③ 아몬드 오일
④ 아보카도 오일

> • 라벤더는 향기 성분을 지닌 에센셜 오일에 해당함
> • 캐리어 오일: 호호바 오일, 맥아 오일, 살구씨 오일, 아보카도 오일, 아몬드 오일 등

48

피부에 수분을 공급하는 화장품 성분은?

① 에탄올
② 위치하젤
③ 보습제
④ 페놀

> 보습제: 수분을 끌어당기거나 유지하여 피부 수분 균형을 유지함

49

활석(Talc)을 주성분으로 하는 화장품은?

① 스킨커버
② 메이크업 베이스
③ 파운데이션
④ **파우더**

> 파우더는 마그네슘을 주성분으로 하는 암석인 탈크를 기반으로 유분 흡수와 피부 표현에 사용됨

50

땀의 분비로 인한 냄새와 세균 증식을 억제하기 위해 주로 겨드랑이 부위에 사용하는 제품은?

① **데오도란트**
② 핸드 로션
③ 보디 로션
④ 파우더

> 데오도란트: 땀 냄새와 세균 증식을 억제하는 제품임

51

비누에 대한 설명으로 틀린 것은?

① 비누의 세정 작용은 비누 수용액이 오염 물질과 피부 사이에 침투하여 부착을 약화시켜 떨어지기 쉽게 하는 것이다.
② 비누는 거품이 풍성하고 잘 헹구어져야 한다.
③ **비누는 대체로 세정 작용뿐만 아니라 살균, 소독 효과가 높다.**
④ 메디케이티드 비누는 소염제를 배합한 제품으로 여드름, 면도 상처 및 피부 거칠음 방지 효과가 있다.

> 일반 비누는 세정 중심이며 살균·소독력은 제한적임

52

SPF에 대한 설명으로 틀린 것은?

① 일광 노출 전 발라야 하며, 시간이 지나면 덧발라야 한다.
② SPF 1이란 대략 15분을 의미한다.
③ **오존층으로부터 자외선 C가 차단되는 정도를 알아보기 위한 목적으로 이용된다.**
④ 자외선으로부터 피부를 보호하기 위해 사용한다.

> SPF는 자외선 B 차단 효과를 나타내는 수치임

53

화장품 사용 목적에 해당하지 않는 것은?

① 인체를 청결하게 한다.
② 인체를 미화한다.
③ 인체의 용모를 변화시킨다.
④ **인체의 용모를 치료한다.**

> 화장품은 치료 목적이 아닌 청결·미화 등의 목적으로 사용됨

54

이·미용의 업무를 영업장소 외에서 행하였을 때 이에 대한 처벌기준은?

① **200만 원 이하의 과태료**
② 200만 원 이하의 벌금
③ 300만 원 이하의 과태료
④ 300만 원 이하의 벌금

> 영업소 외의 장소에서 이·미용 업무를 행한 자는 200만 원 이하 과태료 처분 대상임

55

선량한 풍속 유지를 위하여 필요하다고 인정하는 경우에 이·미용업의 영업시간 및 영업행위에 관해 필요한 제한을 할 수 있는 자는?

① 관련 전문기관장   ② 보건복지부장관
③ **시·도지사**   ④ 경찰청장

> 시·도지사와 시장·군수·구청장은 공중위생영업자 및 종사원에 대하여 영업시간과 영업행위에 관한 필요한 제한을 할 수 있음

56

이·미용사의 면허취소와 공중위생영업의 정지, 영업소 폐쇄명령 등의 처분을 하고자 하는 때에 실시해야 하는 절차는?

① 통보   ② 개선명령
③ 공지   ④ **청문**

> 청문 실시: 이·미용사 면허정지 및 면허취소, 영업소 영업정지·사용중지·폐쇄명령에 해당함

57 ⭐빈출

다음 ( ) 안에 들어갈 가장 적절한 말은?

> 국가 또는 지방자치단체는 (　　　　)를 실시하는 자에 대하여 예산의 범위 안에서 (　　　　)에 소요되는 경비의 전부 또는 일부를 보조할 수 있다.

① **위생서비스평가**   ② 청문
③ 보고   ④ 개선명령

> 국고보조: 국가 또는 지방자치단체는 위생서비스평가를 실시하는 자에 대하여 예산의 범위 안에서 위생서비스평가에 소요되는 경비의 전부 또는 일부를 보조할 수 있음

58

이·미용기구의 소독기준 및 방법을 규정하는 법령은?

① 노동부령   ② 대통령령
③ 행정안전부령   ④ **보건복지부령**

> 이·미용기구의 소독기준 및 방법은 보건복지부령으로 규정함

59

점빼기·귓불뚫기·쌍꺼풀수술·문신·박피술 그 밖에 이와 유사한 의료행위를 한 경우 1차 위반 시 행정처벌 기준은?

① **영업정지 2개월**   ② 영업정지 3개월
③ 영업정지 4개월   ④ 영업장 폐쇄명령

> 의료행위를 한 경우
> • 1차 위반: 영업정지 2개월
> • 2차 위반: 영업정지 3개월
> • 3차 위반: 영업장 폐쇄명령

60

공중위생 감시원에 해당되지 않는 사람은?

① 위생사 자격증이 있는 사람
② 대학에서 화학·화공학·환경공학 또는 위생학 분야를 전공하고 졸업한 사람
③ 외국에서 환경기사 면허를 받은 사람
④ **6개월 이상 공중위생행정에 종사한 경력이 있는 사람**

> 공중위생 감시원 자격
> • 위생사, 환경기사 2급 이상의 자격증이 있는 사람
> • 대학에서 화학·화공학·환경공학 또는 위생학 분야를 전공하고 졸업한 사람
> • 외국에서 위생사, 환경기사의 면허를 받은 사람
> • 1년 이상 공중위생행정에 종사한 경력이 있는 사람

01

우리나라에서 전 국민 의료보험이 완성된 시기는 언제인가?

① 1964년 　　　　② 1977년
③ 1988년 　　　　**④ 1989년**

> 1988년 농어촌 지역 시행 후 1989년 도시 지역까지 확대되어 전 국민 의료보험이 완성됨

02

성층권의 오존층을 파괴시키는 대표적인 가스는?

① 아황산가스(SO_2)
② 일산화탄소(CO)
③ 이산화탄소(CO_2)
④ 염화불화탄소(CFC)

> 염화불화탄소: 성층권에 도달해 오존층을 파괴하는 프레온 가스임

03

인구 증가의 구성 요소로 옳은 것은?

① 자연 증가: 유입 인구, 유출 인구
② 사회 증가: 출생 인구, 사망 인구
③ 인구 증가: 자연 증가, 사회 증가
④ 조자연 증가: 유입 인구, 유출 인구

> 인구 증가는 출생·사망에 의한 자연 증가와 유입·유출에 의한 사회 증가로 구성됨

04

도시 지역에서 나타나는 인구 유입형으로, 생산층 인구가 전체 인구의 1/2 이상이 되는 인구 구성 형태는?

① 농촌형 　　　　② 항아리형
③ 별형 　　　　④ 종형

> 도시형 인구 구조는 생산층 인구 비율이 높은 별형 구조에 해당함

05 빈출

다음 (　　)에 알맞은 것은?

> 총인구 중 65세 이상 인구가 (　)%인 사회를 고령화 사회라고 하며, 총인구 중 65세 이상 인구가 (　)%인 사회를 고령 사회라고 하며, 총인구 중 65세 이상 인구가 (　)%인 사회를 초고령화 사회라고 한다.

① 6, 12, 18 　　　　② 5, 10, 15
③ 7, 14, 20 　　　　④ 10, 20, 30

> 고령화 단계 기준: 65세 이상 인구 비율이 7~13%이면 고령화 사회, 14~19%이면 고령 사회, 20% 이상이면 초고령화 사회에 해당함

06

테트로도톡신이 함유된 식중독 원인 식품은?

① 복어 　　　　② 감자
③ 버섯 　　　　④ 조개

> 테트로도톡신은 복어에 존재하는 강력한 신경독임

07

공기의 자정 작용 중 식물의 탄소 동화와 관련된 작용은?

① 희석 작용　　② 살균 작용
③ 세정 작용　　**④ 교환 작용**

> 탄소 동화 작용은 이산화탄소와 산소의 교환 작용에 의해 이루어짐

08

네일관리 시 소독이 잘 안 된 도구로 인해 생길 수 있는 박테리아의 감염 증상으로 네일 주위 피부가 발갛게 부어오르며 살이 물러지는 증상은?

① 오니콥토시스(조갑탈락증)
② 오니코그리포시스(조갑구만증)
③ 오니코크립토시스(조갑감입증)
④ 파로니키아(조갑주위염)

> 파로니키아(조갑주위염): 비위생적인 네일 도구 등의 사용으로 인한 세균 감염으로 네일 주위가 붓고 염증이 발생하는 질환임

09

네일 프리에지에 중간층의 각질 배열 형태는?

① 세로의 각질 배열
② 가로의 각질 배열
③ 사선의 각질 배열
④ 원형의 각질 배열

> • 프리에지 위층의 각질 배열: 세로
> • 프리에지 중간층의 각질 배열: 가로
> • 프리에지 아래층의 각질 배열: 세로

10

네일 보디의 양옆 피부 사이에 접혀 벽으로 형성된 성곽 부분으로 되어 있는 네일의 구조의 명칭은?

① 네일 월(조벽)
② 네일 베드(조상)
③ 루눌라(조반월)
④ 하이포니키움(하조피)

> 네일 월: 네일의 양옆에 벽으로 형성된 부분

11 ⭐빈출

순환기계통의 질병과 아연 부족의 식습관으로 발생하는 병변은?

① 교조증
② 조갑비대증
③ 조갑변색증
④ 고랑 파인 네일

> 퍼로우(고랑 파인 네일): 순환기 질병과 아연 부족, 루눌라 충격으로 네일에 고랑이 파이는 증상임

12

네일의 성장 속도에 대한 설명으로 틀린 것은?

① 소지의 손톱이 가장 빠르게 자란다.
② 여성보다 남성의 성장 속도가 빠르다.
③ 손톱은 하루에 약 0.1~0.15mm 정도가 자란다.
④ 발톱의 성장 속도는 손톱의 1/2 정도로 늦다.

> 중지 손톱이 가장 빠르게 성장함

13

다음 중 수근골(손목뼈)가 아닌 것은?

① 두상골(콩알뼈) ② 삼각골(세모뼈)
③ 유구골(갈고리뼈) ④ **거골(목말뼈)**

- 거골은 발목뼈에 해당함
- 손목뼈: 소능형골, 대능형골, 유두골, 유구골, 두상골, 삼각골, 월상골, 주상골

14

네일미용의 위생관리에 대한 설명으로 틀린 것은?

① **아크릴 리퀴드 등은 다펜디시에 덜어 사용하고 사용하지 않을 때는 꼭 뚜껑을 덮어둔 후 빛이 투과하지 않는 서랍에 넣어 보관해야 한다.**
② 콘 커터(크레도)의 면도날은 일회용으로 사용한 후 폐기해야 한다.
③ 수건은 자비 소독한 후 일광에 건조하며 사용한 수건은 재사용하지 않아야 한다.
④ 네일 재료의 유효기간을 확인하고 유효기간이 지나면 반드시 폐기해야 한다.

덜어 사용한 아크릴 리퀴드는 재사용하지 않고 폐기해야 함

15

발바닥의 근육을 무엇이라고 하는가?

① 족배근 ② **족척근**
③ 족수근 ④ 족구근

족척근은 발바닥 근육에 해당함

16

발의 근육으로 엄지발가락을 펴는 작용을 하는 근육을 무엇이라고 하는가?

① 무지대립근(엄지맞섬근)
② 충양근(벌레근)
③ **장무지신근(긴엄지폄근)**
④ 장무지굴근(긴엄지굽힘근)

장무지신근: 엄지발가락을 펴는 기능을 함

17

네일의 특성에 대한 설명으로 틀린 것은?

① 손톱은 1일 약 0.1~0.15mm로 자란다.
② **발톱은 손톱 성장 속도의 2배 정도로 빨리 자란다.**
③ 네일의 수분 함유량은 프리에지로 갈수록 저하된다.
④ 손가락마다 성장이 다르며 중지 손톱이 가장 빨리 자란다.

발톱은 손톱 성장 속도의 약 1/2로 느리게 자람

18

골격계에 대한 설명으로 틀린 것은?

① 인체의 골격은 약 206개의 뼈로 구성되어 있다.
② 체중의 약 20%를 차지한다.
③ 장기를 외부의 충격으로부터 보호한다.
④ **골격에서는 혈액세포를 생성하지 않는다.**

적골수에서 혈액을 생성하는 조혈 기능을 함

19 ⭐빈출

화학물질 사용 시 주의사항으로 틀린 것은?

① 화학물질을 사용할 때에는 콘택트렌즈의 사용을 제한한다.
② 화학물질 제품은 스프레이 타입보다 스포이트나 솔로 바르는 타입을 사용하는 것이 좋다.
③ 통풍이 잘 되는 작업장에서 작업을 한다.
④ **따뜻하게 사용하기 위해 습도가 있는 곳에 보관한다.**

> 화학물질은 습기 없는 서늘한 곳에 보관해야 함

20

대한선 분비물이 세균에 의해 부패되어 악취가 나는 증상의 원인이 되는 것은?

① 다한증   ② **액취증**
③ 무한증   ④ 소한증

> • 다한증: 땀이 과다하게 분비되는 증상
> • 무한증: 땀이 분비되지 않는 증상
> • 소한증: 땀의 분비가 감소하는 증상

21 ⭐빈출

B세포가 주로 관여하는 면역 작용은?

① **체액성 면역**
② 선천적 면역
③ 자연적 면역
④ 세포 매개성 면역

> B세포는 B림프구라고도 불리며 면역글로불린 항체를 생성하는 체액성 면역에 관여함

22

피부의 생물학적 노화 현상이 아닌 것은?

① 색소침착이 증가한다.
② 저항 능력이 떨어진다.
③ **안드로겐의 양이 늘어난다.**
④ 표피두께가 줄어든다.

> 노화로 안드로겐 수치는 증가하지 않음

23

2도 화상에 해당하는 것은?

① 햇볕에 탄 피부
② **진피층까지 손상되어 수포가 발생한 피부**
③ 피하지방층까지 손상된 피부
④ 피하지방층 아래의 근육까지 손상된 피부

> • 제1도 화상: 피부가 붉어짐
> • 제2도 화상: 홍반, 부종, 진피층 손상, 수포 형성
> • 제3도 화상: 흉터가 남음

24

단백질이 최종적으로 분해되는 물질은?

① 지방산   ② 콜레스테롤
③ **아미노산**   ④ 포도당

> 단백질은 아미노산으로 분해됨

PART
03

25

피지 분비와 피지선의 활성을 높여 주는 호르몬은?

① 에스트로겐 ② 프로게스테론
③ 인슐린 ④ **안드로겐**

안드로겐: 피지 분비와 피지선의 활성을 증가시킴

26

에탄올이 주성분으로 미경화 젤을 제거할 때 사용하는 재료는?

① 오일 ② **젤 클렌저**
③ 아세톤 ④ 글리세린

젤 클렌저: 에탄올이 주성분으로 미경화 젤을 제거할 때 사용함

27

탄수화물에 대한 설명으로 틀린 것은?

① 당질이라고도 하며 신체의 중요한 에너지원이다.
② 장에서 포도당, 과당 및 갈락토오스로 흡수된다.
③ **지나친 탄수화물의 섭취는 신체를 알칼리성 체질로 만든다.**
④ 탄수화물의 소화흡수율은 99%에 가깝다.

탄수화물 과다 섭취 시 산성 체질로 변함

28

네일 접착제를 빠르게 경화시켜 주는 제품은?

① 젤 램프 기기 ② **액티베이터**
③ 아크릴 리퀴드 ④ 네일 프라이머

액티베이터: 경화 촉진제, 글루 드라이어라고 하며 네일 접착제의 경화를 촉진하는 제품임

29 ⭐빈출

아크릴 네일에 대한 설명으로 틀린 것은?

① 독특한 냄새로 환기에 주의해야 한다.
② **글루, 글루 드라이어, 필러 파우더를 사용한다.**
③ 특수한 발톱을 보정할 수 있다.
④ 온도에 매우 민감하여 온도가 높을수록 빨리 굳는다.

아크릴 네일은 아크릴 파우더, 아크릴 리퀴드를 사용함

30

네일 폴리시에 대한 설명으로 틀린 것은?

① **젤 램프 기기에 경화 시 수축 현상이 없어야 한다.**
② 인화성이 있어 취급 시 주의해야 한다.
③ 휘발성이 있어 뚜껑을 잘 닫아 보관해야 굳지 않는다.
④ 네일 폴리시리무버로 제거가 용이하다.

네일 폴리시리무버로 제거가 가능한 일반 네일 폴리시는 자연적으로 건조하는 제품임

31 ⭐빈출

페디큐어의 작업 방법에 대한 설명으로 옳은 것은?

① 가벼운 각질이라도 크레도를 사용한다.
② 페디 파일은 족문 방향으로 파일링한다.
③ 족욕기의 물은 출근 시 갈아주고 반드시 소독한다.
④ 발톱은 동그랗게 자른다.

- 가벼운 각질에는 콘 커터(크레도)를 사용하지 않음
- 족욕기의 물은 관리 시마다 교체하고 매회 소독함
- 발톱은 스퀘어 형태로 조형함

32 ⭐빈출

젤 제거 방법으로 틀린 것은?

① 퓨어 아세톤으로 제거한다.
② 네일 파일로 톱 젤과 컬러 젤을 제거한다.
③ 오렌지 우드스틱 등으로 용해된 부분을 제거한다.
④ 발열감이 나도록 비빈다.

발열감이 나도록 문지르지 않고 손톱의 손상을 최소화하여 조심히 제거해야 함

33 ⭐빈출

팁 네일의 작업 방법으로 틀린 것은?

① 아크릴로 작업한다.
② 젤로 작업한다.
③ 일반 네일 폴리시로 작업한다.
④ 필러 파우더로 작업한다.

팁 네일은 팁 오버레이라고도 하며 네일 팁을 접착해 길이를 연장한 뒤 아크릴, 젤, 필러 파우더로 보강하여 단단하게 형성하는 방법이므로 일반 네일 폴리시로는 작업할 수 없음

34

매니큐어에 대한 설명으로 틀린 것은?

① 네일 폴리시를 2회 도포한다.
② 착색 방지를 위해 베이스코트를 도포한다.
③ 네일 폴리시를 바르기 전 큐티클을 유연하게 하기 위해 큐티클 오일을 바른다.
④ 톱코트는 힘을 주지 않고 가볍게 도포한다.

네일 폴리시를 바르기 전에는 유분기를 제거해야 함

35 ⭐빈출

젤 네일 폴리시에 대한 설명으로 틀린 것은?

① 주된 성분은 올리고머와 시아노아크릴레이트이다.
② 광원으로부터 에너지를 흡수하여 광중합 반응을 개시시키는 물질인 광중합 개시제가 있다.
③ 젤 네일은 램프 기기를 사용하여 경화해야 한다.
④ 올리고머는 분자량이 많아서 끈적인다.

시아노아크릴레이트는 네일 접착제의 성분임

36

아크릴 네일 작업 시 약알칼리 물질로 굳는 속도를 촉진시키는 촉매제 역할을 하며 촉매제의 함유량에 따라 굳는 속도를 조절할 수 있는 물질은?

① 올리고머
② 카탈리스트
③ 아이소프로판올
④ 니트로셀룰로오스

카탈리스트는 아크릴 네일의 굳는 속도를 조절하는 촉매제임

37

네일 접착제의 특성에 대한 설명으로 틀린 것은?

① 네일 팁을 접착하거나 네일 랩 등을 고정할 때 사용한다.
② 공기 중의 수분을 흡수하여 굳는 성질의 수소 중합을 한다.
③ 점성이 약하면 얇고 빠르게 건조하나 흐를 수 있다는 단점이 있다.
④ 점성이 강하면 접착력과 보존력이 우수하나 제거가 어렵다는 단점이 있다.

> 네일 접착제는 공기 중 수분을 흡수하여 굳는 이온 중합 방식으로 경화됨

38 ⭐빈출

젤 네일 구조에 대한 설명으로 옳은 것은?

① C커브는 원형의 50% 이상으로 완성한다.
② 두께는 1mm의 이하로 완성한다.
③ 측면에서 옆선이 처지도록 완성한다.
④ C커브는 원형의 20% 미만으로 완성한다.

> C커브는 원형의 20~40%로 형성하고 측면은 일직선으로 완성해야 함

39 ⭐빈출

네일 폴리시의 색상을 부여하는 성분은?

① 가소제　　　　　② 용제
③ 광중합 개시제　　④ 안료

> 안료는 착색 성분으로 네일 폴리시에 색상을 부여함

40

E.O 가스 멸균법에 대한 설명 중 틀린 것은?

① 고압증기 멸균법에 비해 장기 보존이 가능하다.
② 50~60℃의 저온에서 멸균된다.
③ 경제성이 고압증기 멸균법에 비해 저렴하다.
④ 가열에 변질되기 쉬운 것들이 멸균 대상이 된다.

> E.O 가스 멸균법은 저온 멸균이 가능하나 멸균 시간이 길고 비용이 높음

41

이상적인 소독제의 구비조건과 거리가 먼 것은?

① 생물학 작용을 충분히 발휘할 수 있어야 한다.
② 빨리 효과를 내고 살균 소요시간이 짧을수록 좋다.
③ 독성이 적으면서 사용자에게도 자극성이 없어야 한다.
④ 원액 혹은 희석된 상태에서 화학적으로는 불안정된 것이어야 한다.

> 이상적인 소독제는 화학적으로 안정되어야 함

42

소독제의 농도가 알맞지 않은 것은?

① 승홍수 0.1%　　② 알코올 70%
③ 석탄산 0.3%　　④ 크레졸 3%

> 석탄산의 적정 농도는 3%임

43

다음 중 물리적 소독법에 해당하는 것은?

① 승홍수 소독　　　② 크레졸 소독
③ 건열 소독　　　④ 석탄산 소독

- 물리적 소독법: 자외선 · 열 · 물 · 여과 등 물리적 방법을 이용한 소독
- 승홍수, 크레졸, 석탄산은 소독력이 있는 약제를 사용한 화학적 소독법임

44

자비 소독 시 금속 부식을 방지하면서 살균력을 높이는 탄산나트륨의 적정 농도는?

① 0.1~0.5%　　　② 1~2%
③ 5~10%　　　④ 10~15%

금속 기구를 자비 소독(열탕 소독)할 때 탄산나트륨 1~2% 첨가 시 살균력 강화와 녹 방지 효과가 있음

45

미생물 번식에 가장 중요한 조건으로 구성된 것은?

① 온도 − 습도 − pH
② 온도 − 습도 − 자외선
③ 온도 − 습도 − 영양분
④ 온도 − 습도 − 시간

미생물 증식에는 온도, 습도, 영양분이 핵심 요소임

46

중량 백만분율을 표시하는 단위는?

① ppm　　　② %
③ ppb　　　④ ‰

피피엠(ppm): 소독액 1,000,000mL 중에 포함된 소독약의 양

47

액체 왁스 형태로 피부 친화성이 좋으며, 산화 안정성이 뛰어난 캐리어 오일은?

① 아몬드 오일
② 호호바 오일
③ 아보카도 오일
④ 맥아 오일

호호바 오일은 피지 성분과 유사하며 산화 안정성이 높음

48

음이온성 계면활성제 성질에 대한 설명으로 틀린 것은?

① 세정 작용이 강하다.
② 기포 형성 작용이 우수하다.
③ 샴푸, 비누에 사용한다.
④ 피부 자극이 없다.

음이온성 계견활성제는 세정력과 기포 형성력이 우수하여 샴푸와 비누에 사용되나 피부에 자극이 있음

49

유기 안료의 특성이 아닌 것은?

① 내광성 · 내열성이 우수하다.
② 선명도와 착색력이 뛰어나다.
③ 유기 용매에 잘 녹는다.
④ 무기 안료에 비해 색의 종류가 다양하다.

> 내광성과 내열성이 우수한 것은 무기 안료의 특성임

50

오일의 분류 설명으로 틀린 것은?

① 동물성 오일: 쉽게 변질되며 냄새가 강해 탈취 · 탈색의 정제 과정을 거쳐야 한다.
② 식물성 오일: 흡수력이 높고 부패하지 않아 가장 많이 사용한다.
③ 광물성 오일: 무색 · 무취이며 쉽게 변질되지 않는다.
④ 합성 오일: 사용성 및 화학적 안정성이 우수하나 자연 분해가 되지 않아 환경에 좋지 않다.

> 식물성 오일: 산화와 부패가 쉬운 단점이 있음

51 빈출

화장품의 4대 요건에 해당하지 않는 것은?

① 트렌드에 맞아야 한다.
② 사용성이 좋아야 한다.
③ 피부에 대한 안전성이 우수해야 한다.
④ 유효성이 좋아야 한다.

> 화장품의 4대 요건: 안전성, 안정성, 사용성, 유효성

52

분만 촉진과 항우울 효과가 있는 아로마 오일은?

① 라벤더
② 로즈마리
③ 자스민
④ 오렌지

> 자스민 오일은 자궁 기능 강화와 진정 효과가 있음

53

화학적인 필링제의 성분으로 사용되는 것은?

① AHA
② 에탄올
③ 카모마일
④ 올리브 오일

> AHA: 각질 제거를 위한 대표적 화학 필링 성분임

54

이 · 미용사는 영업소 외의 장소에서는 이 · 미용 업무를 할 수 없다. 그러나 특별한 사유가 있는 경우에는 예외가 인정되는데 다음 중 특별한 사유에 해당하지 않는 것은?

① 사회복지시설에서 봉사활동으로 이 · 미용하는 경우
② 질병이나 고령 · 장애 그 밖에 사유로 인하여 영업소에 나올 수 없는 자에 대하여 이 · 미용하는 경우
③ 방송 등의 촬영에 참여하는 사람에 대하여 촬영 직전에 이 · 미용하는 경우
④ 긴급한 회의에 참여하는 자에 대하여 회의 직전에 행하는 이 · 미용

> 긴급 회의 참여는 예외 사유에 해당하지 않음

55

공중위생영업자 단체의 설립 목적이 아닌 것은?

① 영업의 건전한 발전을 도모하기 위해
② 국민 보건의 향상을 기하기 위해
③ **영업자 단체의 조직을 갖추기 위해**
④ 공중위생의 향상을 기하기 위해

공중위생영업자는 공중위생과 국민 보건의 향상을 기하고 그 영업의 건전한 발전을 도모하기 위하여 공중위생영업의 종류별로 전국적인 조직을 가지는 공중위생영업자 단체를 설립할 수 있음

56

이·미용사의 면허증을 대여한 때의 법적 조치사항으로 옳은 것은?

① 영업소에 대해 폐쇄명령을 할 수 있다.
② 1차 위반 시 면허를 취소할 수 있다.
③ 2차 위반 시 1년 동안 영업정지 처분을 받는다.
④ **행정처분권자는 시장·군수·구청장이다.**

면허증을 다른 사람에게 대여한 경우
• 1차 위반: 면허정지 3개월
• 2차 위반: 면허정지 6개월
• 3차 위반: 면허취소

57

200만 원 이하의 과태료가 아닌 것은?

① 영업소 외의 장소에서 이·미용 업무를 행한 자
② 위생교육을 받지 않은 자
③ 위생관리의무를 지키지 않은 자
④ **관계공무원의 출입·검사 및 기타 조치를 거부·방해 또는 기피한 자**

관계공무원의 출입·검사 및 기타 조치를 거부·방해 또는 기피한 자는 300만 원 이하의 과태료에 해당함

58

영업자의 지위 승계를 받은 공중위생영업자는 누구에게 무슨 행정절차를 해야 하는가?

① **시장·군수·구청장에게 신고**
② 시·도지사에게 신고
③ 세무서장에게 신고
④ 보건복지부장관에게 신고

지위 승계자는 1개월 이내에 시장·군수·구청장에게 신고해야 함

59

위생교육에 포함되지 않는 것은?

① 기술교육
② **시사상식교육**
③ 공중위생관리 법규
④ 친절 및 청결에 관한 교육

위생교육은 공중위생관리법규, 소양교육, 기술교육, 그 밖에 공중위생에 관하여 필요한 내용으로 함

60

공중위생영업소의 위생관리등급 중 우수업소에 해당하는 등급은 무엇인가?

① 백색등급
② 청색등급
③ 녹색등급
④ **황색등급**

위생관리등급
• 최우수업소: 녹색등급
• 우수업소: 황색등급
• 일반관리 대상업소: 백색등급

01 빈출

다음 ( ) 안에 들어갈 용어를 바르게 연결한 것은?

> 세계보건기구의 본부는 스위스 제네바에 있으며 6개 지역 사무소를 운영하고 있다. 이 중 우리나라는 ( ) 지역에, 북한은 ( ) 지역에 속한다.

① 동남아시아, 동남아시아
② 서태평양, 서태평양
③ 동남아시아, 서태평양
④ **서태평양, 동남아시아**

> 우리나라는 서태평양 지역, 북한은 동남아시아 지역에 소속됨

02

하수오염의 지표로 주로 이용하는 것은?

① pH   ② **BOD**
③ 대장균   ④ DO

> 하수오염의 지표는 생물학적 산소요구량(BOD)임

03 빈출

B형 간염 전파 경로 중 감염 위험이 가장 높은 것은?

① **면도날**   ② 브러시
③ 전동 클리퍼   ④ 가운

> B형 간염은 혈액 매개 감염으로 면도날을 통한 전파 위험이 가장 큼

04

병원균의 내성에 대한 의미로 옳은 것은?

① 인체가 약에 대하여 저항성을 가진다.
② 균이 다른 균에 대하여 저항성을 가진다.
③ 약이 균에 대하여 유효한 것이다.
④ **균이 약에 대하여 저항성이 있는 것이다.**

> 내성이란 병원균이 약물에 대해 저항성을 나타내는 현상임

05

이·미용업소 환경에서 감염 가능성이 가장 낮은 질환은?

① 인플루엔자
② **세균성 이질**
③ 트라코마
④ 결핵

> 세균성 이질은 오염된 음식과 물을 통해 감염되므로 이·미용업소 감염 가능성이 가장 적음

06

실내의 가장 쾌적한 온도와 습도는?

① 14℃, 20%
② 16℃, 30%
③ **18℃, 60%**
④ 20℃, 89%

> 실내 쾌적 온도는 18℃, 습도는 60%임

07 ⭐빈출

생물학적 산소요구량(BOD)과 용존산소(DO)의 관계로 옳은 것은?

① BOD와 DO는 무관하다.
② BOD가 낮으면 DO는 낮다.
③ BOD가 높으면 DO는 낮다.
④ BOD가 높으면 DO도 높다.

> BOD가 높아질수록 물속의 DO는 감소함

08 ⭐빈출

네일의 성장에 대한 설명으로 틀린 것은?

① 손톱이 발톱보다 빨리 자란다.
② 새끼손톱의 성장이 가장 느리다.
③ 손톱의 성장 속도는 외부의 영향, 환경과 관련이 없다.
④ 남성이 여성보다 빨리 자란다.

> 네일 성장 속도는 사용 빈도와 환경의 영향을 받음

09

매트릭스 세포 배열 길이에 따라 달라지는 네일의 특성은?

① 네일의 크기가 달라진다.
② 네일의 두께가 달라진다.
③ 네일의 모양이 달라진다.
④ 네일의 성장 속도가 달라진다.

> 매트릭스 세포 배열 길이에 따라 네일 두께가 결정됨

10

새끼손가락을 바깥으로 벌리는 기능의 손 근육은?

① 소지외전근(새끼손가락벌림근)
② 장무지굴근(긴엄지굽힘근)
③ 소지대립근(새끼손가락맞섬근)
④ 소지굴근(새끼손가락굽힘근)

> 소지외전근: 새끼손가락을 벌리는 역할을 함

11 ⭐빈출

네일 미용사가 관리할 수 있는 네일은?

① 파로니키아
② 오니콥토시스
③ 오니코크립토시스
④ 오니코그리포시스

> 오니코크립토시스(조갑감입증): 네일의 양쪽 옆면이 살 속으로 파고드는 증상으로 네일 미용사가 관리할 수 있음

12

프리에지의 위층에 해당하는 매트릭스 부위는?

① 매트릭스 뒷부분
② 매트릭스 중간 부분
③ 매트릭스 앞부분
④ 매트릭스와 관련이 없음

> • 매트릭스 뒷부분: 프리에지의 위층
> • 매트릭스 중간 부분: 프리에지의 중간층
> • 매트릭스 앞부분: 프리에지의 아래층

PART 03

13 ⭐

네일 성장에 대한 설명으로 옳은 것은?

① **중지 손톱이 소지 손톱에 비해 빨리 자란다.**
② 발톱이 손톱보다 빨리 자란다.
③ 여름보다 겨울이 빨리 자란다.
④ 외부의 영양이 공급되어야 한다.

> 중지 손톱이 가장 빠르게 성장함

14

매트릭스를 보호하는 역할을 하며 큐티클 위를 덮고 있는 피부는?

① **에포니키움(상조피)**
② 하이포니키움(하조피)
③ 네일 폴드(조주름)
④ 네일 루트(조근)

> 에포니키움(상조피): 큐티클 위에 있어 매트릭스 보호하며 감염되면 영구적으로 손상을 입음

15

손가락을 붙이고 모으는 역할을 하는 근육의 명칭은?

① **내전근**　　　② 외전근
③ 신근　　　　　④ 벌림근

> 내전근: 관절을 몸의 중심으로 모으는 내전 작용을 함

16

네일을 심하게 물어뜯는 습관으로 발생하는 증상은?

① 오니콕시스(조갑비대증)
② 파로니키아(조갑주위염)
③ 퍼로우(고랑 파인 네일)
④ **오니코파지(교조증)**

> 오니코파지(교조증): 네일을 물어뜯어 프리에지가 없는 증상으로 인조네일 관리해야 함

17 ⭐

손을 안쪽으로 회전시켜 손등이 앞쪽을 향하게 작용하는 팔의 근육은?

① 신근　　　　　② 외전근
③ 회외근　　　　④ **회내근**

> 엎침근(회내근): 손을 안쪽으로 회전시켜 손등이 앞쪽이나 위를 향하게 작용함

18

하이포니키움에 대한 설명으로 틀린 것은?

① **네일 매트릭스를 보호하는 역할을 한다.**
② 옐로 라인 밑에 위치해 있으며 프리에지 아래의 돌출된 피부조직이다.
③ 박테리아와 이물질로부터 네일 아랫부분을 보호하는 방어막 역할을 한다.
④ 하이포니키움에 상처가 생기면 네일 보디가 네일 베드에서 분리될 수 있다.

> 매트릭스를 보호하는 역할은 에포니키움이 함

19

네일 도구 중 일회용으로 사용하지 않아도 되는 것은?

① **큐티클 니퍼**　　② 콘 커터의 면도 날
③ 오렌지 우드스틱　　④ 토 세퍼레이터

> 큐티클 니퍼는 소독 후 반복 사용 가능함

20 ⭐빈출

멜라닌색소에 대한 설명으로 옳은 것은?

① 멜라닌은 각질층으로 배출되지 않는다.
② 몽고반점은 멜라닌과 상관이 없다.
③ **멜라닌은 본래의 역할을 자외선으로부터 피부를 보호하는 것이다.**
④ 멜라닌은 황색인종에게 가장 많이 나타난다.

> 멜라닌은 자외선으로부터 피부를 보호함

21 ⭐빈출

강한 자외선과 관련 없는 피부 질환은?

① **아토피 피부염**　　② 피부 수포
③ 색소 침착　　④ 피부 홍반

> 아토피 피부염은 자외선과 직접적 관련이 없으며 유전적, 환경적 영향으로 발생함

22

압박으로 생기는 각질층의 증식 현상이며, 원추형 각질 증식은?

① 사마귀　　② 무좀
③ 굳은살　　④ **티눈**

> 티눈: 원추형의 국한성 인설성 비후증으로 경성티눈과 연성티눈으로 구분되며 중심핵이 있으며 통증을 동반함

23

피부의 과색소 침착에 해당하지 않는 증상은?

① 기미　　② 주근깨
③ **백반증**　　④ 검버섯

> 백반증은 저색소 질환임

24

피지막의 성질로 틀린 것은?

① **보통 알칼리성을 나타내고 독물을 중화시킨다.**
② 땀과 피지가 섞여서 합쳐진 막이다.
③ 피지막에 의해 세균이 죽거나 발육이 억제당한다.
④ 피지막 형성은 피부의 상태에 따라 그 정도가 다르다.

> 피지막은 pH 4.5~6.5의 약산성을 나타냄

25

알레르기의 원인이 되는 히스타민을 분비하는 곳은?

① 랑게르한스세포　　② 비만세포
③ 말피기세포　　　　④ 유극세포

> 비만세포에서 히스타민이 분비되며 과다 분비 시 알레르기 반응 유발함

26

피지선과 한선 분비물이 피부에 윤기를 주어 건강과 아름다움을 지니게 해주는 피부의 생리 작용은?

① 분비　　　　　　② 침투
③ 흡수　　　　　　④ 조절

> 피지는 윤기 유지, 땀은 노폐물 배출 역할을 하여 피부의 분비 기능을 수행함

27

젤 램프 기기에 대한 설명으로 틀린 것은?

① 젤에 포함된 광중합 개시제에 따라 종류가 달라진다.
② LED 젤 램프 기기는 가시광선 약 400~700nm 파장을 이용한다.
③ 젤 램프 기기에 손을 넣었을 때 히팅 현상이 발생할 수 있다.
④ 소프트 젤은 LED 젤 램프 기기에 경화해야 한다.

> 소프트 젤은 LED 램프와 UV 램프 모두에서 경화가 가능함

28

다음 중 네일 팁의 재질에 해당하지 않는 것은?

① 플라스틱　　　　② 실크
③ 나일론　　　　　④ 아세테이트

> 네일 팁 재질은 플라스틱, 나일론, 아세테이트이며 실크는 네일 랩 재질에 해당함

29 ⭐비출

네일 팁 접착 방법에 대하여 틀린 것은?

① 네일 팁의 양쪽 옆면을 살짝 눌러 접착한다.
② 자연네일과 네일 팁 전체에 네일 프라이머를 도포한다.
③ 공기가 들어가지 않도록 유의한다.
④ 자연네일의 45°로 접착한다.

> 네일 프라이머는 자연네일에만 도포하며 네일 팁에는 도포하지 않음

30

네일 랩의 접착 방법으로 틀린 것은?

① 큐티클 라인에서 약 1mm 정도 남기고 접착한다.
② 자연네일의 양쪽 옆면을 약 1mm 정도 남기고 접착한다.
③ 네일 랩이 정면에서 비틀어지지 않게 접착한다.
④ 네일 랩이 들뜨거나 구겨지지 않게 접착한다.

> 네일 랩은 자연네일의 양쪽 옆면까지 모두 덮어 접착해야 함

31 ⭐빈출

네일 화장물 제거 방법으로 옳지 않은 것은?

① 알코올로 제거한다.
② 네일 파일로 제거한다.
③ 아세톤으로 제거한다.
④ 드릴 기기로 제거한다.

> 알코올은 네일 화장물 제거 기능이 없어 제거제로 사용할 수 없음

32 ⭐빈출

네일 랩의 보관 방법으로 올바른 것은?

① 유연하게 하기 위해 습기가 많은 곳에 보관한다.
② 편하게 사용하기 위해 미리 재단하여 보관한다.
③ 편리성을 위해 테이블 위에 펼쳐 보관한다.
④ 오염 예방을 위해 봉지에 밀봉해서 보관한다.

> 네일 랩은 오염 방지와 접착력 유지를 위해 밀봉 보관해야 함

33

LED 램프와 UV 램프에서 경화되는 젤은?

① 네일 팁 라이트 젤
② 라이트 큐어드 젤
③ 노 라이트 큐어드 젤
④ 네일 랩 큐어드 젤

> 라이트 큐어드 젤은 LED와 UV 광선에 반응하여 경화되는 젤임

34

네일 파일에 대한 설명으로 틀린 것은?

① 샌딩 파일은 네일의 표면의 굴곡을 없애주기 위해 사용한다.
② 네일 파일은 출혈이 발생하지 않으므로 네일 주변 피부에 닿아도 괜찮다.
③ 네일 표면을 비비거나 문질러 광택을 내기 위해 사용한다.
④ 세척 후 재사용할 수 있는 네일 파일도 있다.

> 네일 파일은 피부 손상을 일으켜 출혈이 발생할 수 있어 주의가 필요함

35 ⭐빈출

젤의 경화 특성에 대한 설명으로 옳은 것은?

① 온도와 습도에 민감하다.
② 특수한 광선(빛)에 의해 경화한다.
③ 공기 중에 응고한다.
④ 경화촉진제를 분사하면 응고한다.

> 젤은 UV 및 LED 광선에 반응하여 경화됨

36 ⭐빈출

네일 폴리시를 도포하기 전 접착력을 높이기 위해 사용되는 네일 재료는?

① 폴리시리무버
② 베이스코트
③ 톱코트
④ 네일 락커

> 베이스코트는 착색 방지와 접착력 향상을 위해 네일 폴리시 전에 도포함

37

아세톤의 성질과 사용에 대한 설명으로 틀린 것은?

① 과다 사용은 네일을 손상시킬 수 있다.
② 네일과 피부를 건조하게 할 수 있다.
③ 인조네일 위의 네일 폴리시를 제거 시 사용한다.
④ 인화성 물질이므로 취급에 주의를 기울인다.

> 아세톤은 인조네일을 녹일 수 있어 인조네일 위에는 논아세톤 리무버를 사용해야 함

38

스퀘어 형태에 대한 설명으로 틀린 것은?

① 파고드는 발톱을 예방하기 위한 발톱의 형태이다.
② 대회용으로 많이 사용되며 강한 느낌을 준다.
③ 네일 양끝 모서리 부분이 사각의 형태이다.
④ 네일 양끝 모서리의 각도는 75°인 형태이다.

> 스퀘어 형태는 모서리 각도가 90°의 직각 형태임

39 ⭐빈출

아크릴 프렌치 스컬프처 시 스마일 라인 조형 방법으로 틀린 것은?

① 얼룩지지 않게 조형한다.
② 스마일 라인을 조형할 경우 브러시는 네일 베드를 향한다.
③ 사이드 라인이 틀린 경우 샌딩 파일로 조절한다.
④ 네일 상태에 따라 둥근 라인의 깊이를 조절할 수 있다.

> 스마일 라인은 좌우 포인트 밸런스를 맞춰 대칭이 되도록 조형해야 함

40

석탄산 희석배수 90배를 기준으로 석탄산 계수가 4인 소독약의 희석배수는?

① 90배   ② 94배
③ 360배   ④ 400배

> 탄산 계수는 소독약 희석배수를 석탄산 희석배수로 나눈 값이므로 4×90=360배임

41

이·미용실 바닥과 배설물 소독에 가장 적당한 것은?

① 알코올   ② 크레졸
③ 생석회   ④ 승홍수

> 크레졸은 바닥과 배설물 소독에 효과적인 화학적 소독제에 해당함

42 ⭐빈출

헤어브러시 소독 관리 방법으로 틀린 것은?

① 자외선 소독기에 넣어 보관한다.
② 헤어브러시를 떨어뜨릴 경우 털어서 사용한다.
③ 플라스틱 제품은 열을 가하면 녹을 수 있으므로 주의한다.
④ 전용 세제로 세척 후 잘 건조한다.

> 떨어뜨린 헤어브러시는 세척 후 소독하여 사용해야 함

43

소독 효과에 영향을 가장 적게 미치는 요소는?

① 온도　　　　　　　② 대기압
③ 수분　　　　　　　④ 시간

> 소독 효과는 온도, 수분, 시간, 농도의 영향을 받으며 대기압은 영향이 적음

44

생활력을 가지고 있는 미생물을 여러 물리·화학적 처리로 급속히 죽이는 것은 다음의 소독 방법 중 어디에 해당되는가?

① 여과　　　　　　　② 멸균
③ 살균　　　　　　　④ 방부

> 살균: 물리적·화학적 처리로 미생물을 급속 사멸시키는 것

45

물리적 소독법이 아닌 것은?

① 알코올　　　　　　② 초음파
③ 일광　　　　　　　④ 자외선

> • 알코올은 약제를 이용한 화학적 소독법에 해당함
> • 물리적 소독법: 자외선·열·물·여과 등 물리적 방법을 이용함

46

고압증기 멸균법의 단점으로 옳은 것은?

① 멸균 비용이 많이 든다.
② 많은 멸균 물품을 한꺼번에 처리할 수 없다.
③ 멸균 물품에 잔류 독성이 있다.
④ 수증기가 통과함으로써 용해되는 물질은 멸균할 수 없다.

> 바셀린, 파우더 등 수증기에 녹는 물질은 고압증기 멸균이 불가능함

47

페이스 파우더 사용 목적에 가장 적절한 경우는?

① 땀과 피지로 인해 화장이 번지는 것을 막을 경우
② 추운 날씨에 피지 분비 작용과 발한 작용이 적어질 경우
③ 여름철 파우더 타입의 파운데이션을 사용한 경우
④ 잔주름과 주름살이 많은 부분을 감출 경우

> 페이스 파우더는 유분 제거와 화장 지속력 향상을 위해 사용함

48 빈출

화장품 성분의 기본 요건으로 적절하지 않은 것은?

① 사용 목적에 적합한가
② 살균 작용을 하는가
③ 변색, 변질되지 않고 안정성이 우수한가
④ 안전성이 우수한가

> 화장품의 4대 요건: 안전성, 안정성, 사용성, 유효성

49

양이온성 계면활성제에 대한 설명으로 틀린 것은?

① 살균 작용이 우수하다.
② 소독 작용이 있다.
③ 정전기 발생을 억제한다.
④ **피부 자극이 적어 저자극 샴푸에 사용된다.**

> 양이온성 계면활성제는 린스 · 트리트먼트에 사용되며 저자극 샴푸에는 부적합함

50

물에 다량의 오일이 균일하게 혼합되어 우윳빛으로 백탁화 된 상태를 만드는 화장품 제조 기술은?

① 가용화　　　　　　② **유화**
③ 경화　　　　　　　④ 분산

> 유화는 다량의 오일이 물과 혼합되어 우윳빛 상태를 형성하는 기술임

51

화장품의 사용 목적과 가장 거리가 먼 것은?

① 인체를 청결, 미화하기 위해 사용한다.
② 용모를 밝게 변화시키기 위해 사용한다.
③ 피부와 모발의 건강을 유지하기 위해 사용한다.
④ **인체에 약리적인 효과를 주기 위해 사용한다.**

> 화장품은 인체에 경미한 작용을 하며 약리 효과 목적은 의약품에 해당함

52

수렴 화장수의 원료에 포함되지 않는 것은?

① 습윤제　　　　　　② 알코올
③ 물　　　　　　　　④ **표백제**

> 표백제는 화장품의 원료로 사용되지 않음

53

기능성 화장품에 해당하지 않는 것은?

① 미백 크림　　　　　② 주름 개선 크림
③ 자외선 차단 크림　　④ **헤어 펌 크림**

> 헤어 펌 크림은 기능성 화장품 범주에 포함되지 않음

54

미용업 영업자가 영업소 폐쇄명령을 받고도 계속하여 영업을 하는 때에 시장 · 군수 · 구청장이 관계공무원으로 하여금 해당 영업소를 폐쇄하기 위하여 조치를 하게 할 수 있는 사항에 해당하지 않는 것은?

① 해당 영업소 간판 및 기타 영업표지물을 제거
② 해당 영업소가 위법한 영업소임을 알리는 게시물을 부착
③ **위법한 영업소임을 알리기 위해 인터넷에 정보 공개**
④ 영업을 위하여 필요한 기구 또는 시설물을 사용할 수 없게 하는 봉인

> **영업소 폐쇄명령 위반, 무신고 영업 시 관계공무원의 조치사항**
> • 해당 영업소 간판 및 기타 영업표지물을 제거
> • 해당 영업소가 위법한 영업소임을 알리는 게시물을 부착
> • 영업을 위하여 필요한 기구, 시설물을 사용할 수 없게 하는 봉인

55

영업소 이외의 장소에서 예외적으로 이·미용 영업을 할 수 있도록 규정한 법령은?

① 대통령령
② 국무총리령
③ **보건복지부령**
④ 시·도 조례

이·미용사의 업무는 영업소 외의 장소에서 행할 수 없으나 보건복지부령이 정하는 특별한 사유가 있는 경우 가능함

56 ⭐

명예공중위생 감시원이 될 수 없는 사람은?

① 공중위생협회의 단체장이 추천하는 단체의 소속 직원
② 소비자단체의 단체장이 추천하는 단체의 소속 직원
③ 공중위생에 대한 지식과 관심이 있는 자
④ **3년 이상 공중위생 행정에 종사한 경력이 있는 공무원**

명예감시원은 추천된 민간인 중심으로 구성되며 공무원은 해당되지 않음

57

이·미용 영업자에 대한 지도·감독을 위한 관계공무원의 출입·검사를 거부·방해한 자에 대한 처벌 규정은?

① 50만 원 이하의 과태료
② 100만 원 이하의 과태료
③ 200만 원 이하의 과태료
④ **300만 원 이하의 과태료**

관계공무원의 출입·검사 기타 조치를 기피한 자는 300만 원이하의 과태료 대상임

58

「공중위생관리법」상 미용업의 정의로 옳은 것은?

① 손님의 얼굴을 손질하여 손님의 용모를 아름답고 단정하게 하는 영업
② 손님의 머리를 손질하여 손님의 용모를 아름답고 단정하게 하는 영업
③ 손님의 머리카락을 다듬거나 하는 등의 방법으로 손님의 용모를 단정하게 하는 영업
④ **손님의 얼굴·머리·피부 및 손톱·발톱 등을 손질하여 손님의 외모를 아름답게 꾸미는 영업**

미용업: 손님의 얼굴·머리·피부 및 손톱·발톱 등을 손질하여 손님의 외모를 아름답게 꾸미는 영업

59

면허를 발급 받을 수 있는 자는?

① 감염성 결핵환자
② **성인병 환자**
③ 정신질환자
④ 마약중독자

면허 발급 금지 사유: 피성년후견인, 정신질환자, 감염병환자, 약물중독자 면허가 취소된 후 1년이 경과되지 않은 자

60

「공중위생관리법 시행규칙」에 규정된 이·미용기구의 소독 기준으로 적절한 것은?

① $1cm^2$당 $85\mu W$ 이상의 자외선을 10분 이상 쐬어 준다.
② 100℃ 이상 건조한 열에 10분 이상 쐬어 준다.
③ **석탄산수(석탄산 3%, 물 97%의 수용액)에 10분 이상 담가 둔다.**
④ 100℃ 이상 습한 열에 10분 이상 쐬어 준다.

• $1cm^2$ 당 $85\mu W$ 이상의 자외선을 20분 이상 쐬어 줌
• 100℃ 이상 건조한 열에 20분 이상 쐬어 줌
• 100℃ 이상 습한 열에 20분 이상 쐬어 줌

제7회 CBT 기출복원문제

01

검역에 대한 설명으로 틀린 것은?

① 외국 질병의 국내 침입 방지
② 감염병 감염이 의심되는 사람의 강제격리
③ **감염병이 미치는 영향을 연구하는 학문**
④ 감염병의 예방 대책

> 검역은 감염병의 국내 유입을 차단하고 감염 의심자의 격리 및 예방 조치를 수행하는 제도로서 감염병이 사회에 미치는 영향을 연구하는 학문은 역학에 해당함

02

에이즈 예방 대책으로 적절하지 않은 것은?

① **경구 피임약 사용**
② 수혈이나 주사기 1회용품 사용
③ 건전한 성생활 유지
④ 보건교육 강화

> 에이즈는 혈액과 체액을 통해 감염되므로 안전한 성생활 유지와 일회용 주사기 사용, 보건교육 강화가 예방에 효과적이며 경구 피임약은 감염 예방 효과가 없음

03

예방접종에 있어서 생균백신을 사용하는 것은?

① **결핵**
② 백일해
③ 디프테리아
④ 장티푸스

> 생균백신은 약화된 병원체를 이용하여 면역을 형성하는 백신으로 결핵, 홍역, 폴리오 등에 사용되며 백일해와 장티푸스는 사균백신, 디프테리아는 순화독소 백신에 해당함

04 ⭐빈출

의복 섬유 중 함기량이 가장 높은 것은?

① 모직
② **모피**
③ 무명
④ 마직

> 의복의 함기량은 섬유 사이 공기 보유량을 의미하며 모피가 가장 높고 그 다음으로 모직, 무명, 견직, 마직 순으로 감소함

05

버섯에 함유되어 있는 독소는?

① 에르고톡신
② **무스카린**
③ 솔라닌
④ 아미그달린

> 무스카린은 독버섯에 함유된 신경계 독소이며 에르고톡신은 맥각균, 솔라닌은 감자, 아미그달린은 청매에 존재함

06

사회보험에 해당하지 않는 것은?

① 산재보험
② 연금보험
③ 고용 보험
④ **의료 급여**

> 사회보험에는 산재보험, 연금보험, 고용보험, 건강보험이 포함되며 의료 급여는 저소득층을 대상으로 국가가 지원하는 공적 부조 제도에 해당함

07

우리나라 암 사망 원인 중 가장 높은 비율을 차지하는 것은?

① 자궁경부암 　　② 유방암
③ **폐암** 　　④ 위암

폐암은 폐 조직에서 발생하는 악성 종양으로 초기 증상이 뚜렷하지 않아 발견이 늦어지는 경우가 많으며 진행 속도가 빠르고 치료가 어려워 국내 암 사망률 1위임

08

매트릭스(조모)가 탈락되어 프리에지까지 다시 완전히 자라나는 데 필요한 기간으로 옳은 것은?

① 1~2개월 　　② 8~10개월
③ 2~3개월 　　④ **5~6개월**

손톱은 매트릭스에서 생성되어 점차 성장하면서 프리에지까지 이동하며 전체가 새로 교체되는 데 약 4~6개월 정도가 소요됨

09 ⭐빈출

손 근육의 기능에 대한 설명으로 적절하지 않은 것은?

① 모음근(내전근): 손가락과 손가락을 모으는 내향에 작용한다.
② 맞섬근(대립근): 엄지손가락을 손바닥쪽으로 향하게 하여 물건을 잡을 수 있게 하는 작용을 한다.
③ 벌림근(외전근): 새끼손가락과 엄지손가락을 벌리는 작용을 한다.
④ **가시아래근(극하근): 손을 안쪽으로 회전시켜 손등이 위, 손바닥이 아래를 향하게 작용한다.**

엎침근(회내근): 손을 안쪽으로 회전시켜 손등이 앞쪽이나 위를 향하게 작용함

10 ⭐빈출

우리나라에 미용사(네일) 국가자격시험이 최초로 시행된 연도로 옳은 것은?

① **2014년** 　　② 2016년
③ 2018년 　　④ 2020년

미용사(네일) 국가자격시험은 네일미용의 전문성과 자격 제도화를 위해 2014년에 처음 도입되어 시행됨

11

젤 램프 기기에 대한 설명으로 틀린 것은?

① 젤을 경화시키는 기기이다.
② 젤 네일의 경화 속도가 떨어지면 램프를 교체해야 한다.
③ **젤 네일에 사용되는 광선은 적외선과 가시광선이다.**
④ 사용 전 후 소독제로 닦아 보관한다.

젤 네일에 사용되는 광선은 자외선과 가시광선이며 적외선은 경화 작용에 해당하지 않음

12 ⭐빈출

네일숍에서 사용하는 화학물질과 소독 제품의 주의사항으로 틀린 것은?

① 제품의 소독 및 안전관리를 철저히 한다.
② 화학 제품에는 라벨을 표시한다.
③ **화학 제품은 밝은 곳에 눈에 띄게 보관한다.**
④ 화학 제품 사용 시 환기가 제대로 되고 있는지를 반드시 확인한다.

화학 제품은 빛과 열을 차단할 수 있는 용기에 밀봉하여 라벨을 부착한 후 습기가 없고 서늘한 장소에 보관해야 함

13 ⭐빈출

오니코파지(교조증)의 관리 방법으로 가장 알맞은 것은?

① 핫 크림·오일 매니큐어로 관리한다.
② 혈액순환을 개선하기 위해 운동을 한다.
③ 물어뜯는 손톱으로 인조손톱으로 관리한다.
④ 항생제 연고로 관리한다.

> 오니코파지(교조증): 습관적으로 손톱을 물어뜯어 프리에지가 소실되고 네일 보디가 손상되는 상태로 보호와 교정을 위해 인조네일을 활용한 관리가 적절함

14 ⭐빈출

전화 상담을 통해 기대되는 효과로 보기 어려운 것은?

① 서비스 만족도 향상
② 고객과의 신뢰감 상승
③ 고객과의 불신감 상승
④ 전문성 인식 강화

> 전화 상담은 고객의 요구를 신속히 파악하고 신뢰를 형성하여 만족도와 전문성 인식을 높이는 효과가 있으므로 불신감이 상승한다는 내용은 부적절함

15 ⭐빈출

큐티클 보습제의 사용 방법에 대한 설명으로 틀린 것은?

① 큐티클 오일(스프레이 타입): 반드시 솜에 적셔 사용한다.
② 큐티클 오일(스포이트 타입): 떨어뜨려 사용한다.
③ 큐티클 크림(병 타입): 스패출러로 덜어서 사용한다.
④ 큐티클 크림(튜브 타입): 짜서 손톱에 직접 도포하여 사용한다.

> 큐티클 오일(스프레이 타입): 솜에 적시지 않고 큐티클 부위에 직접 분사하여 사용하는 것이 올바른 방법임

16 ⭐빈출

연골 조직에 대한 설명으로 틀린 것은?

① 탄력이 있으면서도 연하다.
② 연골세포와 이를 둘러싼 기질로 구성된다.
③ 혈관과 신경이 존재한다.
④ 구부러지기 쉬운 무른 뼈 조직이다.

> 연골은 연골세포와 기질로 이루어진 탄력 있는 무른 뼈 조직으로 혈관과 신경이 분포하지 않는 것이 특징임

17

네일의 양 사이드 부분이 네일 그루브 사이의 살로 파고드는 증상은?

① 파로니키아   ② 행 네일
③ 퍼로우   ④ 오니코크립토시스

> 오니코크립토시스(조갑감입증): 유전이나 꽉 끼는 신발 착용, 발톱을 짧게 잘라 발생하며 네일이 살 속으로 파고드는 증상으로 아크릴 네일로 관리하면 효과적임

18

성장기에서 뼈의 길이 성장이 일어나는 부위는?

① 상지골   ② 골화
③ 골수   ④ 골단연골

> 골단연골: 뼈의 길이 성장을 담당하는 성장판에 해당함

19

상지신경에 포함되지 않는 것은?

① 액와신경(겨드랑이신경): 삼각근에 분포
② 정중신경(중앙신경): 팔의 중앙부를 관통하는 신경
③ 근피신경(근육피부신경): 굴근에 분포
④ 대퇴신경(넙다리신경): 대퇴부에 분포하는 신경

상지신경: 액와신경, 근피신경, 정중신경, 요골신경, 척골신경, 수지신경에 해당하며 대퇴신경은 하지신경에 속함

20

각화유리질과립이 주로 존재하는 표피층은?

① 과립층   ② 유극층
③ 기저층   ④ 투명층

각화유리질과립은 과립층에 분포하며 각질 형성 과정에 관여하는 중요한 구조물임

21

사마귀의 발생 원인은?

① 바이러스   ② 진균
③ 내분비 이상   ④ 당뇨병

사마귀: 인체 유두종 바이러스(HPV) 감염에 의해 발생하는 바이러스성 피부 질환임

22

표피층의 배열 순서로 옳은 것은?

① 각질층, 유극층, 투명층, 과립층, 기저층
② 각질층, 유극층, 망사층, 기저층, 과립층
③ 각질층, 과립층, 유극층, 투명층, 기저층
④ 각질층, 투명층, 과립층, 유극층, 기저층

표피 구조: 바깥쪽부터 각질층, 투명층, 과립층, 유극층, 기저층 순으로 배열됨

23

기미 발생 원인으로 보기 어려운 것은?

① 정신적 스트레스
② 비타민 C 과다 섭취
③ 내분비 기능 장애
④ 질 나쁜 화장품 사용

기미는 유전적 요인, 호르몬 변화(임신, 갱년기), 스트레스, 내분비 이상, 저품질 화장품 사용 등으로 발생하며 비타민 C 과다 섭취는 원인에 해당하지 않음

24

대한선(아포크린 한선)에 대한 설명으로 옳은 것은?

① 동양인에게서 가장 많이 분비된다.
② 무색·무취의 약산성 액체이다.
③ 손바닥과 발바닥, 이마에 가장 많이 분포되어 있다.
④ 아포크린 한선의 냄새는 남성보다 여성이 강하게 나타난다.

대한선: 겨드랑이, 유두, 항문 주변 등에 분포하며 냄새가 있고 남성보다 여성에게서 더 강하게 나타나는 특징을 가짐

25

피부의 기능이 아닌 것은?

① 외부의 충격을 완화시키는 보호 작용을 한다.
② 체외에서 열을 생산하고 혈관의 수축과 이완, 한선을 통해 체온 조절을 한다.
③ 땀과 피지를 통해 노폐물을 분비한다.
④ 표면을 통해 호흡 작용을 한다.

피부는 체내에서 생성된 열을 혈관의 수축과 이완 및 한선의 작용을 통해 체온을 조절함

26

신체 에너지원으로 작용하는 영양소의 조합은?

① 지방, 탄수화물
② 비타민, 무기질
③ 무기질, 지방
④ 탄수화물, 비타민

신체의 열량 공급 작용: 탄수화물, 지방, 단백질

27 빈출

네일 폴리시 구성 성분에 해당하지 않는 것은?

① 니트로셀룰로오스　　② 톨루엔
③ 초산에틸　　　　　　④ MMA

네일 폴리시 성분: 니트로셀룰로오스, 초산부틸, 초산에틸, 톨루엔, 캠퍼, 안료 등이 사용되며 MMA는 인체 유해성으로 사용이 금지된 성분임

28

팁 위드 아크릴에 대한 설명으로 옳은 것은?

① 네일 팁 위에 오버레이하는 재료로서 아크릴이 사용된다.
② 네일 폼을 지지대로 사용하여 인조네일을 연장시킨다.
③ 필러 파우더와 아크릴 리퀴드를 사용한다.
④ 아크릴 스컬프처를 네일 랩이라고도 한다.

팁 위드 아크릴: 네일 팁을 부착한 후 아크릴 파우더와 리퀴드를 사용하여 인조네일을 형성하는 기법임

29 빈출

네일 폼을 잘못 접착했을 때 나타나는 현상이 아닌 것은?

① 스트레스 포인트가 들뜰 수 있다.
② 전체적인 균형이 붕괴될 수 있다.
③ 콘 벡스와 콘 케이브가 맞지 않을 수 있다.
④ 큐티클 라인을 조형하기 어려울 수 있다.

네일 폼을 잘못 접착하면 균형 붕괴, 들뜸, 콘벡스와 콘케이브 불일치가 발생하나 큐티클 라인 형성과는 직접적인 관련이 없음

30 빈출

풀 코트 컬러링의 작업 방법에 대하여 틀린 것은?

① 큐티클 라인에 맞추어서 깨끗이 컬러를 도포한다.
② 프리에지도 꼼꼼히 도포한다.
③ 주변에서 2mm 정도 남기고 도포한다.
④ 얼룩지지 않게 도포한다.

풀 코트 컬러링: 네일 전체를 빈 공간 없이 꽉 채워 도포하는 컬러링 기법임

31

매니큐어 과정에 포함되지 않는 것은?

① 손톱 형태 조형
② 네일 폴리시 도포
③ 네일 프라이머 도포
④ 유분기 제거

네일 프라이머는 인조네일 시 사용되는 재료로 일반 매니큐어 과정에는 포함되지 않음

32

중합 반응에 대한 설명으로 옳은 것은?

① 폴리머라이제이션: 상온에서 일어나는 화학 중합 반응
② 폴리머라이제이션: 상온에서 일어나는 수소 반응
③ 포토폴리머라이제이션: 빛에서 일어나는 수소 반응
④ 포토폴리머라이제이션: 물에 의해 일어나는 중합 반응

폴리머라이제이션: 상온에서 일어나는 화학 중합 반응이며 포토폴리머라이제이션은 빛에 의해 진행되는 중합 반응임

33

네일 프라이머 사용 및 보관 방법으로 옳지 않은 것은?

① 산 성분이 있어 빛에 노출되면 변질될 우려가 있으므로 어두운 색의 유리 용기를 사용해야 한다.
② 이물질이 들어가도 오염되지 않아 작은 용기보다 큰 용기에 사용하는 것이 좋다.
③ 네일 프라이머 작업 시에는 보안경과 마스크를 착용한다.
④ 눈에 들어가지 않게 주의해서 사용한다.

네일 프라이머는 오염과 변질을 방지하기 위해 빛이 차단되는 작은 유리 용기에 보관해야 함

34 빈출

젤 네일의 특성에 대한 설명으로 틀린 것은?

① 베이스 젤은 컬러 젤보다 두껍게 도포한다.
② 피부에 닿지 않게 주의해야 한다.
③ 경화 시간을 맞추어야 한다.
④ 셀프 레벨링 현상이 나타난다.

베이스 젤은 컬러 젤보다 두껍게 도포하지 않으며 얇고 고르게 바르는 것이 권칙임

35

네일 재료 및 기기에 대한 설명으로 틀린 것은?

① 네일 프라이머는 여러번 꼼꼼하게 덧바른다.
② 젤 램프 기기는 젤을 경화하는 기기이다.
③ 모노머는 폴리머와 함께 사용하는 재료이다.
④ 네일 파일의 그릿은 숫자가 작을수록 거칠다.

네일 프라이머는 과도하게 덧바르지 않고 최소량만 사용하는 것이 원칙임

36

젤 네일의 관리에 대한 설명으로 틀린 것은?

① 젤 네일은 일반 네일 폴리시에 비해 광택이 우수하다.
② 젤 네일은 유지력이 좋아 5주에 한 번씩 정기적으로 보수해야 한다.
③ 젤은 알레르기 반응이 일어날 수 있다.
④ 소프트 젤은 아세톤으로 제거할 수 있다.

젤 네일은 들뜸과 손상을 예방하기 위해 약 2~3주 간격으로 정기적인 브수가 필요함

37

페디큐어 컬러 도포 전 유분기를 제거하는 목적과 거리가 먼 것은?

① 컬러를 오래 유지하기 위해
② 베이스코트의 밀착력을 높이기 위해
③ 큐티클 연화제 등의 작업물이 남아 있기 때문에
④ **발톱이 약하게 되는 것을 예방하기 위해**

유분 제거는 컬러 유지력과 베이스코트 밀착력을 높이고 작업 잔여물을 제거하기 위한 과정이며 발톱 강화 목적은 네일 강화제를 사용하는 관리에 해당함

38 ★빈출

팁 위드 랩을 보수할 때 사용하는 재료가 아닌 것은?

① 실크
② 젤 글루(네일 접착제)
③ 글루 드라이어
④ **아크릴 파우더**

팁 위드 랩 보수는 네일 랩과 네일 접착제 및 경화 촉진제를 사용하며 아크릴 파우더는 아크릴 네일 보수에 사용하는 재료임

39 ★빈출

네일의 표면 굴곡을 없애고 네일 표면을 고르게 정리하기 위해 사용하는 재료는?

① 에머리 보드
② 우드 파일
③ **샌딩 파일**
④ 네일 클리퍼

샌딩 파일: 네일의 표면 굴곡을 없애고 매끄럽게 해 주기 위해 사용함

40

인체에 질병을 일으키는 병원체 중 대체로 살아있는 세포에서만 증식하고 크기가 가장 작아 전자현미경으로만 관찰할 수 있는 것은?

① 구균   ② 간균
③ **바이러스**   ④ 원생동물

바이러스: 미생물 중 크기가 가장 작아 전자현미경으로만 관찰 가능하며 살아 있는 세포 내에서만 증식함

41

알코올 소독의 주요 작용 기전은?

① 할로겐 복합물 형성
② **단백질 변성**
③ 효소의 완전 파괴
④ 균체의 완전 융해

알코올 소독은 미생물 세포의 단백질을 변성시켜 살균 효과를 나타냄

42

미용용품이나 기구를 일차적으로 깨끗이 세척하는 소독 방법은?

① 여과   ② 정균
③ **희석**   ④ 방부

희석: 물 등으로 오염 물질의 농도를 낮춰 기구 표면의 불순물을 제거하는 1차적 세척 과정에 해당함

43

반드시 착색하여 보관해야 하는 소독 약품은?

① 크레졸수
② 포르말린수
③ 석탄산수
④ **승홍수**

> 승홍수: 인체에 유해하므로 착색하여 구분 보관해야 하며 취급 시 주의가 필요함

44

아포를 형성하는 세균을 사멸시키면서 고압증기 멸균 온도에서는 손상될 우려가 있는 물품에 사용하는 멸균 방법은?

① **간헐 멸균법**
② 자비 소독법
③ 여과 멸균법
④ 초음파 멸균법

> 간헐 멸균법: 고온에 약한 물품에 반복적인 가열과 냉각 과정을 적용하여 아포 형성균까지 단계적으로 사멸시키는 멸균 방법임

45

멸균의 의미로 가장 적합한 표현은?

① 병원균의 발육, 증식 억제 상태
② 체내에 침입하여 발육을 증식하는 상태
③ 세균의 독성만을 파괴한 상태
④ **아포를 포함한 모든 균을 사멸시킨 무균상태**

> 멸균: 미생물과 아포를 포함한 모든 균을 완전히 사멸시킨 무균 상태를 의미함

46

결핵 환자의 객담 처리 방법으로 가장 효과적인 것은?

① **소각법**
② 에탄올 소독
③ 크레졸 소독
④ 매몰법

> 소각법: 오염 물질을 불로 완전히 제거하는 방법으로 객담과 감염성 폐기물 처리에 가장 효과적임

47 ⭐빈출

나무 향이나 동물성 향을 중심으로 한 향취 계열에 해당하는 것은?

① **오리엔탈**
② 시트러스
③ 그린
④ 프로랄

> 오리엔탈 계열: 동양적인 분위기를 바탕으로 동물성 향과 나무 향, 향신료 향 등이 조화된 짙고 이국적인 향취를 특징으로 함

48

향료 사용의 설명으로 옳지 않은 것은?

① 향 발산을 목적으로 맥박이 뛰는 손목이나 목에 분사한다.
② 자외선에 반응하여 피부에 광 알레르기를 유발할 수도 있다.
③ **색소 침착된 피부에 향료를 분사하고 자외선을 받으면 색소 침착이 완화된다.**
④ 향수 사용 시 시간이 지나면서 향의 농도가 변하는데 그것은 조합 향료의 차이 때문이다.

> 향수를 바른 부위가 자외선을 받을 경우 향료 성분이 남아 색소 침착을 악화시켜 피부염이 발생할 수 있음

49 ⭐빈출

샴푸에 대한 설명으로 틀린 것은?

① 모발과 눈을 보호해야 한다.
② 모발의 표면을 보호하고 정전기를 방지해야 한다.
③ 세정 시 마찰로 인한 손상을 최소화해야 한다.
④ 거품이 지속적이어야 한다.

> 모발 보호와 정전기 방지는 린스의 기능에 해당하며 샴푸의 주된 목적은 세정임

50 ⭐빈출

향수 농도와 지속 시간 설명으로 틀린 것은?

① 오데퍼퓸은 9~12% 농도로 약 8~9시간 지속된다.
② 오데토일렛은 6~8% 농도로 약 3~5시간 지속된다.
③ 오데코롱은 3~5% 농도로 약 1~2시간 지속된다.
④ 퍼퓸은 15~30% 농도로 약 6~7시간 지속된다.

> 오데퍼퓸: 9~12% 농도로 약 5~6시간 지속됨

51

피부 표면의 수분 증발을 막아 부드럽게 하는 성분은?

① 산화방지제   ② 점증제
③ 유연제   ④ 방부제

> 유연제: 피부 표면에 보호막을 형성해 수분 증발을 억제하고 촉촉함을 유지함

52

주름 개선 성분이 아닌 것은?

① 레티놀   ② 코직산
③ 아하(AHA)   ④ 항산화제

> 코직산은 미백 성분에 해당하며 주름 개선 성분에는 레티놀, 아하, 항산화제, 아데노신 등이 포함됨

53 ⭐빈출

화장품에 대한 설명으로 틀린 것은?

① 부작용이 없어야 한다.
② 화장수, 로션 등이 있다.
③ 특정 부위에만 사용할 수 있다.
④ 인체를 청결, 미화하기 위해 사용한다.

> 화장품은 인체의 청결과 미화의 목적으로 얼굴과 신체 등 전신에 사용할 수 있음

54 ⭐빈출

영업소 이외에 장소에서 이·미용 업무를 할 수 있는 경우는?

① 일반 가정에서 초청이 있는 경우
② 학교나 단체 등 인원이 많은 경우
③ 혼례에 참여하는 자에 대하여 그 의식 직전에 행하는 경우
④ 영업점의 특별한 서비스를 제공해야 하는 경우

> 영업소 외 업무 가능 사유: 혼례, 질병, 사회복지시설 봉사, 방송 촬영 등 특별한 경우에 한해 허용됨

55

이 · 미용사 면허 발급 대상이 아닌 것은?

① 고등학교에서 이용 또는 미용에 관한 학과를 졸업한 자
② 이용사 또는 미용사 자격을 취득한 자
③ 보건복지부장관이 인정하는 외국인 이용사 또는 미용사 자격 소지자
④ 전문대학에서 이용 또는 미용에 관한 학과 졸업자

교육부장관이 인정하는 학교에서 미용에 관한 학과를 졸업한 자는 면허를 받을 수 있음

56

공중위생영업의 종류별 시설 및 설비기준을 위반하거나 위생관리의무를 위반할 때에는 보건복지부령으로 정하는 바에 몇 개월의 범위에서 개선명령을 할 수 있는가?

① 1개월
② 3개월
③ 6개월
④ 9개월

보건복지부령으로 정하는 바에 따라 즉시 개선을 명하거나 6개월의 범위에서 기간을 정하여 개선명령을 할 수 있음

57

「성매매 알선, 아동 · 청소년의 성보호, 풍속영업의 규제, 청소년 보호법, 마약류 관리에 관한 법률」을 위반하여 영업소 폐쇄명령이 있은 후 동일한 장소에서 폐쇄명령을 받은 영업과 같은 종류의 영업을 하고자 할 때 얼마의 기간이 지나야 가능한가?

① 3개월
② 6개월
③ 1년
④ 2년

폐쇄명령 후 1년이 경과해야 동일 장소에서 같은 업종 영업이 가능함

58

이 · 미용업자의 변경신고 대상이 아닌 것은?

① 영업소 내 직원 변경
② 신고한 영업장 면적의 1/3 이상의 증감
③ 영업소의 주소 변경
④ 영업소의 명칭 변경

직원 변경은 변경신고 대상에 해당하지 않음

59

면허증을 다른 사람에게 대여한 때의 2차 위반 행정처분 기준은?

① 면허정지 6개월
② 면허정지 3개월
③ 영업정지 3개월
④ 영업정지 6개월

면허증을 다른 사람에게 대여한 경우: 1차 위반 시 면허정지 3개월, 2차 위반 시 면허정지 6개월의 행정처분을 받음

60

공중위생 감시원의 업무범위가 아닌 것은?

① 공중위생영업 관련 시설 및 설비의 위생상태 확인 · 검사에 관한 사항
② 공중위생영업소의 위생서비스 수준 평가에 관한 사항
③ 위생교육 이행 여부 확인에 관한 사항
④ 공중위생영업자의 위생관리의무 영업자 준수사항 이행 여부의 확인에 관한 사항

공중위생 감시원 업무는 시설 위생 관리와 법적 준수 여부 점검이 중심이며 서비스 수준 평가는 업무 범위에 포함되지 않음

제8회 CBT 기출복원문제

01

BCG 예방접종이 효과적인 질병은?

① 홍역　　　　　　　　② **결핵**
③ 천연두　　　　　　　④ 임질

> BCG는 결핵 예방을 목적으로 시행되는 백신임

02 빈출

돼지와 관련성이 가장 낮은 질병은?

① 살모넬라　　　　　　② **발진티푸스**
③ 일본뇌염　　　　　　④ 유구조충

> 발진티푸스: 이를 매개로 감염되는 질병으로 돼지와 직접적인 관련이 없음

03 빈출

일산화탄소(CO)에 대한 설명으로 틀린 것은?

① **공기보다 무겁다.**
② 불완전 연소 시 발생한다.
③ 헤모글로빈과 결합력이 강하다.
④ 확산성과 침투성이 크다.

> 일산화탄소는 공기보다 가벼워 빠르게 확산됨

04

국가나 지역의 공중보건수준을 가장 신뢰성 있게 평가할 수 있는 지표는?

① 질병이환율　　　　　② **영아사망률**
③ 신생아사망률　　　　④ 조사망률

> 영아사망률은 위생 환경과 의료 수준을 종합적으로 반영하는 지표로 공중보건 수준 평가의 대표적 기준임

05

WHO가 제시한 국가 간의 건강수준지표는?

① 영아사망률, 비례사망지수, 평균수명
② **비례사망지수, 평균수명, 조사망률**
③ 영아사망률, 평균수명, 조사망률
④ 조사망률, 평균수명, 주거상태

> 세계보건기구 건강수준지표: 비례사망지수, 평균수명, 조사망률

06

공수병의 병원체가 해당하는 것은?

① 세균　　　　　　　　② **바이러스**
③ 리케차　　　　　　　④ 진균

> 공수병(광견병)은 바이러스 감염에 의해 발생하는 급성 전염병임

07

실내 공기 오염 정도를 판단하는 대표적 지표는?

① N_2 ② NH_3
③ CO ④ CO_2

이산화탄소(CO_2)는 실내 환기 상태와 오염 정도를 판단하는 실내 공기의 오염지표임

08 ⭐빈출

화학물질 노출 반응으로 보기 어려운 것은?

① 비만세포가 증가한다.
② 목이 아프거나 붓는다.
③ 눈이 충혈된다.
④ 두통이 발생한다.

화학물질 노출 시 두통, 호흡기 자극, 피로감, 피부 발진, 충혈 등이 나타나며 비만세포 증가는 직접적 반응에 해당하지 않음

09

네일미용의 기원에 대한 내용으로 옳은 것은?

① 최초의 네일미용은 기원전 3000년경 이집트에서 시작되었다.
② 프랑스에서 한 손만 손톱을 길러 문을 두드리는 대신 긁도록 한 것이 최초의 기원이다.
③ 인도에서 신분을 표시하기 위해 손톱 뿌리 부분에 문신 바늘로 물감을 주입시키던 것이 최초의 기원이다.
④ 중국의 상류층에서 손톱을 기르고 보석, 금, 대나무 부목 등으로 손톱을 보호하던 것이 최초의 기원이다.

네일미용의 기원은 B.C. 3000년경 이집트와 중국 상류층에서 시작되었음

10

우리나라 네일미용의 발전 과정에 대한 설명으로 옳은 것은?

① 헤나를 사용하여 손톱을 물들였다.
②「유국관시기」문헌에는 신분에 관계없이 봉선화 꽃물을 들이는 풍속이 유행한 기록이 있다.
③ 1900년대 백화점에 네일숍이 도입되고 네일 산업이 대중화되었다.
④ 2016년에 국가자격시험이 실시되었다.

우리나라 네일미용은 백화점과 미용 산업의 발달과 함께 네일숍이 도입되며 대중화되었고, 헤나 문화는 이집트의 전통이며 봉선화 꽃물 풍습은 「동국세시기」에 기록되어 있고 국가자격시험은 2014년에 처음 시행됨

11 ⭐빈출

인조네일로 발생할 수 있는 병변이 아닌 것은?

① 조갑구만증(오니코그리포시스)
② 몰드(곰팡이)
③ 조갑종렬증(오니코렉시스)
④ 조갑위축증(오니카트로피아)

조갑구만증(오니코그리포시스)은 치매, 정신적 질환이나 관리 불능 상태에서 발생하는 변형으로 인조네일과 직접적 관련이 없음

12

손 근육 기능에 대한 설명으로 틀린 것은?

① 세밀한 운동을 할 수 있도록 돕는 역할을 한다.
② 물건을 잡는 역할을 한다.
③ 손가락을 벌리는 역할을 한다.
④ 손가락을 지지하는 역할을 한다.

손가락 지지는 근육이 아닌 뼈의 구조적 기능에 해당함

13 ⭐빈출

네일숍 위생 관리 설명으로 부적절한 것은?

① 화학물질을 안전하게 사용하기 위해 안전 데이터 시트인 MSDS에 따른다.
② 필요 시에는 소독제는 구입 후 사용하기 전에 미리 희석 용액을 만들어 놓고 같은 농도로 사용한다.
③ 오염된 장소를 소독하기 위해 소독제를 선택할 때는 높은 수준의 소독제를 선택해서는 안 된다.
④ 청소를 정기적으로 실시한다.

오염된 장소는 높은 수준의 소독제를 사용해 철저히 소독해야 함

14 ⭐빈출

엄지손가락을 안쪽으로 모으는 근육은?

① 지골 외전근
② 지골 신근
③ 지골 회내근
④ 지골 내전근

내전근: 손가락을 몸 중심 방향으로 모으는 내전 작용을 함

15 ⭐빈출

오니코크립토시스에 대한 설명으로 옳은 것은?

① 피부과에서 관리 받아야 하는 증상이다.
② 네일숍에서 관리가 가능한 병변이다.
③ 각질층이 얇아지는 증상으로 관리가 불가능하다.
④ 세로로 균열이 생기는 증상이다.

오니코크립토시스(조갑감입증): 파고드는 네일 증상으로 네일숍에서 아크릴 네일 등으로 보정 관리가 가능함

16

수근골(손목뼈)에 해당하지 않는 것은?

① 입방골(입방뼈)
② 유두골(알머리뼈)
③ 삼각골(세모뼈)
④ 소능형골(작은마름뼈)

• 입방골은 발목뼈에 해당하며 손목뼈에는 포함되지 않음
• 손목뼈: 소능형골, 대능형골, 유두골, 유구골, 두상골, 삼각골, 월상골, 주상골

17

파라핀 매니큐어의 효과로 적절하지 않은 것은?

① 혈액 순환 및 림프 순환을 촉진시킨다.
② 피부를 부드럽게 유지시켜준다.
③ 피로 회복에 도움을 준다.
④ 노화된 피부를 재생시켜 주는 치료 효과가 있다.

파라핀 매니큐어는 치료 목적의 피부 재생 효과는 없음

18 ⭐빈출

고객 상담의 필요성으로 보기 어려운 것은?

① 사후관리에 대한 조언을 할 수 있다.
② 기술력의 향상을 위한 준비가 가능하다.
③ 고객의 요구를 파악 할 수 있다.
④ 알맞은 서비스를 시행할 수 있는 관리가 가능하다.

상담은 서비스 맞춤과 관리 목적이며 기술력 향상 준비와 직접적 연관은 없음

19

신경 분포 설명으로 틀린 것은?

① 정중신경 – 삼각근과 소원근에 분포
② 비복신경 – 종아리 뒤쪽으로 연결되는 장딴지에 분포
③ 요골신경 – 손등의 외측과 요골에 분포
④ 수지신경 – 손가락에 분포

정중신경은 팔과 손바닥에 분포하며 삼각근은 액와신경 영역임

20 ⭐빈출

얼굴관리 시 가장 주의해야 할 부위는?

① 코   ② 눈
③ 입   ④ 이마

눈가는 피부 두께가 매우 얇아 주름과 손상이 쉽게 발생하므로 특히 주의가 필요함

21 ⭐빈출

후천적 면역의 특성에 대한 설명으로 옳은 것은?

① 식세포들이 세균과 같은 이물질을 세포내로 흡수하고 소화하여 이들을 제거한다.
② 항원에 대한 재 반응 시간이 길다.
③ 특정 병원체에 노출된 후 그 병원체만 선택적으로 방어기전이 작용한다.
④ 병원체 종류와 관계없이 저항하는 비특이성 면역이다.

후천적 면역은 항원을 기억하고 특정 병원체에 선택적으로 반응하는 특이성 면역임

22

피부 새 세포가 생성되는 층은?

① 기저층   ② 유극층
③ 과립층   ④ 투명층

기저층: 피부의 새 세포를 형성함

23

비타민 결핍 시 발생할 수 있는 질병의 연결로 틀린 것은?

① 비타민 E – 불임증
② 비타민 D – 괴혈병
③ 비타민 B1 – 각기병
④ 비타민 A – 야맹증

비타민 D 결핍: 구루병, 골다공증, 골연화증을 유발함

24

피부 노화 현상에 대한 설명으로 옳은 것은?

① 피부 노화가 진행되어도 진피의 두께는 유지된다.
② 내인성 노화는 누적된 햇빛 노출에 의해 일어난다.
③ 광노화는 나이에 따른 노화의 과정으로 자연적으로 발생한다.
④ 내인성 노화보다 광노화에서 표피 두께가 두꺼워진다.

광노화는 자외선 누적으로 발생하며 표피가 두꺼워지는 특징을 보임

25

바이러스성 피부질환에 해당하지 않는 것은?

① 수두 　　　　　　② 대상포진
③ 사마귀 　　　　　④ **켈로이드**

> 켈로이드는 바이러스 감염 질환이 아니라 손상 후 과도한 섬유조직 증식으로 나타나는 속발진에 해당함

26

장파장 자외선(UV-A)의 파장 범위는?

① **320~400nm** 　　② 290~320nm
③ 200~290nm 　　　④ 100~200nm

> • 자외선 A: 320~400nm
> • 자외선 B: 290~320nm
> • 자외선 C: 200~290nm

27 ⭐빈출

풀 코트 컬러링의 도포 순서로 옳은 것은?

① 일반 네일 폴리시 → 일반 네일 폴리시 → 베이스코트 → 톱코트
② 일반 네일 폴리시 → 베이스코트 → 일반 네일 폴리시 → 톱코트
③ **베이스코트 → 일반 네일 폴리시 → 일반 네일 폴리시 → 톱코트**
④ 톱코트 → 일반 네일 폴리시 → 베이스코트 → 일반 네일 폴리시

> 일반 폴리시 컬러링 순서: 베이스코트 1회 도포 후 컬러 2회 도포하고 마지막에 톱코트 1회로 마무리함

28

인조네일의 접착력을 높이기 위해 자연네일 표면에 스크래치를 내는 것을 무엇이라고 하는가?

① 그릿 　　　　　　② **에칭**
③ 리페어 　　　　　④ 오버레이

> 에칭: 자연네일 표면을 미세하게 거칠게 처리하여 인조네일의 접착력을 높이는 과정임

29

아크릴 네일의 제거 방법으로 옳은 것은?

① 큐티클 리무버를 탈지면에 적셔 포일로 감싸 불린 후 오렌지 우드스틱으로 떼어 낸다.
② **아세톤을 탈지면에 적셔 포일로 감싸 불린 후 부드러운 네일 파일로 제거한다.**
③ 아세톤을 탈지면에 적셔 포일로 감싸 불린 후 오렌지 우드스틱으로 떼어 내어 거친 네일 파일로 잔여물을 제거한다.
④ 네일 폴리시리무버를 탈지면에 적셔 포일로 감싸 불린 후 오렌지 우드스틱으로 떼어 낸다.

> 아크릴 네일은 아세톤으로 불린 뒤 오렌지 우드스틱이나 푸셔 등으로 제거하며 파일 사용 시 자연네일 손상을 방지하기 위해 거칠지 않은 파일을 사용해야 함

30

네일 팁 접착 방법으로 옳은 것은?

① 90°로 공기가 들어가지 않게 밀착시킨다.
② 자연네일의 1/2을 넘게 안전하게 접착한다.
③ **기포가 발생하지 않게 접착한다.**
④ 네일 팁을 밀착시킨 후 바로 앞에서 분사형 경화 촉진제를 분사한다.

> 네일 팁은 기포가 생기지 않게 약 45° 각도로 자연네일의 1/2 미만 범위로 접착하며 경화 촉진제는 10cm 이상의 거리를 두고 분사해야 함

31 ⭐

실크의 특징으로 옳은 것은?

① 면소재로 가볍고 견고하다.
② **자연섬유로 가볍고 투명하다.**
③ 천의 조직이 비치고 두꺼우며 투박하다.
④ 다른 소재에 비해 강하다.

실크: 명주실을 사용해 제작한 직물로 촉감이 부드럽고 무게가 가벼우며 조직이 얇고 섬세하여 네일 랩 소재 중 활용도가 높음

32

네일 파일에 대한 설명으로 틀린 것은?

① **약한 자연네일에는 철제 네일 파일이 적합하다.**
② 자연네일에는 180그릿 이상의 우드 네일 파일을 사용해야 한다.
③ 그릿 수가 높을수록 부드럽고, 그릿 수가 낮을수록 거칠다.
④ 인조네일과 자연네일을 구분지어 사용하는 것이 좋다.

철제 네일 파일은 마찰열을 발생시켜 자연네일을 더 약하게 만들 수 있으므로 약한 자연네일에 적합하다는 설명은 부적절함

33

젤 네일에 대한 설명으로 틀린 것은?

① **젤 네일은 완벽한 굳기를 위해 긴 시간 경화하는 것이 좋다.**
② 젤은 점성이 있어 스스로 퍼지는 셀프 레벨링 기능이 있다.
③ 젤은 아크릴과 화학적으로 비슷한 밀도를 갖고 있는 물질이다.
④ 젤 램프 기기에 경화해야 하는 특징이 있다.

젤은 과도하게 경화하면 변색 등 손상이 발생할 수 있으므로 권장 시간을 준수하여 경화해야 함

34

네일 폴리시 사용 방법으로 틀린 것은?

① **분리되면 위아래로 잘 흔들어 사용한다.**
② 2번 도포하는 것을 원칙으로 하나, 제대로 색상이 나오지 않았을 경우 3번 도포할 수도 있다.
③ 유분기가 있으면 네일 폴리시가 잘 밀착되지 않는다.
④ 휘발성이 있어 뚜껑을 오래 열어두면 빠르게 굳는다.

네일 폴리시를 위아래로 흔들면 기포가 생길 수 있으므로 좌우로 돌려 섞어서 사용해야 함

35

인조네일 제거에 사용하는 재료가 아닌 것은?

① 아세톤
② 큐티클 오일
③ 네일 파일
④ **큐티클 리무버**

큐티클 리무버는 큐티클을 연화해 정리할 때 사용하는 제품으로 인조네일 제거 재료에 해당하지 않음

36

네일 랩의 종류에 대한 설명으로 틀린 것은?

① 실크는 조직이 얇고 섬세하여 가볍다.
② 파이버 글라스는 가느다란 인조섬유로 짜여 있으므로 네일 접착제가 잘 스며든다.
③ 리넨은 실크보다 굵은 소재의 천으로 짜여 있어 두껍고 강하다.
④ **멘딩 티슈는 네일 접착제를 잘 흡수하여 실크보다 튼튼하다.**

멘딩 티슈는 매우 얇은 종이 랩으로 내구성이 약해 거의 사용하지 않으며 일회용으로 사용하는 재료임

37 ⭐빈출

네일 폼 접착 방법으로 틀린 것은?

① 자연네일과 네일 폼 사이의 공간이 없게 접착한다.
② 3mm 정도 하이포니키움에 띄어서 접착한다.
③ 네일 폼이 틀어지지 않도록 중심에 맞게 접착한다.
④ 옆면에서도 처지지 않게 자연스럽게 연결되도록 접착한다.

> 네일 폼은 하이포니키움이 손상되지 않도록 무리하게 깊게 넣지 않되 공간을 띄워 부착하는 방식은 적절하지 않음

38

아크릴 브러시의 보관 방법으로 틀린 것은?

① 아크릴 리퀴드로 여러 번 닦아 브러시의 잔여물을 제거한다.
② 브러시 끝을 모아 주고 아크릴 리퀴드가 마르지 않도록 뚜껑을 덮어 브러시 끝을 아래쪽으로 향하게 보관한다.
③ 오렌지 우드스틱을 사용하여 네일 폴리시리무버를 적시고 잔여물을 긁어낸다.
④ 아크릴이 굳었을 경우에는 브러시 클리너로 세척한다.

> 브러시 잔여물은 아크릴 리퀴드로 여러 번 닦아 제거해야 하며 폴리시 리무버 사용은 브러시 손상의 원인이 될 수 있음

39

젤 클렌저의 주성분은?

① 아세톤   ② 오일
③ 알코올   ④ 글리세린

> 젤 클렌저는 에탄올 등 알코올 성분이 주성분으로 미경화 젤을 제거할 때 사용함

40 ⭐빈출

의류와 헝겊류 소독에 효과적인 자연 소독법은?

① 일광 소독   ② 승홍수
③ 표백제   ④ 석탄산

> 일광 소독은 자연 소독 방법으로 의류와 수건등과 같은 헝겊류의 소독에 효과적임

41 ⭐빈출

금속 기구를 열탕 소독할 때 살균력을 높이고 녹 발생을 줄이기 위해 첨가하는 것은?

① 1~2% 승홍수
② 1~2% 탄산나트륨
③ 1~2% 염소
④ 1~2% 알코올

> 자비 소독 시 탄산나트륨을 1~2% 첨가하면 살균력을 높이고 금속 손상을 줄이는 데 도움이 됨

42

화장실, 하수구, 쓰레기통 소독에 가장 적절한 것은?

① 승홍수   ② 생석회
③ 알코올   ④ 염소

> 생석회: 화장실과 하수도, 쓰레기통, 분변 소독 등에 사용되며 비용이 저렴해 넓은 장소 소독에 적합함

43

소독의 의미로 옳은 것은?

① 감염의 위험성을 제거하는 비교적 약한 살균 작용이다.
② 세균의 포자까지 사멸한다.
③ 아포 형성균을 사멸한다.
④ 모든 균을 사멸한다.

소독: 병원성 미생물을 제거하여 인체 감염의 위험이 없애는 것으로 아포까지 완전 사멸시키는 멸균과는 구별됨

44 ⭐빈출

미생물학 발달사 내용으로 틀린 것은?

① 파스퇴르 – 저온 살균법
② 코흐 – 결핵균 발견
③ 레벤후크 – 현미경 관찰
④ 쉼멜부시 – 고온 살균법

쉼멜부시: 증기 소독법과 관련된 인물로 고온 살균법과의 연결은 부적절함

45

에탄올 소독에 대한 설명으로 틀린 것은?

① 사용법이 간단하고 독성이 적다.
② 소독력이 가장 강한 실용 농도는 70%이다.
③ 손, 발, 피부, 기구 등의 소독에 주로 이용된다.
④ 아포에 뚜렷한 살균 효력을 나타낸다.

에탄올은 아포에 대한 살균 효과가 뚜렷하지 않음

46

소독에 영향을 미치는 요인이 아닌 것은?

① 온도   ② 수분
③ 시간   ④ 풍속

소독 영향 인자: 온도, 시간, 수분, 농도 등이 해당함

47

자외선 차단제에 대한 설명으로 틀린 것은?

① 자외선 차단제는 SPF의 지수가 매겨져 있다.
② SPF는 수치가 낮을수록 자외선 차단지수가 높다.
③ 자외선 차단제의 효과는 피부의 멜라닌 양과 자외선에 대한 민감도에 따라 달라질 수 있다.
④ 자외선 차단지수는 제품을 사용했을 때 홍반을 일으키는 자외선의 양을, 제품을 사용하지 않았을 때 홍반을 일으키는 자외선의 양으로 나눈 값이다.

SPF 수치는 높을수록 자외선 차단 효과가 높음

48

기능성 화장품에 대한 설명으로 옳은 것은?

① 자외선에 의해 피부가 심하게 그을리거나 일광화상이 생기는 것을 지연시켜 준다.
② 피부 표면의 더러움이나 노폐물을 제거하여 피부를 청결하게 해 준다.
③ 피부 표면의 건조함을 방지해 주고 피부를 매끄럽게 한다.
④ 비누 세안에 의해 손상된 피부의 pH를 정상적인 상태로 빨리 돌아오게 한다.

피부 태닝 화장품은 자외선에 의해 피부가 천천히 그을리도록 도와 일광화상 등 피부 손상을 줄이는 기능성 화장품에 해당함

49

모발에 영양을 공급하고 모발의 손상을 예방하여 모발 건강에 도움을 주는 제품은?

① 헤어 스프레이
② 헤어 트리트먼트
③ 포마드
④ 헤어 젤

헤어 트리트먼트는 모발에 영양을 공급하고 손상을 완화하여 모발 건강을 개선하는 제품이며 스프레이·포마드·젤은 모발 고정과 스타일링을 위한 정발제에 해당함

50 ⭐비출

화장품의 정의에 대한 설명으로 틀린 것은?

① 인체의 매력을 더하기 위해 사용한다.
② 피부·모발의 건강을 유지, 증진시키기 위해 사용한다.
③ 용모를 밝게 변화시키기 위해 사용한다.
④ 비만관리 후 건강을 회복하기 위해 사용한다.

화장품은 인체를 청결·미화하고 용모를 밝게 변화시키며 피부와 모발의 건강을 유지·증진하기 위해 사용하는 물품으로 비만 관리 목적은 해당하지 않음

51

미백 화장품의 기능으로 적절하지 않은 것은?

① 각질 세포의 탈락을 유도하여 멜라닌색소 제거
② 티로시나아제를 활성화하여 도파 산화 억제
③ 자외선 차단 성분이 자외선 흡수 방지
④ 비타민 C로 침착된 색소 감소

미백 화장품은 멜라닌 생성을 억제하기 위해 티로시나아제 활성을 억제하는 작용을 함

52

기초 화장품에 대한 내용으로 틀린 것은?

① 기초 화장품이란 피부의 기능을 정상적으로 발휘하도록 도와주는 역할을 한다.
② 기초 화장품의 가장 중요한 기능은 각질층을 충분히 보습시키는 것이다.
③ 마사지 크림은 기초 화장품에 해당하지 않는다.
④ 화장수의 기본기능으로 각질층에 수분, 보습 성분을 공급하는 것이 있다.

마사지 크림은 혈액순환과 신진대사를 촉진하여 피부 건강을 돕는 기초 화장품에 해당함

53

미백 화장품 원료가 아닌 것은?

① 알부틴
② 코직산
③ 레티놀
④ 비타민 C 유도체

레티놀은 피부 재생과 주름 개선 기능을 가진 성분으로 미백 화장품의 원료에 해당하지 않음

54

공중위생영업 신고 시 제출서류가 아닌 것은?

① 영업시설 및 설비개요서
② 위생교육 필증
③ 면허증 원본
④ 재산세 납부 영수증

영업신고 제출서류: 영업신고서, 영업시설 및 설비개요서, 위생교육 수료증, 면허증 원본

55

이·미용사 면허 취소 후 재취득이 가능한 기간은?

① 3개월　　　　　② 6개월
③ 9개월　　　　　④ **1년**

면허가 취소된 경우 1년이 경과한 후 다시 면허를 받을 수 있음

56

공중위생업소 위생서비스 수준 평가는 몇 년마다 실시하는가?

① 매년　　　　　② **2년**
③ 3년　　　　　④ 4년

공중위생영업소의 위생서비스 평가는 2년에 한 번씩 실시함

57

「공중위생관리법」상 이·미용사는 영업소 외의 장소에서는 이·미용 업무를 할 수 없는데 특별한 사유가 있는 경우에는 예외가 인정된다. 특별한 사유에 해당하지 않는 것은?

① 질병으로 영업소까지 나올 수 없는 자에 대한 이·미용
② 혼례나 그 밖에 의식에 참여하는 자에 대하여 그 의식 직전에 행하는 이·미용
③ **긴급히 국외에 출타하려는 자에 대한 이·미용**
④ 시장·군수·구청장이 특별한 사정이 있다고 인정하는 경우에 행하는 이·미용

영업소 외 시술은 질병·고령·장애, 혼례·의식 직전, 사회복지시설 봉사, 방송 촬영 직전, 행정기관장이 인정한 경우에만 허용됨

58

이·미용업자의 지위를 승계받을 수 있는 조건은?

① 자격증 소지자
② **면허 소지자**
③ 보조원
④ 상속권 코유자

영업자 지위 승계는 이·미용업의 면허를 소지한 자만 가능함

59

이·미용업소 외의 장소에서 이·미용을 한 경우의 1차 위반 행정처분은?

① 경고　　　　　② 영업정지 10일
③ **영업정지 1개월**　④ 영업정지 2개월

영업소 외의 장소에서 이·미용 업무를 한 경우
• 1차 위반: 영업정지 1개월
• 2차 위반: 영업정지 2개월
• 3차 위탄: 영업장 폐쇄명령

60

이·미용업 위생교육에 대한 내용으로 틀린 것은?

① 위생교육 대상자는 이·미용업 영업자이다.
② **이·미용사의 면허를 받은 사람은 모두 위생교육을 받아야 한다.**
③ 위생교육은 보건복지부장관이 허가한 단체가 실시한다.
④ 위생교육 시간은 매년 3시간으로 한다.

위생교육은 면허 취득자 전원이 아니라 영업신고를 하고자 하는 영업자가 대상임

네 일 미 용 사   필 기   C B T   기 출   프 리 패 스 + 무 료 특 강

PART

04

파이널 CBT
실전모의고사

자격종목	시험시간	문항수	점수
네일미용사	60분	60문항	

답안표기란

01	①	②	③	④
02	①	②	③	④
03	①	②	③	④
04	①	②	③	④
05	①	②	③	④
06	①	②	③	④
07	①	②	③	④

01 제4급 감염병에 해당하는 것은?

① 콜레라 ② 디프테리아
③ 인플루엔자 ④ 말라리아

02 공중보건의 목적이 아닌 것은?

① 질병 예방
② 생명 연장
③ 정신적 효율 증진
④ 물질적 풍요

03 자연 능동면역 중 감염면역만 형성되는 것은?

① 두창, 홍역
② 일본뇌염, 폴리오
③ 매독, 임질
④ 디프테리아, 폐렴

04 체감 온도의 3요소는?

① 기온, 기습, 기류
② 기온, 기압, 기류
③ 기압, 기습, 기류
④ 기온, 기압, 기습

05 보건소에서 예방접종을 실시하는 책임자는?

① 시 · 도지사
② 의료원장
③ 보건복지부장관
④ 시장 · 군수 · 구청장

06 1차 대기 오염 물질은?

① CO, CO₂, SO₂
② 분진, NOC, O₃
③ 분진, 매연, SO₂
④ O₃, PAN, NOCl

07 실내에 다수가 밀집할 때 나타나는 현상으로 옳은 것은?

① 기온 증가 - 습도 감소 - 이산화탄소 증가
② 기온 증가 - 습도 증가 - 이산화탄소 증가
③ 기온 증가 - 습도 증가 - 이산화탄소 감소
④ 기온 증가 - 습도 감소 - 이산화탄소 감소

08 외국 네일미용 역사에 대한 설명으로 옳은 것은?

① 1900년대: 니트로셀룰로오스가 개발되었다.
② 1800년대: 네일 파일이 개발되었다.
③ 1900년대: '시트'가 오렌지 우드스틱을 개발하였다.
④ 1900년대: '토마스 슬래그'가 아크릴을 조형할 때 사용하는 네일 폼을 개발하였다.

09 네일의 구조에 대한 설명으로 옳은 것은?

① 매트릭스(조모): 네일의 성장이 진행되는 곳으로 이상이 생기면 네일의 변형을 가져온다.
② 네일 보디(조체): 네일 측면에 해당하며 네일과 피부를 밀착시킨다.
③ 루눌라(조반월): 네일 보디의 시작점에서 자라나는 피부로 매트릭스를 보호하는 역할을 한다.
④ 네일 베드(조상): 네일의 끝부분에 해당되며 손톱의 모양을 만들 수 있다.

10 발등을 굽혀 발가락이 바닥에 닿게 해주는 근육은?

① 짧은엄지굽힘근(단무지굴근)
② 새끼발가락벌림근(소지외전근)
③ 짧은소지굽힘근(단소지굴근)
④ 긴발가락폄근(장지신근)

11 비위생적인 네일 도구 사용으로 발생하는 병변은?

① 테리지움
② 오니코렉시스
③ 오니키아
④ 오니코크립토시스

답안표기란				
08	①	②	③	④
09	①	②	③	④
10	①	②	③	④
11	①	②	③	④
12	①	②	③	④
13	①	②	③	④
14	①	②	③	④

12 손톱에 대한 설명으로 틀린 것은?

① 루눌라의 크기와 건강은 관련이 없다.
② 여러 개의 얇은 겹으로 이루어져 있다.
③ 손톱은 조단백질로 구성된다.
④ 12~18%의 수분을 함유하고 있다.

13 척골신경에 지배를 받는 것은?

① 소지외전근
② 무지대립근
③ 소지대립근
④ 무지내전근

14 손톱의 성장에 대한 설명으로 틀린 것은?

① 한 달에 약 3~5mm 정도 자란다.
② 손톱이 전체적으로 다시 자라나는 데 소요되는 기간은 약 4~6개월이다.
③ 사람마다 다를 수 있으나 일반적으로 중지 손톱이 가장 빨리 자라고 소지 손톱이 가장 늦게 자란다.
④ 손톱은 여름보다 겨울에 빨리 자란다.

PART
04

15 자연네일의 네일 파일링에 대한 설명으로 틀린 것은?

① 한 방향으로 네일 파일링한다.
② 180그릿 이상의 네일 파일을 사용하여 네일 파일링한다.
③ 100그릿 이하의 네일 파일을 사용하여 네일 파일링한다.
④ 왕복으로 비벼 네일 파일링해서는 안 된다.

16 위생과 화학물질에 대한 설명으로 틀린 것은?

① 화학물질을 포함한 용기에는 라벨을 붙인다.
② 모든 재료들의 뚜껑을 닫아둔다.
③ 쓰레기는 한꺼번에 버린다.
④ 사고에 대한 대비책을 미리 마련해 놓는다.

17 가정용 락스를 이용한 소독법을 적용하지 않는 것은?

① 타월
② 금속 가위
③ 유리 그릇
④ 플라스틱 빗

18 상완의 근육이 아닌 것은?

① 앞톱니근(전거근)
② 위팔근(상완근)
③ 두갈레 위팔근(상완이두근)
④ 세갈레 위팔근(상완삼두근)

19 고대 그리스 로마에 대한 설명으로 틀린 것은?

① 고대 그리스 부활의 의미로 무대예술이 발달하여 매니큐어 기술이 발전했다.
② 매니큐어를 남성의 전유물로 여겼다.
③ 자연스럽고 건강한 아름다움을 이상적으로 여겼다.
④ 마누스와 큐라라는 단어가 생겨났다.

20 아토피 피부 관리에 대한 설명으로 옳은 것은?

① 항상 비누로 깨끗이 씻는다.
② 습도를 낮게 유지한다.
③ 면소재의 의상을 착용한다.
④ 자주 씻고 로션을 바르지 않는다.

21 내인성 노화의 원인이 아닌 것은?

① 자외선이 원인이다.
② 랑게르한스세포 감소가 원인이다.
③ 콜라겐섬유의 구조 변화가 원인이다.
④ 표피와 진피의 구조적 변화가 원인이다.

22 노화이론이 아닌 것은?

① 가교설
② 위생가설
③ 유리기설
④ 자가면역설

답안표기란				
15	①	②	③	④
16	①	②	③	④
17	①	②	③	④
18	①	②	③	④
19	①	②	③	④
20	①	②	③	④
21	①	②	③	④
22	①	②	③	④

23 부족 시 구순염, 설염의 발생 원인이 되는 비타민은?

① 비타민 B₂
② 비타민 C
③ 비타민 A
④ 비타민 B1

24 근육과 신경에 영향을 미치며 혈액 응고에 관여하는 것은?

① 인
② 철분
③ 요오드
④ 칼슘

25 강한 자외선에 노출될 때 생길 수 있는 현상과 거리가 먼 것은?

① 지루성 피부염
② 홍반
③ 광노화
④ 일광화상

26 피부 표면의 피지막은 어떤 상태로 존재 하는가?

① 약산성
② 약알칼리성
③ 강알칼리성
④ 산성

27 습식 매니큐어의 순서로 옳은 것은?

① 손 소독 - 네일 폴리시 제거 - 프리에지 형태 조형 - 큐티클 불리기 - 큐티클 정리 - 소독 - 컬러 도포
② 네일 폴리시 제거 - 손 소독 - 프리에지 형태 조형 - 큐티클 불리기 - 큐티클 정리 - 소독 - 컬러 도포
③ 손 소독 - 네일 폴리시 제거 - 프리에지 형태 조형 - 큐티클 불리기 - 큐티클 정리 - 컬러 도포 - 소독
④ 네일 폴리시 제거 - 손 소독 - 프리에지 형태 조형 - 큐티클 불리기 - 큐티클 정리 - 컬러 도포 - 소독

28 산성 제품으로 피부에 화상을 입힐 수 있으므로 최소량만을 사용하며 아크릴 스컬프처 작업 시 아크릴의 리프팅을 최소화해 주는 데 도움을 주는 제품은?

① 아크릴 리퀴드
② 네일 프라이머
③ 모노머
④ 카탈리스트

29 네일 화장물 제거제 사용 시 주의사항으로 틀린 것은?

① 제거제는 인화성 물질로 화기 옆에 두지 않아야 한다.
② 과다 사용은 네일과 주변 피부를 건조하게 할 수 있다.
③ 호흡기를 보호하기 위해 마스크를 착용하고 환기에 유의해야 한다.
④ 제거 후에는 광택용 파일로 반드시 광택을 내야 한다.

답안표기란
23 ① ② ③ ④
24 ① ② ③ ④
25 ① ② ③ ④
26 ① ② ③ ④
27 ① ② ③ ④
28 ① ② ③ ④
29 ① ② ③ ④

PART 04

30 아크릴 프렌치 스컬프처의 인조네일 작업 시 작업 전 처리 과정으로 부적절한 것은?

① 작업자와 고객의 손을 소독한다.
② 자연네일 표면에 에칭을 준다.
③ 습식 매니큐어를 한다.
④ 네일 프라이머를 도포한다.

31 에탄올 소독제에 담구면 안 되는 것은?

① 큐티클 니퍼
② 네일 클리퍼
③ 스폰지 네일 파일
④ 오렌지 우드스틱

32 아크릴 프렌치 스컬프처 작업 후 리프팅의 원인이 아닌 것은?

① 큐티클 부분이 두꺼운 경우
② 에칭을 제대로 주지 않은 경우
③ 주변으로 아크릴이 넘친 경우
④ 자연네일 자체에 유·수분이 많을 경우

33 젤 네일에 대한 설명으로 틀린 것은?

① 네일 폴리시에 비해 제거가 어렵다.
② 네일 폴리시에 비해 유지 기간이 오래 지속된다.
③ 소프트 젤은 아세톤에 녹지 않는다.
④ 소프트 젤과 하드 젤로 구분된다.

34 아크릴 리퀴드 등의 화학물질을 포함하고 있는 네일 재료를 덜어서 사용하는 뚜껑이 있는 제품의 명칭은?

① 디스펜서
② 콘 커터
③ 멘다
④ 다펜디시

35 젤 네일에 사용하는 UV 램프의 파장 범위는?

① UV-A 약 320~400nm
② UV-A 약 290~320nm
③ UV-A 약 200~290nm
④ UV-A 약 400~7000nm

36 네일 랩의 종류가 아닌 것은?

① 실크
② 리넨
③ 무슬린 천
④ 파이버 글라스

37 아크릴 네일에 대한 설명으로 틀린 것은?

① 아크릴 볼은 온도에 민감하다.
② 온도가 높을수록 빨리 굳는다.
③ 아크릴 리퀴드는 산화되기 쉬워 적당량을 덜어 사용한다.
④ 아크릴 작업은 환기와 관련 없다.

답안표기란				
30	①	②	③	④
31	①	②	③	④
32	①	②	③	④
33	①	②	③	④
34	①	②	③	④
35	①	②	③	④
36	①	②	③	④
37	①	②	③	④

38 자연네일의 형태에 따른 네일 팁 선택 방법으로 옳은 것은?

① 각진 네일은 풀 웰의 네일 팁을 적용한다.
② 아래로 향한 네일에는 커브 네일 팁을 적용한다.
③ 위로 솟아오른 네일에는 옆선에 커브가 없는 네일 팁을 적용한다.
④ 넓적한 네일에는 끝이 좁아지는 내로 네일 팁을 적용한다.

39 인조네일의 제거에 대한 설명으로 틀린 것은?

① 인조네일을 제거하고 네일의 손상 예방을 위해 네일 강화제를 도포할 수 있다.
② 인조네일이 두꺼운 경우 아세톤과 알코올을 혼합하여 제거하면 용해력이 증가한다.
③ 인조네일의 길이가 길 경우 네일 클리퍼를 사용하여 재단할 수 있다.
④ 아세톤을 도포하기 전 피부 보호를 위해 큐티클 오일을 도포한다.

40 자비 소독에 대한 내용으로 틀린 것은?

① 물에 탄산나트륨을 넣으면 살균력이 강해진다.
② 소독할 물건은 열탕 속에 완전히 잠기도록 해야 한다.
③ 100℃에서 15~20분간 소독한다.
④ 금속 기구, 고무, 가죽의 소독에 적합하다.

41 동일한 조건일 경우 살균이 어려운 균은?

① 녹농균
② 결핵균
③ 아포 형성균
④ 리스테리아균

42 크레졸을 물에 잘 녹게 하는 pH농도는?

① 산성
② 강산성
③ 알칼리성
④ 중성

43 용액 100mL 속의 용질의 함량을 표시하는 수치는?

① 푼
② 퍼센트
③ 퍼밀리
④ 피피엠

44 백혈구의 식균 작용에 대항하여 세균의 세포를 보호하는 것은?

① 편모
② 섬모
③ 협막
④ 아포

45 건조한 환경에서 가장 강한 세균은?

① 이질
② 임질
③ 대장균
④ 결핵균

답안표기란				
38	①	②	③	④
39	①	②	③	④
40	①	②	③	④
41	①	②	③	④
42	①	②	③	④
43	①	②	③	④
44	①	②	③	④
45	①	②	③	④

PART 04

46 페놀 화합물에 해당하는 소독제는?

① 표백분
② 크레졸
③ 생석회
④ 과산화수소

47 활석(Talc)이 주성분이며 탄산마그네슘, 규산칼슘 등을 첨가해 땀과 피지를 흡수하는 화장품은?

① 파우더
② 에탄올
③ 스킨커버
④ 파운데이션

48 물 또는 오일에 미세한 고체입자가 균일하게 혼합된 상태를 만드는 화장품 제조 기술은?

① 분산
② 경화
③ 유화
④ 가용화

49 화장품의 정의에 대한 설명으로 틀린 것은?

① 일정기간 사용하고 특정 부위에만 바른다.
② 피부의 건강을 유지시키기 위해 바른다.
③ 모발의 건강을 증진시키기 위해 바른다.
④ 인체를 청결·미화하여 매력을 더하기 위해 바른다.

50 주름 개선 화장품의 효과로 적절하지 않은 것은?

① 피부 탄력 강화
② 콜라겐 합성 촉진
③ 표피 신진대사 촉진
④ 섬유아세포 분해 촉진

51 향수를 뿌린 후 즉시 느껴지는 향수의 첫 느낌으로, 주로 휘발성이 강한 향료들로 이루어져 있는 노트는?

① 톱 노트
② 하트 노트
③ 미들 노트
④ 베이스 노트

52 물에 오일 성분이 혼합되어 있는 에멀션은?

① 수중유형 에멀션
② 복합 에멀션
③ 유중수형 에멀션
④ 다상 에멀션

53 에센셜 테라피에 사용되는 에센셜 오일에 대한 설명으로 틀린 것은?

① 주로 수증기 증류법에 의해 추출된 것이다.
② 공기 중의 산소, 빛 등에 의해 변질될 수 있으므로 갈색병에 보관하여 사용하는 것이 좋다.
③ 원액을 그대로 피부에 사용해야 한다.
④ 사용할 때에는 안전성 확보를 위해 사전에 패치 테스트를 실시해야 한다.

답안표기란			
46	①	②	③	④
47	①	②	③	④
48	①	②	③	④
49	①	②	③	④
50	①	②	③	④
51	①	②	③	④
52	①	②	③	④
53	①	②	③	④

54 이·미용업자는 신고한 영업장 면적의 얼마 이상의 증감이 있을 때 변경신고를 해야 한다.

① 3분의 1
② 4분의 1
③ 5분의 1
④ 6분의 1

55 이·미용업소 시설 기준으로 옳은 것은?

① 화장실을 설치해야 한다.
② 소독기·자외선 살균기 등 미용기구를 소독하는 장비를 갖추어야 한다.
③ 환기를 위해 창문을 설치해야 한다.
④ 업소 바닥은 내수재료로 해야 한다.

56 공중위생영업소 위생관리등급의 구분에 있어 최우수업소에 내려지는 등급은?

① 백색등급
② 황색등급
③ 녹색등급
④ 청색등급

57 법인의 대표자나 법인 또는 개인의 대리인, 사용인, 기타 종업원이 그 법인 또는 개인의 업무에 관하여 벌금형에 행하는 위반행위를 한 때 행위자를 벌하는 외에 그 법인 또는 개인에 대하여도 동조의 벌금형을 과하는 것은?

① 벌금
② 과태료
③ 양벌규정
④ 위임

58 건전한 영업 질서를 위해 공중위생영업자가 준수해야 할 사항을 준수하지 않은 자에 대한 벌칙기준은?

① 1년 이하의 징역 또는 1천만 원 이하의 벌금
② 6개월 이하의 징역 또는 500만 원 이하의 벌금
③ 3개월 이하의 징역 또는 300만 원 이하의 벌금
④ 300만 원 이하의 벌금

59 미용사의 위생교육에 대한 설명으로 옳은 것은?

① 위생교육 대상자는 이·미용업 영업자이다.
② 위생교육 대상자에는 이·미용사의 면허를 가지고 이·미용업에 종사하는 모든 자가 포함된다.
③ 위생교육은 시·군·구청장만이 할 수 있다.
④ 위생교육 시간은 분기당 4시간으로 한다.

60 이·미용업자가 준수해야 할 위생관리 기준으로 틀린 것은?

① 이·미용업 신고증, 개설자의 면허증 원본을 영업소 내에 게시해야 한다.
② 점 빼기, 귓불 뚫기, 쌍꺼풀 수술, 문신, 박피술, 그 밖에 이와 유사한 의료 행위를 할 수 있다.
③ 영업장 안의 조명도를 75룩스 이상이 되도록 유지해야 한다.
④ 1회용 면도날은 손님 1인에 한하여 사용해야 한다.

답안표기란				
54	①	②	③	④
55	①	②	③	④
56	①	②	③	④
57	①	②	③	④
58	①	②	③	④
59	①	②	③	④
60	①	②	③	④

PART 04

자격종목	시험시간	문항수	점수
네일미용사	60분	60문항	

답안표기란

01	①	②	③	④
02	①	②	③	④
03	①	②	③	④
04	①	②	③	④
05	①	②	③	④
06	①	②	③	④
07	①	②	③	④

01 연간 전체 사망자 수에 대한 50세 이상 사망자 수의 구성 비율을 나타내는 지표는?

① 평균수명
② 조사망률
③ 영아사망률
④ 비례사망지수

02 샴푸대나 배수구처럼 습기가 많은 환경에서 주로 번식하는 균은?

① 진균
② 리케차
③ 헤르페스 바이러스
④ 그람음성균 박테리아

03 호흡기계 감염병에 해당하지 않는 것은?

① 인플루엔자
② 유행성 이하선염
③ 파라티푸스
④ 홍역

04 기생충과 중간숙주의 연결이 틀린 것은?

① 회충 – 채소
② 흡충류 – 돼지
③ 무구조충 – 소
④ 사상충 – 모기

05 인공 능동면역에 대한 설명으로 옳은 것은?

① 항독소 등 인공제제를 접종하여 형성되는 면역
② 생균백신, 사균백신, 순화독소의 예방접종으로 형성되는 면역
③ 태반이나 수유를 통해 형성되는 면역
④ 각종 감염병 감염 후 형성되는 면역

06 공중보건사업의 기본 개념에 따라 우선 관리 대상에 해당하는 것은?

① 폐결핵환자
② 심장질환자
③ 암환자
④ 당뇨병환자

07 자연계에 널리 분포하며 빵에 청록색으로 번식하는 곰팡이는?

① 아플라톡신
② 푸른곰팡이
③ 지오트리쿰
④ 누룩곰팡이

08 각 나라의 네일미용 역사에 대한 설명으로 틀린 것은?

① 그리스 로마: 네일관리로서 '마누스, 큐라'라는 단어가 시작되었다.
② 미국: 노크 행위는 예의에 어긋난 행동으로 여겨 손톱을 길게 길러 문을 긁도록 하였다.
③ 인도: 상류 여성들은 손톱의 뿌리 부분에 문신 바늘로 색소를 주입하여 상류층임을 과시하였다.
④ 중국: 명 왕조 때는 흑색과 적색을 손톱에 칠하여 장식하였다.

09 손톱의 특성이 아닌 것은?

① 머리카락과 같은 케라틴과 칼슘으로 만들어져 있다.
② 여성보다 남성이 잘 자란다.
③ 손톱이 탈락한 후 재생되는 기간은 약 4~6개월 소요된다.
④ 엄지 손톱의 성장이 가장 느리며, 중지 손톱의 성장이 가장 빠르다.

10 네일 구조에 대한 설명으로 옳은 것은?

① 하이포니키움은 상조피로 네일 보디의 시작점에서 매트릭스를 보호하는 역할을 한다.
② 네일 베드는 육안으로 보이는 손·발톱 판이다.
③ 큐티클은 네일과 에포니키움 사이에 존재하는 얇은 각질 막이다.
④ 네일 그루브는 피부 밑에 묻혀 있는 네일의 뿌리이다.

11 네일숍 위생에 대한 설명으로 옳은 것은?

① 통풍을 위해 항상 문을 열어둔다.
② 재료는 사용하기 편리하도록 뚜껑을 열어둔다.
③ 경제성을 위해 쓰레기는 한꺼번에 모아 버린다.
④ 뚜껑이 달린 쓰레기통을 사용한다.

12 네일미용사가 관리할 수 있는 네일로만 짝지어진 것은?

① 테리지움 – 오니코렉시스
② 오니코그리포시스 – 오니콥토시스
③ 오니키아 – 티니아 페디스
④ 몰드 – 워트

13 네일이 자라기 시작하는 얇은 손톱의 뿌리로 손상 시 네일이 빠질 수 있는 부위는?

① 네일 보디
② 네일 루트
③ 네일 베드
④ 프리에지

14 염색 등이 아닌 네일 자체에 도포하는 방법을 가장 먼저 시행한 나라는?

① 중국
② 그리스
③ 인도
④ 미국

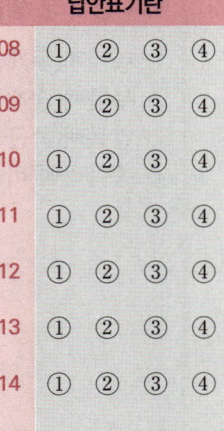

답안표기란				
08	①	②	③	④
09	①	②	③	④
10	①	②	③	④
11	①	②	③	④
12	①	②	③	④
13	①	②	③	④
14	①	②	③	④

PART 04

15 뼈의 형태 중 짧은 뼈에 해당되는 부위는?

① 머리뼈(두개골)
② 무릎뼈(슬개골)
③ 발목뼈(족근골)
④ 종아리뼈(비골)

16 외국 네일미용 역사에 대한 설명으로 옳은 것은?

① 1970년대 네일 폴리시 등장
② 1950년대 페디큐어 등장
③ 1980년대 젤 네일 등장
④ 1990년대 네일 폼 등장

17 네일숍에서 사용하는 금속 도구의 소독 시간으로 적절한 것은?

① 3분 이상
② 5분 이상
③ 7분 이상
④ 10분 이상

18 관절에 대한 설명으로 옳은 것은?

① 3개 이상의 뼈와 뼈가 만나는 곳
② 2개 이상의 뼈와 뼈가 만나는 곳
③ 3개 이상의 근육과 근육이 만나는 곳
④ 2개 이상의 근육과 근육이 만나는 곳

19 신경과 신경을 연결해 주는 접촉 부위는?

① 시냅스
② 핵
③ 축삭
④ 세포체

20 피부가 기름지며 죽은 각질이 비듬(인설)으로 쌓여 있는 피부질환은?

① 지루성 피부염
② 아토피 피부염
③ 어루러기
④ 단순포진

21 자외선 과다 노출로 인한 반응이 아닌 것은?

① 비타민 D 합성
② 아토피 피부염
③ 홍반
④ 색소 침착

22 노화에 대한 설명으로 틀린 것은?

① 교원섬유와 탄력섬유의 결합이 강화되어 주름이 감소한다.
② 피부 구조의 기능 저하로 주름이 증가한다.
③ 자외선, 열, 흡연 등 외부적 요인이 있다.
④ 영양의 불균형으로 노화가 나타난다.

답안표기란				
15	①	②	③	④
16	①	②	③	④
17	①	②	③	④
18	①	②	③	④
19	①	②	③	④
20	①	②	③	④
21	①	②	③	④
22	①	②	③	④

23 피하조직의 기능이 아닌 것은?

① 체온 조절 기능
② 저장 기능
③ 보호 기능
④ 소화 기능

24 후천적 면역에 대한 설명으로 옳은 것은?

① 면역 세포가 병원체의 특성을 기억했다가 그 병원체가 들어오면 싸우는 작용이다.
② 병원체의 종류나 감염 유무에 관계없이 즉각적으로 싸우는 작용이다.
③ 생물이 태어날 때부터 가지고 있는 병원체에 대한 방어 작용이다.
④ 면역 세포가 병원체의 특성을 인식하지 못하는 작용이다.

25 표피 각화이상으로 거친 살결이라 하며 비늘 같은 인설이 축적되는 피부 병변은?

① 지루성 피부염
② 좌창
③ 어린선
④ 아토피 피부염

26 멜라닌세포의 주요 기능은?

① 호흡 기능
② 보호 기능
③ 흡수 기능
④ 저장 기능

27 엄지손가락의 모음과 맞섬에 관여하는 신경은?

① 노신경
② 정중신경
③ 정강신경
④ 자신경

28 아크릴 브러시에 대한 설명으로 틀린 것은?

① 아크릴 혼합 볼의 크기는 브러시 각도에 따라 다르며, 크기가 작을수록 각도를 내려야 한다.
② 브러시의 길이, 크기, 형태에 따라 스컬프처용과 아트용으로 나누어 사용한다.
③ 담비의 털로 만든 브러시가 최상급의 브러시이다.
④ 아크릴 브러시의 팁 부분은 큐티클 라인, 스마일 라인, 디자인의 미세 작업에 사용한다.

29 네일 재료의 소독과 보관 방법으로 가장 부적절한 것은?

① 큐티클 니퍼는 에탄올로 소독한 후 자외선 소독기에 보관한다.
② 토 세퍼레이터는 사용 후 폐기해야 한다.
③ 사용한 네일 파일류와 네일 화장물을 분리하여 청결한 장소에 보관한다.
④ 핑거볼은 전용 세제와 물로 세척 후 위생타월로 닦고 건조한 후 보관한다.

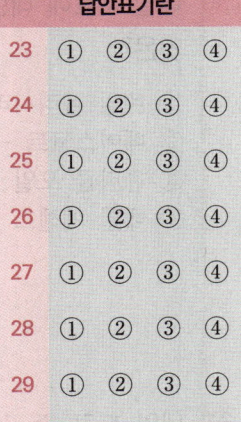

답안표기란				
23	①	②	③	④
24	①	②	③	④
25	①	②	③	④
26	①	②	③	④
27	①	②	③	④
28	①	②	③	④
29	①	②	③	④

PART
04

30 네일 재료에 대한 성분의 연결로 틀린 것은?

① 네일 폴리시리무버 - 아세톤
② 베이스코트 - 니트로셀룰로오스
③ 큐티클 오일 - 글리세린
④ 네일 에센스 - 포름알데히드

31 네일 도구 중 감염이 되기 가장 쉬운 도구로 다른 것보다 더 철저한 소독이 필요한 것은?

① 오렌지 우드스틱
② 큐티클 니퍼
③ 네일 파일
④ 샌딩 파일

32 네일 화장물 제거에 대한 설명으로 틀린 것은?

① 네일 파일로 제거한다.
② 알코올로 제거한다.
③ 아세톤으로 제거한다.
④ 드릴 기기로 제거한다.

33 아크릴 네일에 스마일 라인이나 큐티클 라인을 조형할 때 사용하는 브러시 위치는?

① Back(브러시 뒷부분)
② Belly(브러시 중간 부분)
③ Base(브러시 중간 부분)
④ Tip(브러시 앞부분)

34 젤 네일에 대한 설명으로 틀린 것은?

① 냄새가 거의 나지 않는다.
② 작업이 용이하여 작업 시간 단축이 가능하다.
③ 네일 폴리시보다 제거가 쉽고 아크릴 네일보다 강하다.
④ 광택이 오래 지속된다.

35 아크릴 스컬프처가 가장 효과적인 경우는?

① 네일이 너무 짧아 하이포니키움을 덮지 못한 경우
② 네일이 작을 경우
③ 네일이 너무 큰 경우
④ 네일이 긴 경우

36 팁 위드 랩 작업 시 자연네일과 네일 팁 턱을 메우는 제품은?

① 필러 파우더
② 아크릴 파우더
③ 모노머
④ 네일 프라이머

37 젤 네일에 대한 설명으로 틀린 것은?

① 젤 램프 기기에 경화하기 전까지는 수정이 용이하다.
② 빛에 의해 일어나는 중합 반응을 한다.
③ 온도에 민감하여 온도가 높을수록 빨리 굳는다.
④ 젤은 올리고머 성질의 물질이다.

답안표기란				
30	①	②	③	④
31	①	②	③	④
32	①	②	③	④
33	①	②	③	④
34	①	②	③	④
35	①	②	③	④
36	①	②	③	④
37	①	②	③	④

38 그물구조의 점성에 액체 덩어리 분자구조를 지닌 것은?

① 모노머
② 폴리머
③ 카탈리스트
④ 올리고머

39 네일 랩의 종류에 대한 설명으로 틀린 것은?

① 실크: 명주실로 짠 직물로 부드럽고 가볍다.
② 페이퍼 랩: 일회용으로만 사용이 가능하다.
③ 리넨: 가장 얇고 투명하며 인조유리 섬유로 되어 있다.
④ 파이버 글라스: 실크에 비해 조직이 느슨하며 접착제가 잘 스며든다.

40 채소, 과일류 소독으로 가장 적절한 것은?

① 알코올
② 크레졸
③ 염소계 화합물
④ 석탄산

41 하수구, 토사물 등의 소독에 사용하는 방역 소독제는?

① 과산화수소
② 승홍수
③ 석탄산
④ 알코올

42 세균의 포자를 사멸시킬 수 있는 것은?

① 포르말린
② 알코올
③ 음이온 계면활성제
④ 치아염소산

43 일광 소독의 가장 큰 장점은?

① 비용이 감소된다.
② 소독의 효과가 크다.
③ 짧은 시간에 많은 물품을 멸균할 수 있다.
④ 손상될 위험이 크다.

44 소독법에 대한 설명으로 틀린 것은?

① 가위는 고압증기 멸균법으로 소독한다.
② 면도날은 염소제를 사용하여 소독한다.
③ 빗은 자외선 소독기에 넣어 소독한다.
④ 수건은 일광에 소독한다.

45 소독약의 구비조건으로 틀린 것은?

① 인체에는 독성이 없어야 한다.
② 소독 물품에 손상이 없어야 한다.
③ 사용 방법이 간단하고 경제적이어야 한다.
④ 소독 실시 후 서서히 소독 효력이 증대되어야 한다.

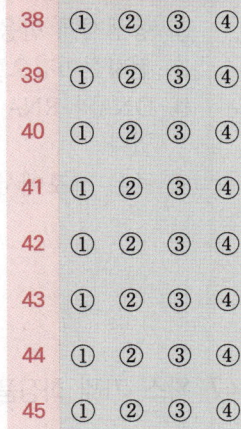

답안표기란				
38	①	②	③	④
39	①	②	③	④
40	①	②	③	④
41	①	②	③	④
42	①	②	③	④
43	①	②	③	④
44	①	②	③	④
45	①	②	③	④

PART 04

46 바이러스에 대한 설명으로 틀린 것은?

① 항생제에 반응하지 않는다.
② 전자현미경으로 관찰이 가능하다.
③ DNA와 RNA 둘 중 하나만 가지고 있다.
④ 죽은 세포에서만 증식이 가능하다.

47 왁스 기제 화장품은?

① 립스틱
② 아이브로우
③ 위치 헤이즐
④ 마스카라

 48 화장품 성분에 대한 설명으로 틀린 것은?

① 왁스는 부서짐을 예방하고 광택성이 뛰어나 립스틱 성분으로 사용한다.
② 양모에서 추출한 라놀린 성분을 사용한다.
③ 산화아연, 탈크, 카올린 등의 미네랄 성분을 화장품 성분으로 사용하지 않는다.
④ 동물성 원료로는 콜라겐, 엘라스틴을 사용한다.

 49 지방의 분해에 의해 형성되며. 피부 유연제로서 크림, 로션의 주요 성분은?

① 콜라겐
② 알코올
③ 윤활제
④ 글리세린

 50 화장품 용기 표기사항이 아닌 것은?

① 기능성화장품의 경우 심사받거나 보고한 효능 · 효과, 용법 · 용량
② 성분명을 제품 명칭의 일부로 사용한 경우 그 성분명과 함량
③ 보건복지부장관이 정한 바코드
④ 인체 세포 · 조직 배양액이 들어있는 경우 그 함량

51 기능성 화장품의 정의에 대한 설명으로 틀린 것은?

① 자외선으로부터 피부를 보호하는 데 도움을 주는 제품
② 피부의 미백에 도움을 주는 제품
③ 피부의 주름 개선에 도움을 주는 제품
④ 피부 · 모발의 건강을 유지, 증진시키기 위해 사용되는 제품

 52 친수성과 친유성을 동시에 지닌 것은?

① 에탄올
② 시스틴 결합
③ 계면활성제
④ 시스테인

53 광물성 오일로 만든 화장품은?

① 스킨
② 로션
③ 크림
④ 화장수

답안표기란				
46	①	②	③	④
47	①	②	③	④
48	①	②	③	④
49	①	②	③	④
50	①	②	③	④
51	①	②	③	④
52	①	②	③	④
53	①	②	③	④

54 과태료 처분 대상이 아닌 자는?

① 관계 공무원의 출입·검사 등에 대한 업무를 기피한 자
② 영업소 폐쇄명령을 받고도 영업을 계속한 자
③ 이·미용업소 위생관리의무를 지키지 아니한 자
④ 위생교육 대상자 중 위생교육을 받지 아니한 자

55 면허가 취소된 후에도 계속하여 업무를 한 경우 벌칙은?

① 6개월 이하의 징역 또는 500만 원 이하의 벌금
② 200만 원 이하의 벌금
③ 500만 원 이하의 벌금
④ 300만 원 이하의 벌금

56 정당한 사유 없이 6개월 이상 계속 휴업을 하는 경우 시장·군수·구청장이 취할 수 있는 조치는?

① 3개월의 영업 정지
② 6개월의 영업정지
③ 영업소 폐쇄
④ 일부 시설의 사용중지

57 이·미용사의 면허정지를 명할 수 있는 자는?

① 행정안전부장관
② 시·도지사
③ 시장·군수·구청장
④ 경찰서장

58 1년 이하의 징역 또는 1천만 원 이하의 벌금에 해당하는 것은?

① 영업정지명령을 받고도 그 기간 중에 영업을 행한 자
② 위생관리기준을 위반한 자
③ 공중위생영업자의 지위를 승계하고도 신고를 하지 않은 자
④ 건전한 영업 질서를 위반하여 공중위생영업자가 지켜야 할 사항을 준수하지 않은 자

59 이·미용사 면허를 받을 수 없는 경우는?

① 전문대학 또는 같은 수준 이상의 학력이 있다고 교육부장관이 인정하는 학교에서 이용 또는 미용에 관한 학과 졸업자
② 인문계 고등학교에서 6개월 이상 이·미용에 관한 소정의 과정을 이수한 자
③ 「국가기술자격법」에 의한 이·미용사 자격을 취득한 자
④ 특성화고등학교에서 1년 이상 이용 또는 미용에 관한 소정의 과정을 이수한 자

60 변경신고를 하지 않고 영업소 소재를 변경한 때의 1차 위반 행정처분은?

① 영업정지 1개월
② 영업정지 2개월
③ 영업정지 3개월
④ 영업정지 4개월

답안표기란				
54	①	②	③	④
55	①	②	③	④
56	①	②	③	④
57	①	②	③	④
58	①	②	③	④
59	①	②	③	④
60	①	②	③	④

PART 04

파이널 CBT 실전모의고사 1회

01	02	03	04	05	06	07	08	09	10
③	④	③	①	④	③	②	④	①	④
11	12	13	14	15	16	17	18	19	20
③	③	③	④	③	③	②	①	①	③
21	22	23	24	25	26	27	28	29	30
①	②	①	④	①	①	①	②	④	③
31	32	33	34	35	36	37	38	39	40
③	④	③	④	①	③	④	④	②	④
41	42	43	44	45	46	47	48	49	50
③	③	②	③	④	②	①	①	①	④
51	52	53	54	55	56	57	58	59	60
①	①	③	①	②	③	③	②	①	②

01 ▶ ③
인플루엔자는 제4급 감염병에 해당하며 콜레라는 제2급, 디프테리아는 제1급, 말라리아는 제3급 감염병에 해당함

02 ▶ ④
공중보건의 목적: 질병 예방, 생명 연장, 신체 및 정신적 효율 증진

03 ▶ ③
감염면역: 질병을 앓은 후 형성되는 면역으로 매독과 임질이 해당함

04 ▶ ①
체감 온도는 기온, 기습, 기류의 상호 작용에 의해 결정됨

05 ▶ ④
특별자치도지사과 시장·군수·구청장이 관할 보건소를 통해 예방접종을 실시하도록 규정되어 있음

06 ▶ ③
1차 오염 물질: 발생원이 직접 대기오염을 일으키는 물질로 분진, 매연, 이산화황(SO_2), 일산화탄소(CO), 이산화질소(NO_2) 등이 있음

07 ▶ ②
인원이 밀집되면 체열과 호흡의 영향으로 기온과 습도, 이산화탄소 농도가 모두 증가함

08 ▶ ④
• 1800년대: 니트로셀룰로오스, 오렌지 우드스틱이 개발됨
• 1900년대: 네일 파일이 개발됨

09 ▶ ①
매트릭스: 네일이 생성되고 성장하는 부위로 손상 시 네일이 변형됨

10 ▶ ④
긴발가락폄근(장지신근): 발등을 굽혀 발가락이 바닥에 닿게 함

11 ▶ ③
오니키아(조갑염): 위생 처리되지 않은 네일 도구 사용 등으로 박테리아 감염이 발생해 나타나는 염증성 병변에 해당함

12 ▶ ③
손톱은 케라틴 경단백질이 주성분이며 '조단백질' 표현은 부적절함

13 ▶ ③
척골신경은 손바닥 안쪽 근육과 소지 영역을 지배하며 소지대립근 기능에 관여함

14 ▶ ④
손톱은 겨울보다 여름에 더 빨리 자라는 경향이 있음

15 ▶ ③
자연네일은 손상 예방을 위해 180그릿 이상의 파일을 사용해야 하며 100그릿 이하 사용은 부적절함

16 ▶ ③
쓰레기는 한꺼번에 모아두기보다 뚜껑 있는 용기에 분리·수거하고 수시로 비워 위생적으로 관리해야 함

17 ▶ ②

락스는 금속 부식을 유발할 수 있어 금속 기구에는 적용이 부적절함

18 ▶ ①

앞톱니근(전거근): 흉곽 측면에 위치한 근육으로 상완 근육에 해당하지 않음

19 ▶ ①

그리스·로마는 자연미를 중시하고 매니큐어를 남성의 전유물로 보는 문화가 있었으나 '무대예술 발달로 매니큐어 기술이 발전'은 핵심 특징으로 보기 어려움

20 ▶ ③

아토피는 피부 자극을 줄이기 위해 면소재 의복 착용이 적절하며 과도한 비누 세정과 보습 부족은 악화 요인이 될 수 있음

21 ▶ ①

자외선은 광노화(외인성 노화)의 주요 원인에 해당하며 내인성 노화 원인으로 보기 어려움

22 ▶ ②

위생가설은 면역·알레르기 관련 가설로 노화이론에 해당하지 않음

23 ▶ ①

비타민 B_2 결핍은 구순염, 설염, 피부염 등의 원인이 될 수 있음

24 ▶ ④

칼슘은 신경 전달과 근육 수축·이완, 혈액 응고 과정에 관여하는 무기질에 해당함

25 ▶ ①

홍반, 광노화, 일광화상은 자외선과 관련성이 높으나 지루성 피부염은 피지 분비 및 염증과 관련되어 자외선 노출과 직접적 관련성이 낮음

26 ▶ ①

피지막은 pH 4.5~6.5 범위의 약산성으로 피부 방어 기능 유지에 관여함

27 ▶ ①

습식 매니큐어는 작업 전 손 소독을 먼저 실시하고 큐티클 정리 후 중간 소독을 거쳐 컬러를 도포하는 순서로 진행함

28 ▶ ②

네일 프라이머는 산성 성분으로 자연네일과 인조네일의 밀착력을 높여 리프팅을 최소화함

29 ▶ ④

제거 후에는 보습과 보호를 위해 강화제나 큐티클 오일을 사용하는 것이 적절함

30 ▶ ③

인조네일 작업 전 습식 매니큐어는 자연네일에 수분을 남겨 세균 번식과 리프팅을 유발하므로 피해야 함

31 ▶ ③

스폰지 네일 파일은 다공성 재질로 알코올 소독에 적합하지 않음

32 ▶ ④

리프팅은 유·수분 제거가 불충분할 때 발생하는 것이며 자연네일 자체의 특성만으로 발생하지는 않음

33 ▶ ③

소프트 젤은 아세톤에 녹으며 하드 젤은 녹지 않을 수 있음

34 ▶ ④

디스펜서는 아세톤 등 액체를 덜어 펌프식으로 사용하는 용기임

35 ▶ ①

젤 네일 경화에는 UV-A 영역인 320~400nm 파장이 사용됨

36 ▶ ③

무슬린 천은 주로 왁싱용 부직포로 네일 랩 재료로 사용하지 않음

37 ▶ ④

아크릴 작업 시 화학 냄새와 증기를 제거하기 위해 충분한 환기가 필요함

38 ▶ ④

넓은 네일에는 폭이 좁아지는 내로 네일 팁을 사용해 자연스러운 넓지 않은 형태를 만듦

39 ▶ ②

아세톤과 알코올 혼합은 용해력과 무관하며 함께 사용하지 않음

40 ▶ ④

자비 소독: 열탕 소독은 고무와 플라스틱 제품에는 부적합함

41 ▶ ③

아포 형성균은 불리한 환경에서 포자를 형성해 강한 저항성을 가짐

42 ▶ ③

크레졸은 물에 잘 녹지 않으므로 용해도를 높이기 위해 알칼리성 수용액에 녹여 크레졸 비누액으로 사용함

43 ▶ ②

퍼센트(%): 소독액(용액) 100mL 중에 포함된 소독약(용질)의 양

44 ▶ ③

협막: 세균 외부를 감싸 면역 작용으로부터 보호하는 역할을 함

45 ▶ ④

결핵균: 세포벽에 지질 성분이 많아 건조한 환경에서 생존력이 강함

46 ▶ ②

크레졸은 대표적인 페놀 화합물 소독제에 해당함

47 ▶ ①

파우더는 활석(탈크)을 주성분으로 하여 피지와 수분을 흡수함

48 ▶ ①

분산은 고체 입자가 액체 속에 고르게 퍼진 상태를 만드는 기술임

49 ▶ ①

특정 부위에 일정 기간 사용하는 것은 의약품에 대한 설명임

50 ▶ ④

섬유아세포 분해는 피부 탄력을 저하시켜 주름 형성의 원인이 됨

51 ▶ ①

톱 노트: 휘발성이 강해 처음 느껴지는 향 단계임

52 ▶ ①

수중유형 에멀션은 물에 오일이 혼합된 형태로 촉촉한 로션류에 해당함

53 ▶ ③

에센셜 오일은 반드시 캐리어 오일에 희석하여 사용해야 함

54 ▶ ①

영업장 면적의 3분의 1 이상 증감 시 변경신고 대상임

55 ▶ ②

이·미용업소는 소독기 등 미용기구 소독 장비를 반드시 갖추어야 하며, 화장실, 창문, 바닥의 시설기준은 별도로 없음

56 ▶ ③

최우수업소는 녹색등급에 해당함

57 ▶ ③

양벌규정은 행위자와 사업자 모두 처벌하는 제도임

58 ▶ ②

건전한 영업 질서를 위해 공중위생영업자가 준수해야 할 사항을 준수하지 않은 자는 6개월 이하 징역 또는 500만 원 이하 벌금에 해당함

59 ▶ ①

위생교육 대상자는 이·미용업 영업자에 해당함

60 ▶ ②

이·미용업자는 점 빼기, 귓불 뚫기, 쌍꺼풀 수술, 문신, 박피술, 그밖에 이와 유사한 의료 행위를 할 수 없음

파이널 CBT 실전모의고사 2회

01	02	03	04	05	06	07	08	09	10
④	①	③	②	②	①	②	②	④	③
11	12	13	14	15	16	17	18	19	20
④	①	②	①	③	②	④	②	①	①
21	22	23	24	25	26	27	28	29	30
②	①	④	①	③	②	②	①	③	④
31	32	33	34	35	36	37	38	39	40
②	②	④	③	①	①	③	④	③	③
41	42	43	44	45	46	47	48	49	50
③	①	①	②	④	④	①	③	④	③
51	52	53	54	55	56	57	58	59	60
④	③	③	②	④	③	③	①	②	①

01 ▶ ④
비례사망지수: 전체 사망자 중 특정 연령층 사망자가 차지하는 비율을 나타내는 지표로 고령 사망 분포를 파악하는 데 활용됨

02 ▶ ①
진균: 곰팡이로 습기가 많은 장소에서 쉽게 증식하는 특징이 있음

03 ▶ ③
파라티푸스: 오염된 식품이나 물을 통해 감염되는 소화기계 감염병임

04 ▶ ②
돼지는 유구조충의 중간숙주에 해당함

05 ▶ ②
인공 능동면역: 생균백신, 사균백신, 순화독소

06 ▶ ①
폐결핵: 전염성과 사망률이 높아 국가적 차원의 우선 관리 대상임

07 ▶ ②
푸른곰팡이는 빵 등에 청록색으로 번식하며 공기 중에 흔히 존재함

08 ▶ ②
궁전에서 노크 대신 손톱으로 문을 긁어 방문을 알린 나라는 프랑스임

09 ▶ ④
손톱 성장 속도는 소지가 가장 느리고 중지가 가장 빠른 특징을 가짐

10 ▶ ③
큐티클: 네일 보디와 에포니키움 사이에 존재하는 얇은 각질 막임

11 ▶ ④
위생 관리를 위해 쓰레기는 밀폐된 뚜껑형 쓰레기통을 사용해야 함

12 ▶ ①
테리지움은 큐티클이 과잉 성장하여 네일 위로 자라는 증상이며, 오니코렉시스는 네일이 세로로 갈라지는 증상으로 관리가 가능함

13 ▶ ②
네일 루트는 네일이 시작되는 뿌리 부위로 손상 시 성장에 영향을 줌

14 ▶ ①
중국은 달걀과 꿀, 홍화를 손톱에 도포하는 방법을 가장 먼저 시행함

15 ▶ ③
발목뼈(족근골)은 발목 부위의 대표적인 짧은 뼈에 해당함

16 ▶ ②
1957년 근대적 페디큐어가 등장함

17 ▶ ④
금속 도구는 에탄올 수용액 70%에 10분 이상 담가야 함

18 ▶ ②
관절은 두 개 이상의 뼈가 서로 맞닿아 연결되는 부위임

19 ▶ ①
시냅스는 신경세포 간 신호 전달이 이루어지는 접촉 부위임

20 ▶ ①
지루성 피부염은 피지 과다와 각질 축적으로 비듬과 염증이 동반되는 피부질환임

21 ▶ ②

자외선 과다 노출로는 홍반, 색소 침착, 광노화 등이 나타날 수 있으나 아토피 피부염은 유전·면역·환경 요인에 의해 발생하는 질환으로 자외선 과다 반응과는 직접 관련이 없음

22 ▶ ①

노화가 진행되면 교원섬유와 탄력섬유의 결합이 강화되는 것이 아니라 약화되어 탄력 저하와 주름 증가가 나타남

23 ▶ ④

피하조직은 체온 조절, 충격 완화와 보호, 영양분 저장 등의 기능을 담당하나 소화 기능과는 관련이 없음

24 ▶ ①

후천적 면역은 병원체에 노출되거나 예방접종 후 면역세포가 특성을 기억해 재 침입 시 선택적으로 강하게 반응하는 면역 작용임

25 ▶ ③

어린선은 표피의 과다 각화로 피부가 건조하고 비늘 모양 인설이 축적되는 질환에 해당함

26 ▶ ②

멜라닌세포는 자외선에 반응해 멜라닌을 생성하여 피부를 보호하는 기능을 함

27 ▶ ②

정중신경: 손바닥 쪽에 분포하며 엄지의 모음과 맞섬 동작에 관여함

28 ▶ ①

아크릴 혼합 볼은 브러시 각도에 따라 크기가 달라지며 볼이 작을수록 각도를 내려야 하는 것이 아니라 각도를 올려 조절하는 것이 적절함

29 ▶ ③

일반적인 네일 파일류나 사용한 네일 화장물은 위생상 재사용하지 않고 폐기하는 것이 원칙이므로 보관한다는 내용이 부적절함

30 ▶ ④

포름알데히드는 네일 화장품의 일반 성분으로 보기 어려우며 네일 에센스 성분 연결로 적절하지 않음

31 ▶ ②

큐티클 니퍼는 큐티클 제거 과정에서 출혈이 발생하기 쉬운 철제 도구로 혈액을 통한 감염 위험이 높아 다른 도구보다 더욱 철저한 소독과 위생 관리가 필요함

32 ▶ ②

네일 화장물은 아세톤이나 파일·드릴 등을 이용해 제거할 수 있으나 알코올은 제거제로 사용할 수 없음

33 ▶ ④

팁(Tip): 큐티클 라인과 스마일 라인 같은 미세한 라인 조형에 사용하는 부분임

34 ▶ ③

젤 네일은 네일 폴리시보다 제거가 어렵고 아크릴에 비해 강도가 약한 편임

35 ▶ ①

아크릴 네일은 네일이 지나치게 짧아 프리에지가 형성되지 않아 하이포니키움을 덮지 못하는 물어뜯는 손톱에 길이와 형태를 보완해 줄 수 있어 가장 효과적으로 적용됨

36 ▶ ①

필러 파우더: 네일 팁과 자연네일 사이의 단차를 메꾸는 데 사용됨

37 ▶ ③

젤은 온도가 높을수록 빨리 굳지 않고 정확한 시간을 지켜야 완벽히 경화됨

38 ▶ ④

올리고머는 점성이 있고 반응이 완료되지 않은 저분자·중분자의 그물구조의 물질임

39 ▶ ③

리넨: 네일 랩 중 가장 두꺼운 특징이 있음

40 ▶ ③

염소: 채소, 과일, 음용수, 상수도, 하수도, 아포 소독에 효과적임

41 ▶ ③

석탄산은 하수구 · 토사물 등 오염이 심한 환경의 방역 소독에 사용됨

42 ▶ ①

포르말린: 아포(포자)를 사멸시키는 강력한 소독제에 해당함

43 ▶ ①

일광 소독은 살균력은 약하나 별도의 비용이 들지 않는 것이 가장 큰 장점임

44 ▶ ②

면도날은 일회용품으로 사용 후 폐기 대상이며 소독 대상이 아님

45 ▶ ④

소독 실시 후 소독의 효력은 즉시 나타나야 함

46 ▶ ④

바이러스는 살아 있는 세포 내에서만 증식이 가능함

47 ▶ ①

왁스(Wax): 광택성과 형태 유지력이 뛰어나 립스틱 성분으로 사용됨

48 ▶ ③

산화아연 · 탈크 · 카올린 등 미네랄 성분은 화장품 원료로 사용됨

49 ▶ ④

글리세린: 피부 보습과 유연 효과가 뛰어나 크림과 로션의 기본 성분에 해당됨

50 ▶ ③

식약의약품안전처장이 정하는 바코드를 기재해야 함

51 ▶ ④

피부 · 모발 건강 유지 목적은 일반 화장품 정의에 해당함

52 ▶ ③

계면활성제는 친수성기와 친유성기를 동시에 가짐

53 ▶ ③

광물성 오일은 흡수되지 않고 보호막 형성 특성으로 클렌징크림 등에 사용됨

54 ▶ ②

영업소 폐쇄명령 위반은 벌금 대상에 해당함

55 ▶ ④

면허 취소 후 영업 지속 시 300만 원 이하 벌금에 해당함

56 ▶ ③

정당한 사유 없는 장기 휴업은 영업소 폐쇄처분 대상임

57 ▶ ③

시장 · 군수 · 구청장은 면허 취소 및 정지 권한을 가짐

58 ▶ ①

영업정지명령을 받고도 그 기간 중에 영업을 행한 자는 1년 이하의 징역 또는 1천만 원 이하의 벌금에 해당함

59 ▶ ②

고등학교 6개월 과정만 이수한 경우는 면허 대상에 해당하지 않으며, 각종 학교에서 1년 이상 미용에 관한 소정의 과정을 이수한 자가 해당함

60 ▶ ①

무신고 소재지 변경은 1차 위반은 영업정지 1개월 처분임

네일미용사 필기 CBT 기출 프리패스+무료특강

PART

O5

최빈출 실전 60제

CHAPTER 01

최빈출 실전 60제

빈출 01 #B형 간염 #혈액 매개감염

B형 간염 전파 경로 중 감염 위험이 가장 높은 것은?

① **면도날**
② 브러시
③ 전동 클리퍼
④ 가운

B형 간염은 혈액 매개 감염으로 면도날을 통한 전파 위험이 가장 큼

빈출 03 #대기오염지표 #아황산가스

대기오염의 지표로 주로 측정되는 것은?

① N_2
② CO_2
③ Ar
④ **SO_2**

SO_2 (아황산가스)는 대표적인 대기오염 지표임

빈출 02 #가족계획사업 #조출생률

가족계획사업의 효과 판정 시 가장 유력한 지표는?

① 인구증가율
② **조출생률**
③ 남녀 출생비
④ 평균여명연수

조출생률은 인구 1,000명에 대한 연간 출생아 수로, 가족계획사업의 효과 판정 시 유력한 지표임

빈출 04 #인수공통 감염병 #공수병

인수공통 감염병에 해당하는 것은?

① 두창
② 콜레라
③ 디프테리아
④ **공수병**

공수병(광견병)은 동물과 사람 사이에서 전파되는 인수공통 감염병임

생물학적 산소요구량(BOD)과 용존산소(DO)의 관계로 옳은 것은?

① BOD와 DO는 무관하다.
② BOD가 낮으면 DO는 낮다.
③ BOD가 높으면 DO는 낮다.
④ BOD가 높으면 DO도 높다.

BOD가 높아질수록 물속의 DO는 감소함

세계보건기구의 본부는 스위스 제네바에 있으며 6개 지역사무소를 운영하고 있다. 이 중 우리나라와 북한은 어느 지역에 속하는가?

① 동남아시아, 동남아시아
② 서태평양, 서태평양
③ 동남아시아, 서태평양
④ 서태평양, 동남아시아

우리나라는 서태평양 지역, 북한은 동남아시아 지역에 소속됨

장티푸스에 대한 설명으로 옳은 것은?

① 동물 매개 감염병이다.
② 제3급 법정 감염병이다.
③ 대장 점막에 궤양성 병변을 일으킨다.
④ 일종의 열병으로 경구 침입 감염병이다.

- 오염된 음식물 매개로 경구 침입 감염병임
- 제2급 법정 감염병임
- 발열과 복통 등의 위장 장애를 일으킴

우리나라에 미용사(네일) 국가자격시험이 최초로 시행된 연도로 옳은 것은?

① 2014년
② 2016년
③ 2018년
④ 2020년

미용사(네일) 국가자격시험은 네일미용의 전문성과 자격 제도화를 위해 2014년에 처음 도입되어 시행됨

PART
05

#오니코파지 #교조증

오니코파지의 관리 방법으로 가장 알맞은 것은?

① 핫 크림·오일 매니큐어로 관리한다.
② 혈액순환을 개선하기 위해 운동을 한다.
③ 물어뜯는 손톱으로 인조손톱으로 관리한다.
④ 항생제 연고로 관리한다.

오니코파지(교조증): 습관적으로 손톱을 물어뜯어 프리에지가 소실되고 네일 보디가 손상되는 상태로 보호와 교정을 위해 인조네일을 활용한 관리가 적절함

#네일의 성장 속도 #환경 영향

네일의 성장에 대한 설명으로 틀린 것은?

① 손톱이 발톱보다 빨리 자란다.
② 새끼손톱의 성장이 가장 느리다.
③ 손톱의 성장 속도는 외부의 영향, 환경과 관련이 없다.
④ 남성이 여성보다 빨리 자란다.

네일 성장 속도는 사용 빈도와 환경의 영향을 받음

#화학물질 보관 #습기 금지

화학물질 사용 시 주의사항으로 틀린 것은?

① 화학물질은 스프레이 타입보다 스포이트나 솔로 바르는 타입을 사용하는 것이 좋다.
② 화학물질을 사용 시에는 콘택트렌즈의 사용을 피하는 것이 좋다.
③ 통풍이 잘 되는 작업장에서 작업을 한다.
④ 따뜻하게 사용하기 위해 습도가 있는 곳에 보관한다.

화학물질은 습기 없는 서늘한 곳에 보관해야 함

#오니코크립토시스 #조갑감입증

네일 미용사가 관리할 수 있는 네일은?

① 파로니키아
② 오니콥토시스
③ 오니코크립토시스
④ 오니코그리포시스

오니코크립토시스(조갑감입증): 네일의 양쪽 옆면이 살 속으로 파고드는 증상으로 네일 미용사가 관리할 수 있음

손을 안쪽으로 회전시켜 손등이 앞쪽을 향하게 작용하는 팔의 근육은?

① 신근
② 외전근
③ 회외근
④ **회내근**

엎침근(회내근): 손을 안쪽으로 회전시켜 손등이 앞쪽이나 위를 향하게 작용함

젤의 경화 특성에 대한 설명으로 옳은 것은?

① 온도와 습도에 민감하다.
② **특수한 광선(빛)에 의해 경화한다.**
③ 공기 중에 응고한다.
④ 경화촉진제를 분사하면 응고한다.

젤은 UV 및 LED 광선에 반응하여 경화됨

PART
05

연골 조직에 대한 설명으로 틀린 것은?

① 탄력이 있으면서도 연하다.
② 연골세포와 이를 둘러싼 기질로 구성된다.
③ **혈관과 신경이 존재한다.**
④ 구부러지기 쉬운 무른 뼈 조직이다.

연골은 연골세포와 기질로 이루어진 탄력 있는 무른 뼈 조직으로 혈관과 신경이 분포하지 않는 것이 특징임

전화 상담을 통해 기대되는 효과로 보기 어려운 것은?

① 서비스 만족도 향상
② 고객과의 신뢰감 상승
③ **고객과의 불신감 상승**
④ 전문성 인식 강화

전화 상담은 고객의 요구를 신속히 파악하고 신뢰를 형성하여 만족도와 전문성 인식을 높이는 효과가 있으므로 불신감이 상승한다는 내용은 부적절함

빈출 17   #네일 랩 밀봉 보관

네일 랩의 보관 방법으로 올바른 것은?

① 유연하게 하기 위해 습기가 많은 곳에 보관한다.
② 편하게 사용하기 위해 미리 재단하여 보관한다.
③ 편리성을 위해 테이블 위에 펼쳐 보관한다.
④ 오염 예방을 위해 봉지에 밀봉해서 보관한다.

네일 랩은 오염 방지와 접착력 유지를 위해 밀봉 보관해야 함

빈출 19   #오렌지 우드스틱 #시트 개발

1830년 의사인 시트가 개발한 것은?

① 오렌지 우드스틱
② 니트로셀룰로오스
③ 네일 파일
④ 큐티클 크림

오렌지 우드스틱은 1830년 시트에 의해 개발됨

빈출 18   #고랑 파인 네일 #퍼로우

순환기계통의 질병과 아연 부족의 식습관으로 발생하는 병변은?

① 교조증
② 조갑비대증
③ 조갑변색증
④ 고랑 파인 네일

퍼로우(고랑 파인 네일): 순환기 질병과 아연 부족, 루눌라 충격으로 네일에 고랑이 파이는 증상임

빈출 20   #체액성 면역 #B세포

B세포가 주로 관여하는 면역 작용은?

① 체액성 면역
② 선천적 면역
③ 자연적 면역
④ 세포 매개성 면역

B세포는 B림프구라고도 불리며 면역글로불린 항체를 생성하는 체액성 면역에 관여함

상처가 발생하면 흉터가 남게 되는 피부 층은?

① 유극층
② 과립층
③ **기저층**
④ 각질층

표피의 기저층이 손상되면 흉터가 남음

다음 중 기저층의 중요한 역할은?

① 수분 방어
② 면역
③ 팽윤
④ **새 세포 형성**

기저층은 새로운 피부 세포를 생성하는 재생층임

종아리에 생기는 정맥류의 주요 원인이 아닌 것은?

① 운동 부족
② 유전
③ 임신
④ **혈액 순환 장애**

종아리 정맥류의 주요 원인은 운동 부족과 유전, 임신 등 정맥 순환 장애임

멜라닌색소에 대한 설명으로 옳은 것은?

① 멜라닌은 각질층으로 배출되지 않는다.
② 몽고반점은 멜라닌과 상관이 없다.
③ **멜라닌은 본래의 역할을 자외선으로부터 피부를 보호하는 것이다.**
④ 멜라닌은 황색인종에게 가장 많이 나타난다.

멜라닌은 자외선으로부터 피부를 보호함

PART
05

강한 자외선과 관련 없는 피부 질환은?

① **아토피 피부염**
② 피부 수포
③ 색소 침착
④ 피부 홍반

아토피 피부염은 자외선과 직접적 관련이 없으며 유전적, 환경적 영향으로 발생함

젤 네일 화장물에 대한 설명으로 틀린 것은?

① **젤 네일 화장물은 알코올로 용해된다.**
② 빛에 반응하는 광중합을 포함한다.
③ UV 램프 또는 가시광선 램프로 경화한다.
④ 올리고머가 빛에 반응하여 폴리머가 된다.

젤 네일 화장물은 알코올로 용해되지 않으며 제거 시 아세톤을 사용함

피지와 땀이 피부에 윤기를 주는 피부의 기능은?

① 흡수 기능
② 호흡 기능
③ **분비 기능**
④ 재생 기능

피지와 땀은 피부에서 만들어져 밖으로 나와 피부에 윤기를 주는 작용을 하므로 분비 기능에 해당함

젤 네일 폴리시에 대한 설명으로 틀린 것은?

① **주된 성분은 올리고머와 시아노아크릴레이트이다.**
② 광원으로부터 에너지를 흡수하여 광중합 반응을 개시시키는 물질인 광중합 개시제가 있다.
③ 젤 네일은 램프 기기를 사용하여 경화해야 한다.
④ 올리고머는 분자량이 많아서 끈적인다.

시아노아크릴레이트는 네일 접착제의 성분임

빈출 29 #카탈리스트 #경화 촉진

아크릴에 사용하는 화학 성분 중 물질을 빨리 굳게 해주는 성분은?

① 프라이머
② 모노머
③ **카탈리스트**
④ 폴리머

카탈리스트: 함유량에 따라 아크릴 네일의 경화 속도를 조절하는 촉매제임

빈출 30 #페디 파일 #족문 방향

페디큐어의 작업 방법에 대한 설명으로 옳은 것은?

① 가벼운 각질이라도 콘커터를 사용하여 제거한다.
② **페디 파일은 족문 방향으로 파일링한다.**
③ 족욕기의 물은 출근 시 갈아주고 반드시 소독한다.
④ 발톱은 동그랗게 자른다.

• 가벼운 각질에는 콘 커터를 사용하지 않음
• 족욕기의 물은 관리 시마다 교체하고 매회 소독함
• 발톱은 스퀘어 형태로 조형함

빈출 31 #네일 프라이머

네일 프라이머에 대한 설명으로 틀린 것은?

① 산성 성분이 포함되어 있다.
② 네일을 부식 시킬 수 있다.
③ **광택 향상을 위해 바른다.**
④ 최소량만 사용한다.

네일 프라이머는 접착력을 향상시키는 제품으로 광택 향상과는 무관함

빈출 32 #아크릴 재료

아크릴 네일에 대한 설명으로 틀린 것은?

① 독특한 냄새로 환기에 주의해야 한다.
② **글루, 글루 드라이어, 필러 파우더를 사용한다.**
③ 특수한 발톱을 보정할 수 있다.
④ 온도에 매우 민감하여 온도가 높을수록 빨리 굳는다.

아크릴 네일은 아크릴 파우더, 아크릴 리퀴드를 사용함

PART 05

네일 컬러링 기법에 대한 설명으로 틀린 것은?

① 헤어라인 팁: 네일 전체에 컬러링한 후 프리에지 단면을 얇게 지운다.
② 슬림라인: 좌우에서 1.5mm 남기고 컬러링한다.
③ 프리에지: 벗겨지기 쉬운 프리에지를 세심하게 컬러링한다.
④ 하프문 컬러링: 루눌라 부분을 남기고 컬러링한다.

프리에지 컬러링: 프리에지 부분에만 컬러링하지 않는 기법임

아크릴 네일에서 사용하는 재료는?

① 네일 팁
② 네일 랩
③ 젤
④ 모노머

모노머는 아크릴 리퀴드로 아크릴 네일 핵심 재료임

네일 폴리시의 성분과 기능에 대한 설명으로 틀린 것은?

① 가소제: 유연성을 주어 갈라지지 않게 하기 위해 사용한다.
② 필름제: 피막을 형성하여 코팅을 주고 광택을 내기 위해 사용한다.
③ 자외선 차단제: 햇빛을 차단하여 부스러지지 않게 하기 위해 사용한다.
④ 착색제: 무기안료, 유기안료 등의 안료를 사용하여 색상을 주기 위해 사용한다.

자외선 차단제: 자외선으로 인한 색상 변화와 변색을 방지하기 위해 사용하는 성분임

자외선 소독기에 넣어 소독하는 재료가 아닌 것은?

① 큐티클 니퍼
② 큐티클 푸셔
③ 네일 클리퍼
④ 일회용 네일 파일

일회용 네일 파일은 재사용하지 않음

빈출 **37**

#젤 네일 #올리고머

젤 네일에 대한 설명으로 틀린 것은?

① 분자량이 큰 올리고머 물질로 경화 후 유연성이 증가한다.

② 젤은 대부분 소프트 젤이다.

③ LED 램프와 UV 램프를 사용하여 경화한다.

④ 분자량이 작은 올리고머의 물질로 경화 후 분자량이 촘촘해진다.

젤은 저분자·중분자의 올리고머로 경화 후 단단해짐

빈출 **39**

#팁 위드 젤

팁 위드 젤의 작업 중 네일 파일링 방법으로 틀린 것은?

① 스마일 라인이 손상되지 않도록 주의한다.

② 젤 네일에서는 가볍게 네일 파일링한다.

③ 네일 파일링 시 큐티클 주변 피부의 손상이 없도록 주의한다.

④ 콘 벡스와 콘 케이브의 두께를 일정하게 네일 파일링한다.

팁 위드 젤은 프렌치가 아니므로 스마일 라인이 존재하지 않음

빈출 **38**

#젤네일 특성

젤 네일의 특성에 대한 설명으로 틀린 것은?

① 베이스 젤은 컬러 젤보다 두껍게 도포한다.

② 피부에 닿지 않게 주의해야 한다.

③ 경화 시간을 맞추어야 한다.

④ 셀프 레벨링 현상이 나타난다.

베이스 젤은 컬러 젤보다 두껍게 도포하지 않으며 얇고 고르게 바르는 것이 원칙임

빈출 **40**

#승홍수 #금속 부식

금속 기구 소독에 부적합한 것은?

① 역성비누액

② 크레졸

③ 승홍수

④ 알코올

승홍수: 독성과 부식성이 강해 금속 기구, 상처, 음료수 소독에 적합하지 않음

공중위생관리법상 이 · 미용기구의 소독기준 및 방법에서 일반기준 아닌 것은?

① 크레졸 소독
② 증기 소독
③ 방사선 소독
④ 자외선 소독

이 · 미용기구 소독의 일반 기준에는 크레졸 소독, 증기 소독, 자외선, 열탕, 석탄산 소독 등이 포함되며 방사선 소독은 공중위생관리법상 이 · 미용기구 소독 방법에 해당하지 않음

에이즈나(AIDS)나 B형 간염 소독에 가장 효과적인 소독 방법은?

① 일광 소독법
② 여과 멸균법
③ 고압증기 멸균법
④ 방사선 멸균법

고압증기 멸균법: 아포까지 사멸시키는 가장 강력한 방법으로 에이즈나 B형 간염 소독에 가장 효과적임

미생물학 발달사 내용으로 틀린 것은?

① 파스퇴르 – 저온 살균법
② 코흐 – 결핵균 발견
③ 레벤후크 – 현미경 관찰
④ 쉼멜부시 – 고온 살균법

쉼멜부시: 증기 소독법과 관련된 인물로 고온 살균법과의 연결은 부적절함

감염병환자의 퇴원 시 소독 방법으로 가장 효과적인 것은?

① 지속소독
② 수시소독
③ 반복소독
④ 종말소독

종말소독: 환자의 퇴원 · 사망 등으로 감염원을 완전히 제거하기 위해 실시하는 최종 소독 방법임

사람의 체온인 약 37℃에서 가장 활발하게 증식하는 균류는?

① 고온균
② **중온균**
③ 저온균
④ 호냉성균

중온균: 약 28~38℃ 범위에서 증식이 가장 활발하며 인간의 체온과 유사한 환경에서 최적의 성장을 보이는 균에 해당함

화장품 성분의 기본 요건으로 적절하지 않은 것은?

① 사용 목죤에 부합하는 유효성
② **살균 작용 여부**
③ 변색, 변질되지 없는 안정성
④ 인체에 대한 안전성

화장품의 4대 요건: 안전성, 안정성, 사용성, 유효성

소독 과정에서 수증기와 함께 혼합하여 사용하는 소독 방법은?

① 승홍수 소독
② **포르말린 소독**
③ 석회수 소독
④ 석탄산수 소독

포르말린 소독은 수증기와 함께 혼합하여 사용하는 훈증 소독법으로 공기 중 병원균 제거에 효과적인 방법임

화장품에서 사용하는 알코올 성분은?

① 프로판올
② 메탄올
③ 부탄올
④ **에탄올**

화장품에서는 알코올 성분으로 에탄올을 사용함

빈출 49 #샴푸 #린스

샴푸에 대한 설명으로 틀린 것은?

① 모발과 눈을 보호해야 한다.

② 모발의 표면을 보호하고 정전기를 방지해야 한다.

③ 세정 시 마찰로 인한 손상을 최소화해야 한다.

④ 거품이 지속적이어야 한다.

모발 보호와 정전기 방지는 린스의 기능에 해당하며 샴푸의 주된 목적은 세정임

빈출 50 #오리엔탈향

나무 향이나 동물성 향을 중심으로 한 향취 계열에 해당하는 것은?

① 오리엔탈

② 시트러스

③ 그린

④ 프로랄

오리엔탈 계열: 동양적인 분위기를 바탕으로 동물성 향과 나무 향, 향신료 향 등이 조화된 짙고 이국적인 향취를 특징으로 함

빈출 51 #향수 농도 #향수 지속 시간

향수 농도와 지속 시간 설명으로 틀린 것은?

① 오데퍼퓸은 9~12% 농도로 약 8~9시간 지속된다.

② 오데토일렛은 6~8% 농도로 약 3~5시간 지속된다.

③ 오데코롱은 3~5% 농도로 약 1~2시간 지속된다.

④ 퍼퓸은 15~30% 농도로 약 6~7시간 지속된다.

오데퍼퓸: 9~12% 농도로 약 5~6시간 지속됨

빈출 52 #화장품의 정의

화장품에 대한 설명으로 틀린 것은?

① 부작용이 없어야 한다.

② 화장수, 로션 등이 있다.

③ 특정 부위에만 사용할 수 있다.

④ 인체를 청결, 미화하기 위해 사용한다.

화장품은 인체의 청결과 미화의 목적으로 얼굴과 신체 등 전신에 사용할 수 있음

일반적인 클렌징에 대한 설명으로 틀린 것은?

① 피부의 피지, 메이크업 잔여물을 없애기 위한 작업이다.
② 모공 깊숙이 있는 불순물과 효소나 고마쥐를 이용한 깊은 각질 제거를 주목적으로 한다.
③ 제품 흡수를 효율적으로 도와준다.
④ 피부의 생리적인 기능을 정상적으로 도와준다.

일반 클렌징은 피부 표면의 노폐물과 메이크업을 제거하는 기본 관리 단계이며 모공 깊숙한 불순물과 효소나 고마쥐를 이용한 깊은 각질 제거는역시 딥 클렌징의 범주에 포함됨

영업소 이외에 장소에서 이·미용 업무를 할 수 있는 경우는?

① 일반 가정에서 초청이 있는 경우
② 학교나 단체 등 인원이 많은 경우
③ 혼례에 참여하는 자에 대하여 그 의식 직전에 행하는 경우
④ 영업점의 특별한 서비스를 제공해야 하는 경우

영업소 외 업무 가능 사유: 혼례, 질병, 사회복지시설 봉사, 방송 촬영 등 특별한 경우에 한해 허용됨

국가 또는 지방자치단체는 무엇을 실시하는 자에 대하여 예산의 범위 안에서 소요되는 경비의 전부 또는 일부를 보조할 수 있는 것은?

① 위생서비스평가
② 청문
③ 보고
④ 개선명령

국고보조: 국가 또는 지방자치단체는 위생서비스평가를 실시하는 자에 대하여 예산의 범위 안에서 위생서비스평가에 소요되는 경비의 전부 또는 일부를 보조할 수 있음

이·미용업의 과태료 부과 대상이 아닌 경우는?

① 위생관리의무를 위반한 경우
② 관계 공무원의 출입·검사 방해자
③ 신고 없이 영업소를 개설한 경우
④ 행정기관의 개선명령을 이행하지 않은 경우

과태료 부과 대상: 위생관리의무 위반, 개선명령 불이행, 공무원 출입·검사 방해에 해당하며 영업신고 없이 영업소를 개설한 행위는 과태료가 아니라 벌금 처벌 대상임

PART
05

이·미용기구의 소독기준 및 방법으로 틀린 것은?

① **증기 소독: 섭씨 100℃ 이상 습한 열에 10분 이상 쐬어 준다.**
② 석탄산수 소독: 석탄산수(석탄산 3%, 물 97%)에 10분 이상 담가 둔다.
③ 열탕 소독: 섭씨 100℃ 이상 물 속에 10분 이상 끓여 준다.
④ 크레졸수 소독: 크레졸수(크레졸 3%, 물 97%)에 10분 이상 담가 둔다.

증기 소독: 섭씨 100℃ 이상 습한 열에 20분 이상 쐬어 줌

명예공중위생 감시원이 될 수 없는 사람은?

① 공중위생협회의 단체장이 추천하는 단체의 소속 직원
② 소비자단체의 단체장이 추천하는 단체의 소속 직원
③ 공중위생에 대한 지식과 관심이 있는 자
④ **3년 이상 공중위생 행정에 종사한 경력이 있는 공무원**

명예감시원은 추천된 민간인 중심으로 구성되며 공무원은 해당되지 않음

청문을 실시해야 하는 사항과 거리가 먼 것은?

① 이·미용사의 면허취소, 면허정지
② 공중위생영업의 정지
③ 영업소의 폐쇄명령
④ **벌금 부과**

청문 실시: 이·미용사 면허정지 및 면허취소, 영업소 영업정지·사용중지·폐쇄명령에 해당함

신고를 하지 않고 영업소의 상호를 변경한 경우 1차 위반의 행정처분은?

① 영업정지 15일
② 영업정지 15일
③ 영업장 폐쇄명령
④ **경고 또는 개선명령**

신고를 하지 않고 영업소의 상호를 변경한 경우 1차 위반 행정처분은 경고 또는 개선명령임

성공은 결코 우연이 아니다. 성공은 노력, 인내, 학습, 공부, 희생,
그리고 무엇보다도 자신이 하고 있거나 배우고 있는 일에 대한 사랑이다.
(Success is no accident. It is hard work, perseverance, learning, studying, sacrifice and most of all,
love of what you are doing or learning to do.)

펠레(Pele)

박문각 자격증 시리즈

네일미용사 필기
CBT 기출 프리패스 + 무료특강

초판인쇄	2026. 3. 25
초판발행	2026. 3. 30

저자와의
협의 하에
인지 생략

편 저 자	김혜영
발 행 인	박용
출판총괄	김현실
개발책임	이성준
편집개발	김태희, 김소영
마 케 팅	김치환, 최지희
일러스트	㈜ 유미지

발 행 처	㈜ 박문각출판
출판등록	등록번호 제2019-000137호
주　　소	06654 서울시 서초구 효령로 283 서경B/D 6층
전　　화	(02) 6466-7202
팩　　스	(02) 584-2927
홈페이지	www.pmgbooks.co.kr

ISBN	979-11-7519-859-3
정가	19,000원